计算机

科学与技术丛书

# Python高级编程

姜增如 ◎ 编著

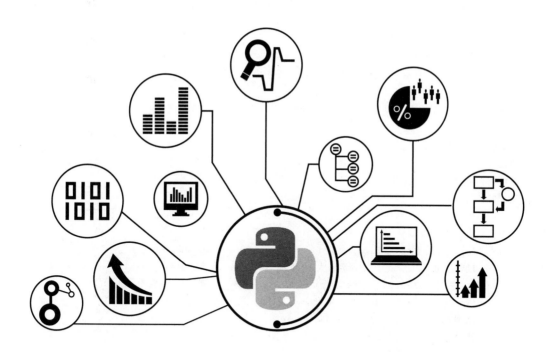

清华大学出版社

北京

## 内 容 简 介

本书是一部系统讲述 Python 编程语言与编程方法的案例化教程。全书共分为 9 章:第 1 章为 Python 编程基础知识;第 2 章为组合数据类型及使用;第 3 章为函数及调用规则;第 4 章为程序设计;第 5 章为面向对象程序设计方法;第 6 章为文件操作与异常处理;第 7 章为 Python 的 GUI 设计;第 8 章为 Python 绘图方法;第 9 章为 Python 网络爬虫。每章都设置了大量应用案例跟踪指导。

为便于读者高效学习,快速掌握 Python 编程与操作技巧,本书共提供了 320 个应用案例及其运行结果,程序中的重点部分都给出注释,并附有完整的教学课件和源代码。

本书可作为高等学校 Python 程序设计相关课程教材,也可作为软件技术开发人员的自学参考用书。

**图书在版编目(CIP)数据**

Python 高级编程/姜增如编著. —北京:清华大学出版社,2023.3
(计算机科学与技术丛书)
ISBN 978-7-302-62699-2

Ⅰ. ①P… Ⅱ. ①姜… Ⅲ. ①软件工具—程序设计 Ⅳ. ①TP311.561

中国国家版本馆 CIP 数据核字(2023)第 026841 号

**责任编辑:**盛东亮 吴彤云
**封面设计:**李召霞
**责任校对:**时翠兰
**责任印制:**沈 露

**出版发行:**清华大学出版社
    **网 址:**http://www.tup.com.cn,http://www.wqbook.com
    **地 址:**北京清华大学学研大厦 A 座 **邮 编:**100084
    **社 总 机:**010-83470000 **邮 购:**010-62786544
    **投稿与读者服务:**010-62776969,c-service@tup.tsinghua.edu.cn
    **质量反馈:**010-62772015,zhiliang@tup.tsinghua.edu.cn
    **课件下载:**http://www.tup.com.cn,010-83470236
**印 装 者:**三河市龙大印装有限公司
**经 销:**全国新华书店
**开 本:**186mm×240mm **印 张:**19.75 **字 数:**441 千字
**版 次:**2023 年 4 月第 1 版 **印 次:**2023 年 4 月第 1 次印刷
**印 数:**1~2000
**定 价:**79.00 元

产品编号:098904-01

# 前言
## PREFACE

在以计算机为主导,大数据分析、人工智能广泛应用的今天,Python 语言凭借其语法简洁、易读、可扩展性强等特点备受青睐,已经成为主流的编程语言,许多大学、中学都开设了 Python 语言相关课程。本书主要介绍了 Python 基础编程方法和高级编程技巧,在内容上,不仅涵盖了结构化编程方法、面向对象程序设计、用户界面设计等内容,还包含 Python 语言的高级绘图、动画设计和网络爬虫的程序设计方法。本书共设计了 320 个应用案例,贯穿全书各章,充分体现了案例教学的特色。书中对每个案例的重点部分都做了分析与注释,提高了程序的易读性。

本书属于实用而系统的教科书,力图帮助读者在最短的时间内掌握 Python 语言高级编程技巧,并且能在学习编写程序的过程中体验软件开发带来的乐趣。本书不仅可作为高等学校计算机或非计算机专业的教材,也可指导学生参加大学生创新项目。本书与国内外同类图书相比,在案例设计上融入了编者多年的教学经验,从使学生容易上手的角度出发,深入浅出地讲解编程知识点,并通过案例融会贯通。通过学习 Python 语言的数据结构、语法、设计模式,从简单到复杂,从初级到高级,学生可边学边练习,在实践中综合运用编程解决工程问题,发挥启迪作用。

本书获得深圳北理莫斯科大学教材资助。

本书凝聚了编者多年的理论与实践教学经验,但由于时间有限,书中难免存在疏漏之处,敬请读者批评指正。

姜增如

2022 年 8 月于深圳北理莫斯科大学

# 目 录

CONTENTS

# 第1章

# Python 编程基础知识

Python 是一种解释型、面向对象、动态数据类型的高级程序设计语言,具有跨平台、丰富的模块库函数、可扩展性强、易于维护和学习等优点。编程基础不仅包括输入/输出函数、基本数据类型、表达式运算,还包括字符串、列表、元组、字典、集合等基本操作。

## 1.1 代码行书写格式

Python 语言书写格式排列有序,使用缩进组成代码块,这样使每个程序块不仅一目了然,还提高了程序的阅读性。

### 1.1.1 格式缩进

Python 的类、函数、条件、循环均用缩进标识。Python 根据缩进判断代码当前行与前一行的关系,若代码的缩进相同(通常缩进 2 或 4 字节),称为一个代码组,或称为一个语句块。编码时不建议使用 Tab 键输入空格,也不建议将 Tab 键和空格混用,以避免产生不同缩进错误。程序中的 if(条件)、while(循环)、def(定义函数)和 class(定义类)等复合语句块,首行均以关键字开始,以冒号(:)结束,首行之后的一行或多行代码必须缩进一致。

例如,以下 if(条件)语句实例缩进为 4 个空格。

```
if a > b:
    print("max = ",a)
else:
    print("max = ",b)
```

Python 对格式要求非常严格,所有相同代码块中必须使用相同数目的行首缩进空格。例如,以下代码块运行时将出现 IndentationError: unexpected indent 错误。该错误表明使用的缩进方式不一致,可能是 Tab 键和空格混用的问题,此时,将最后一句 print("错误")与前面的 print("回答")对齐即可解决。例如:

```
if x == answer:
    print("回答")
    print("正确!")
```

```
else:
    print("错误!")
    #下一行没有严格缩进,在执行时会报错
  print("错误")
```

## 1.1.2　多行语句与空行

Python 语言允许将一条语句写成多行,也允许在一行写多条语句。

### 1. 一条语句写成多行

Python 命令一般以换行作为语句的结束符,每行代码不超过 80 个字符,若将一条语句用多行显示,使用反斜杠(\)将一行语句分为多行显示,如

```
total = item_1 + item_2 + item_3
```

等价于

```
total = item_1 + \
item_2 + \
item_3
```

若语句中包含[ ]、{}或(),就不需要使用多行连接符,直接换行即可,如

```
weekdays = ['Monday', 'Tuesday', 'Wednesday',
'Thursday', 'Friday']
```

**说明:**

(1) 如果一个文本字符串在一行比较长,可以使用圆括号实现隐式行连接,如

```
x = ('这是一个非常长非常长非常长非常长 '
    '非常长非常长非常长非常长非常长的字符串')
```

(2) 按照标准的排版规范使用标点两边的空格,不要在逗号、分号、冒号前面加空格,参数列表、索引或切片的左括号前也不应加空格。不要用空格垂直对齐多行间的标记。

(3) 注释中的内容不要使用反斜杠连接行。

### 2. 一行写多条语句

每个语句用分号隔开,如

```
print ("我是一个留学生");print ("我在中国学习 Python 语言")
```

结果为

```
我是一个留学生
我在中国学习 Python 语言
```

字符串可使用＋符号连接。若字符串连接数值变量,需要使用 str()方法转换再使用＋符号,否则会出现类型不匹配的错误,如

```
print("语句的长度是:" + 200)                #出错
```

必须改为

```
print("语句的长度是:" + str(200))
```

结果为

```
语句的长度是:200
```

### 3. Python 空行

（1）函数之间或类的方法之间用空行分隔，表示一段新的代码开始。类和函数入口之间也用一行空行分隔，以突出函数入口的开始。

（2）空行与代码缩进不同，空行并不是 Python 语法的一部分。书写时不插入空行，Python 解释器运行也不会出错。空行的作用在于分隔两段不同功能或含义的代码，增强可读性，也便于日后代码的维护或重构。

（3）加入空行的一般规则是顶级定义之间空两行，其他（如函数或类定义、方法定义等）都应该空一行，函数与方法之间也可空一行。

## 1.1.3　Python 赋值与注释语句

Python 允许一次为多个变量赋值。注释分为单行注释和多行注释两种。

### 1. Python 赋值方法

1）单变量赋值

```
a = 1; b = 1; c = 1
a = b = c = 1
a, b, c = 1, 2, "Python "
```

2）链式赋值

```
t1 = t2 = [1,2,3]
```

3）复合赋值

```
y + = 10; y * = 3
```

### 2. Python 引号

单引号（' '）、双引号（" "）、3 个单引号（''' '''）或 3 个双引号（""" """)表示字符串。单引号和双引号作用相同，用于标识字符型数据，3 个引号常用于注释，如

```
str = ' studyPython '
sentence = "这是一个句子."
paragraph = """这是一个段落. 包含了多个语句"""
```

### 3. Python 注释

（1）Python 中单行注释以 # 符号开头，如

```
# 这里是 Python 的输入和输出
```

（2）使用 print 语句输出注释，如

```
print("这里是 Python 的输入和输出")
```

（3）多行注释使用 3 个单引号（'''）标注，如

```
'''
Python 支持函数式编程和 OOP 面向对象编程,能够承担任何种类软件的开发工作,因此,对于软件开
发、脚本编写、Web 网络编程、爬虫等,Python 是首选.
'''
```

或使用 3 个双引号，如

```
"""
在大量数据的基础上,结合科学计算、机器学习等技术,对数据进行清洗、去重、规格化和针对性的分
析是大数据行业的基石.Python 是数据分析的主流语言之一.
Python 在人工智能大范畴领域内的机器学习、神经网络、深度学习等方面都是主流的编程语言,得到
广泛的支持和应用.
"""
```

# 1.2　Python 输入/输出

对于编程语言，输入和输出是一个程序必备的语句。Python 的输入和输出继承了 C 语言和 VB 语言的优势，使用更加灵活方便。

## 1.2.1　输入函数及应用案例

Python 使用 input()函数接收键盘的输入数据[①]，其输入的任何值都作为字符串来对待。若需要数值型数据，必须使用转换函数 eval()。

input()函数语法格式如下。

```
变量 = input("提示字符串")          ♯显示提示字符串内容
```

例如，使用 input()函数输入个人信息数据。

```
name = input('请输入你的姓名:')
sex = input('请输入你的性别:')
score = input('请输入你的 Python 成绩:')
```

运行结果为

```
请输入你姓名:张三
请输入你的名字:男
请输入你的 Python 作业成绩:88
```

**说明**：此时成绩虽然是数值，但是字符型数据，不能参加计算，若要作业成绩乘以 0.4 作为期末成绩，必须调用 eval(score)转换后再计算。

---

① 　本书中代码运行结果中的斜体内容为用户的输入内容。

## 1.2.2　输出函数及应用案例

Python 的输出分为非格式输出和格式输出两类。对齐方式和不同进制输出需要使用格式符控制。

### 1. 非格式输出应用案例

Python 使用 print() 函数和类对象 write() 函数两种方式输出。print() 函数输出不需要指定数据类型,输出字符型数据可使用单引号或双引号标识。若采用类对象输出,需要导入模块才能使用,详见 1.6.2 节的例 1-26。

print() 函数语法格式如下。

```
print('字符串 1','字符串 2'...)
print(变量 1,变量 2...)
```

**说明**：print() 函数输出是自动换行的,若不换行可在参数中加 end＝"",即 print(变量,end＝"")。

**【例 1-1】**　将输入的个人信息数据同行输出。

```
name = input('请输入你的姓名:')
sex = input('请输入你的性别:')
age = input('请输入你的年龄:')
print("姓名为:",name,end = ", ")
print("性别为:",sex, end = ", ")
print("年龄为:",age)
# 或使用
print( "姓名为:",name, "性别为:",sex, "年龄为:",age)
```

运行结果为

```
请输入你的姓名:张三
请输入你的性别:男
请输入你的年龄:20
姓名为: 张三, 性别为: 男, 年龄为: 20
```

**【例 1-2】**　输入三角形的底和高,求三角形面积。

```
print("输入参数计算三角形面积")
print(" --------------------- ")
bottom = eval(input("请输入三角形的底边长度:"))
height = eval(input("请输入三角形的高度:"))
S = bottom * height
print("三角形的面积是:",S)
```

运行结果为

```
输入参数计算三角形面积
---------------------
请输入三角形的底边长度: 7.8
请输入三角形的高度: 4.5
三角形的面积是: 35.1
```

### 2．格式输出应用案例

格式输出采用％格式、f-format 和 format() 函数 3 种方法。

1）使用％格式输出

％格式输出控制符如表 1-1 所示。

表 1-1　％格式输出控制符

| 控 制 符 | 功 能 描 述 | 控 制 符 | 功 能 描 述 | 控 制 符 | 功 能 描 述 |
|---|---|---|---|---|---|
| ％d | 十进制整数 | ％x（％X） | 十六进制整数 | ％e（％E） | 科学记数法浮点数格式 |
| ％u | 无符号整数 | ％o | 八进制整数 | ％.nf | 小数格式 |
| ％g（％G） | 输出小数有效数字 | ％c | ASCII 字符 | ％i | 整数输出 |

**【例 1-3】** 使用％格式输出不同数据。

```
x = 0o101
y = 0x101
print(x, y)
print("整数输出 = %d" % 3.14)                     #输出十进制整数
print("整数 = %i" % -123.45678)                   #输出整数 -123
print('小数输出 = %.2f' % 3.1459)                  #输出两位小数
print('科学计数输出 = %E' % 12300)                  #按照 10 的幂形式输出
print('科学计数输出 = %g' % 3.14160000)             #输出有效数
print('数据输出 %10d' % 100)                       #输出十进制整数,占 10 位,右对齐
print('字符输出 %-10s' % '北京')                    #输出字符串,占 10 位,左对齐
```

运行结果为

```
65,257
整数输出 = 3
整数 = -123
小数输出 = 3.15
科学计数输出 = 1.230000E + 04
科学计数输出 = 3.1416
数据输出            100
字符输出    北京
```

2）f-format 格式输出

该方法是在 print() 函数中加入 f 和"{}"，此时，变量的值即可显示在 f 后面的大括号中。

例如，输出 name 和 score 变量。

```
name = '张三'
score = 88
print("期末平均成绩")
print(f" {name},你的平均分是： {score}分")
```

运行结果为

```
期末平均成绩
张三,你的平均分是：   88分
```

**【例 1-4】**　输入商品重量和价格,计算付款额。

```
print("输入价格及数量即可付款结算:")
weight = eval(input("请输入重量:"))
price = eval(input("请输入价格:"))
money = weight * price
print(f"你好,重量:{weight}千克,价格:{price}元/千克,请付款{money}元")
```

运行结果为

```
输入价格及数量即可付款结算:
请输入重量: 3.5
请输入价格: 4.8
你好,重量:3.5千克,价格:4.8元/千克,请付款16.8元
```

3) 使用 format( )函数格式输出

format( )函数通过参数格式控制符(见表 1-1),将大括号“{ }”作为特殊字符代替%,括号中包含的任何内容都被视为文本类型复制到输出中。

(1) 不带编号,即{ }。

(2) 带数字编号,可调换顺序,即{1}、{0}。

(3) 带关键字,即{a}、{tom}。

format( )函数格式输出语法格式如下。

```
print("字符串1{ }字符串2{ }".format('变量1', '变量2'))      # 顺序显示变量1和变量2
print("{1} 和 {0}".format('变量1', '变量2'))               # 显示变量2和变量1
print("{var1},{var2}".format(var1 = 数据1,var2 = 数据2))
```

**【例 1-5】**　多种形式输出的应用。

```
print('{} {}'.format('姓名:','张三'))                    # 不带编号
print('体重:{0}千克,身高:{1}厘米'.format(50,178))          # 带数字编号
print('{0} {1} {0}'.format('职业','学生'))               # 打乱顺序
print('{1} {1} {0}'.format('职业','学生'))               # 按序号输出
print('{a} {b} {a}'.format( b = '职业',a = '学生'))        # 带关键字
```

运行结果为

```
姓名:张三
体重:50千克,身高:178厘米
学生 职业 学生
职业 职业 学生
学生 职业 学生
```

**【例 1-6】**　输入矩形的长和宽,计算面积和周长。

```
print("输入矩形的长和宽,计算面积和周长")
L = eval(input("输入矩形的长 = "))
W = eval(input("输入矩形的宽 = "))
S = L * W
```

```
C = 2 * (L + W)
print("矩形的面积 = {: .2f}".format(S))
print("矩形的周长 = {: .2f}".format(C))
```

运行结果为

```
输入矩形的长和宽,计算面积和周长
输入矩形的长 = 2.356
输入矩形的宽 = 1.678
矩形的面积 = 3.95
矩形的周长 = 8.07
```

### 3. 对齐方式的使用及案例

Python 不仅可使用 ljust()、rjust()和 center()函数进行左对齐、右对齐和中心字符对齐,还可以用符号对齐,符号对齐方式标识如表 1-2 所示。

表 1-2　符号对齐方式标识

| 符　号 | 功　能　描　述 | 符　号 | 功　能　描　述 |
|---|---|---|---|
| < | (字符默认) 左对齐 | ^ | 中间对齐 |
| > | (数字默认)右对齐 | {:.2f}、{:4s} | 数字/字符小数点位数集空格补齐 |

【例 1-7】　对齐方式的使用。

```
print('{:10s} and {:>10s}'.format('中国','北京'))        #10 位左对齐,10 位右对齐
print('{:^10s} and {:^10s}'.format('hello','world'))      #取 10 位中心字符对齐
print('{} is {:.2f}'.format(1.123,1.123))                 #取两位小数
print('{0} is {0:>10.2f}'.format(1.123))                  #取两位小数,10 位右对齐
print('{0:8d} 是 {1:5d}千克'.format('体重', 55))          #字符左对齐空 6 位,数字右对齐空 3 位
```

运行结果为

```
中国        and        北京
   中国     and   北京
1.123 is 1.12
1.123 is       1.12
体重            是   55千克
```

### 4. 多种形式输出及应用案例

多种形式输出的格式控制符如表 1-3 所示。

表 1-3　多种形式输出的格式控制符

| 符　号 | 功　能　描　述 |
|---|---|
| b | 二进制。将数字以 2 为基数进行输出 |
| c | 字符。在打印之前将整数转换为对应的 ASCII 字符串 |
| d | 十进制。将数字以 10 为基数进行输出 |
| o | 八进制。将数字以 8 为基数进行输出 |
| x | 十六进制。将数字以 16 为基数进行输出,9 以上的位数用小写字母 |

续表

| 符　号 | 功　能　描　述 |
|---|---|
| e | 幂符号。用科学记数法打印数字。用'e'表示幂 |
| g | 一般格式。输出有效数字 |
| n | 数字。值为整数时和'd'相同,值为浮点数时和'g'相同,不同的是会根据区域设置插入数字分隔符 |
| % | 百分数。将数值乘以 100 后加一个百分号输出 |

**【例 1-8】** 多种格式输出的使用。

```python
print('{:b}'.format(6))          #输出二进制
print('{:c}'.format(68))         #输出 ASCII 码字母
print('{:d}'.format(21))         #输出十进制
print('{:o}'.format(21))         #输出八进制
print('{:x}'.format(21))         #输出十六进制
print('{:e}'.format(1022))       #输出幂指数
print('{:g}'.format(21.578000))  #输出有效数字位
print('{:f}'.format(23))         #输出浮点数
print('{:n}'.format(50))         #输出整数
print('{:%}'.format(50))         #输出百分数
```

运行结果为

```
110
D
21
25
15
1.022000e + 03
21.578
23.000000
50
5000.000000 %
```

# 1.3　Python 变量及其使用

Python 中的变量类型不需要声明,但每个变量在使用前都必须赋值,即变量赋值时才会被创建,其数据类型是变量所指内存中对象的类型。

## 1.3.1　常量

常量是指在程序运行过程中其值不发生变化的量,如数学常量 pi(圆周率,一般以 π 表示,约 3.142)、数学常量 e(即自然常数,约 2.718),它们的值在程序运行时永远保持不变。使用时需要导入数学模块 math 方可使用,方法是

```python
import math                 #导入数学模块
print('圆周率 pi 的值近似为: ', math.pi )
print('自然对数 e 的值近似为: ', math.e )
```

运行结果为

```
圆周率 pi 的值近似为：3.141592653589793
自然对数 e 的值近似为：2.718281828459045
```

## 1.3.2 变量

变量是任何语言主要使用的量，根据不同需求，赋值不同。

**1. 变量特征**

变量是指在程序运行过程中值发生变化的量。无论是变量还是常量，Python 在创建时都会在内存中开辟一块空间，用于保存创建的变量，变量赋值的方法为

```
变量名 = 值
```

变量定义之后，就可以直接使用了。可以将常量或表达式赋给变量，反之不可以。例如：

```
3.14 = var_a   或   var_a + 2.89 = var_b        #均不合法,运行出错
```

需要修改为

```
var_a = 3.14   或   var_b = 2.89 + var_a         #合法
```

变量赋值后，可以通过使用 del 语句删除单个或多个对象的引用。例如：

```
del var_a                                         #删除一个变量
del var_a,var_b                                   #删除多个变量
```

**说明**：使用变量前必须赋值，否则会出错。

**2. 变量命名规则**

程序中将关键字、变量名、函数名、方法名、对象和类名等均看作标识符，它们的命名规则如下。

（1）标识符不能用数字开头，第 1 个字符必须是英文字母、下画线或中文，后面可加字母、数字、下画线，普通变量一般使用小写字母。

（2）不能使用 Python 内置的关键字，如表 1-4 所示。

（3）变量名称必须区分大小写字母。

（4）变量名中不能包含空格、?、""、! 等符号，也不建议使用中文命名。

（5）Python 以下画线开头的标识符具有特殊意义，即：

① 单下画线开头的_foo 为不能直接访问类属性，必须通过类访问；

② 双下画线开头的__foo 代表类的私有成员；

③ 双下画线开头和结尾的__foo__代表内置变量，如__init__()代表类的构造方法。

**3. Python 的关键字（保留字）**

Python 中的关键字（保留字）就是在 Python 内部已经使用的标识符，具有特殊的功能和含义，开发者不允许定义和关键字相同的标识符，所有 Python 的关键字只包含小写字母。常用的 Python 关键字如表 1-4 所示。

表 1-4　常用的 Python 关键字

| and | exec | not | is |
|---|---|---|---|
| assert | finally | or | else |
| break | for | pass | with |
| class | from | print | except |
| continue | global | raise | lambda |
| def | if | return | yield |
| del | import | try | |
| lif | in | while | |

# 1.4　运算符与表达式

在 Python 中可使用运算符直接进行运算,Python 运算符包括赋值、算术、关系、逻辑、复合赋值、位、成员、身份等多种类型。表达式是含有运算符的式子,即数据与运算符结合起来就形成了表达式。

## 1.4.1　算术运算符及使用

设有两个变量 a 和 b,分别赋值为 a=10,b=26,则算术运算的结果如表 1-5 所示。

表 1-5　算术运算符及使用

| 运　算　符 | 功　能　描　述 | 实　　例 |
|---|---|---|
| ＋ | 加,执行两个对象相加 | a＋b 输出结果为 36 |
| － | 减,执行两个对象相减 | a－b 输出结果为－16 |
| * | 乘,执行返回一个被重复若干次的字符串 | a * b 输出结果为 260 |
| / | 除法运算 | b/a 输出结果为 2.6 |
| // | 整除运算,返回商的整数值 | b//a 输出结果为 2 |
| % | 取模,返回除法的余数 | b%a 输出结果为 6 |
| ** | 幂运算返回 x 的 y 次幂 | a ** 5 为 10 的 5 次方,输出结果为 100000 |

例如:

```
x = 12
y = 2
print(x % y, x ** y)
```

运行结果为

```
0,144
```

## 1.4.2　关系运算符及使用

设有两个变量 a 和 b,分别赋值为 a=10,b=26,则关系运算的结果如表 1-6 所示。

表 1-6　关系运算符及使用

| 运　算　符 | 功　能　描　述 | 实　　例 |
|---|---|---|
| == | 比较两个对象是否相等 | a==b 返回 False |
| != | 比较两个对象是否不相等 | a!=b 返回 True |
| > | 比较左侧对象是否大于右侧对象 | a>b 返回 False |
| < | 比较左侧对象是否小于右侧对象 | a<b 返回 True |
| >= | 比较左侧对象是否大于或等于右侧对象 | a>=b 返回 False |
| <= | 比较左侧对象是否小于或等于右侧对象 | a<=b 返回 True |

【例 1-9】　关系运算符的使用。

```
a = 4; b = 3
print("已知：a = ",a,", b = ",b)
print("1 --- a > b 的值为：",a > b)
print("2 --- a < b 的值为：",a < b)
print("3 --- a <= b 的值为：", a <= b )
print("4 --- a >= b 的值为：",a >= b)
print("5 --- a == b 的值为：", a == b)
print("6 ---a != b 的值为：", a != b)
```

运行结果为

```
已知：a = 4 , b = 3
1 --- a > b 的值为：True
2 --- a < b 的值为：False
3 --- a <= b 的值为：False
4 --- a >= b 的值为：True
5 --- a == b 的值为：False
6 ---a != b 的值为：True
```

## 1.4.3　逻辑运算符及使用

设有两个变量 a 和 b,分别赋值为 a=10,b=26,则逻辑运算的结果如表 1-7 所示。

表 1-7　逻辑运算符及使用

| 运算符 | 逻辑表达式 | 功　能　描　述 | 实　　例 |
|---|---|---|---|
| and(与) | x and y | 若 x 为 False,x and y 返回 False,否则返回 y 的值 | a and b 返回 26 |
| or(或) | x or y | 若 x 为非 0,返回 x 的值,否则返回 y 的值 | a or b 返回 10 |
| not(非) | not x | 若 x 为 True,返回 False;若 x 为 False,返回 True | not(a and b)返回 False |

例如,print(0 and 4)的结果为 0。

【例 1-10】　逻辑运算符的使用。

```
l1 = input('请输入第 1 个逻辑值：')
l2 = input('请输入第 2 个逻辑值：')
print(not l1)
```

```
print("l1 and l2",l1 and l2)
print("l1 or l2",l1 or l2)
```

运行结果为

```
请输入第 1 个逻辑值:True
请输入第 2 个逻辑值:False
False
l1 and l2 False
l1 or l2 True
```

## 1.4.4 复合赋值运算符及使用

设有两个变量 a 和 b,分别赋值为 a=10,b=26,则复合赋值运算的结果如表 1-8 所示。

表 1-8 复合赋值运算符及使用

| 运 算 符 | 功 能 描 述 | 应 用 实 例 |
|---|---|---|
| = | 简单的赋值运算符 | c=a+b 将 a+b 的运算结果赋值为 c=36 |
| += | 加法赋值运算符 | c+=a 等效于 c=c+a,c=46 |
| -= | 减法赋值运算符 | c-=a 等效于 c=c-a,c=36 |
| *= | 乘法赋值运算符 | c*=a 等效于 c=c*a,c=360 |
| /= | 除法赋值运算符 | c/=a 等效于 c=c/a,c=4.6 |
| %= | 取模赋值运算符 | c%=a 等效于 c=c%a,c=6 |
| **= | 幂赋值运算符 | c**=a 等效于 c=c**a,c=46$^2$ |
| //= | 取整除赋值运算符 | c//=a 等效于 c=c//a,c=4 |

【例 1-11】 复合赋值的使用。

```
a = 4; b = 3
c = a - b; print("1 --- c 的值为:",c)
c += a; print("2 --- c 的值为:", c)
c *= a; print("3 --- c 的值为:", c)
c /= a; print("4 --- c 的值为:", c)
c = 2; c %= a; print ("5 --- c 的值为:", c)
c **= a; print("6 --- c 的值为:", c)
c //= a; print("7 --- c 的值为:", c)
```

运行结果为

```
1 --- c 的值为: 1
2 --- c 的值为: 5
3 --- c 的值为: 20
4 --- c 的值为: 5.0
5 --- c 的值为: 2
6 --- c 的值为: 16
7 --- c 的值为: 4
```

## 1.4.5 位运算符及使用

位运算把数字看作二进制进行计算,若变量 a 为 60,b 为 13,即二进制表示为 a=00111100,b=00001101,则位运算的结果如表 1-9 所示。

表 1-9　位运算符及使用

| 运　算　符 | 功　能　描　述 | 实　　　例 |
|---|---|---|
| & | 按位与运算符：对应二进制位数都为 1 时，则结果为 1，否则为 0 | a & b 二进制结果为 00001100 |
| \| | 按位或运算符：对应二进制位数有一个为 1 时，结果就为 1，否则为 0 | a \| b 二进制结果为 00111101 |
| ^ | 按位异或运算符：对应二进制位相异时为 1，相同时为 0 | a ^ b 二进制结果为 00110001 |
| ~ | 按位取反运算符：对每个二进制位取反，即把 1 变为 0，把 0 变为 1 | ~a 输出结果为 −61，二进制结果为 11000011，负数为补码形式 |
| << | 左移动运算符：对各二进制位按指定数字全部左移若干位，高位丢弃，低位补零。左移一位相当于乘 2 运算 | a << 2 输出结果为 240，二进制结果为 11110000 |
| >> | 右移动运算符：对各二进制位按指定数字全部右移若干位，右移一位相当于除 2 运算 | a >> 2 二进制结果为 00001111 |

**【例 1-12】** 位运算符的使用。

```
a = 15; b = 2
print('a = ',a,', b = ',b)
print('a 与 b=',a&b,'a 或 b=',5|3,'a 异或 b=',5^3)
print('a 取反为',~a,',a 左移 b 位为',a<<b,', a 右移 b 位为',a>>b)
```

运行结果为

```
a = 15，b= 2
a 与 b=2 a 或 b=7 a 异或 b=6
a 取反为 −16，a 左移 b 位为 60，a 右移 b 位为 3
```

## 1.4.6　字符串运算符及使用

字符串基本操作包括字符串的连接、包含、重复输出等，基本运算符如表 1-10 所示。

表 1-10　字符串运算符及使用

| 运　算　符 | 功　能　描　述 | 实　例<br>(a= 'Study'；b= 'Python') |
|---|---|---|
| + | 字符串连接 | a＋b 返回 StudyPython |
| * | 重复输出字符串 | a * 2 返回 StudyStudy |
| [ ] | 通过索引获取字符串中的字符 | a[1:4] 返回 tud 子串 |
| in | 若字符串包含给定的字符则返回 True | "H" in a 返回 False |
| not in | 若字符串不包含给定的字符则返回 True | "H" not in a 返回 True |
| r/R | 在转义或不能打印的字符前加上字母 r(R)输出原字符 | print (r'\n') 返回 \n |
| % | 格式字符串，与{}和 .format{}功效相同 | print("a:%s" %(a))返回 a:Study |

**【例 1-13】** 字符串运算符的使用。

```
a = "你好"
b = "我在学习 Python 语言"
print("a + b 输出结果:", a + b)
print("a * 2 输出结果:", a * 2)
print("a[1] 输出结果:", a[1])
print("b[4:10] 输出结果:", b[4:10])
name = "深圳北理莫斯科大学"
print(name[0: -2])
```

运行结果为

```
a + b 输出结果:你好,我在学习 Python 语言
a * 2 输出结果:你好你好
a[1] 输出结果:好
b[4:10] 输出结果:Python
深圳北理莫斯科
```

## 1.4.7  成员运算符及使用

成员运算符主要用于判断某值是否存在于序列数据中。

### 1. 成员运算符的使用

成员运算符主要用于字符串、列表、元组或集合中,它属于包含运算符,对应判断某值是否为指定字符串、列表、元组及集合的成员,基本运算符如表 1-11 所示。

表 1-11  成员运算符及使用

| 运　算　符 | 功 能 描 述 | 实　　例 |
|---|---|---|
| in | 如果在指定的序列中找到值,返回 True,否则返回 False | x in y,若 x 在 y 序列中,返回 True |
| not in | 如果在指定的序列中没有找到值,返回 True,否则返回 False | x not in y,若 x 不在 y 序列中,返回 True |

**【例 1-14】** 成员运算符的使用。

```
a = 10
b = 20
list = [1, 2, 3, 4, 5 ];
print(a in list)
print(b not in list)
```

运行结果为

```
False
True
```

### 2. is 与 == 的区别

is 用于判断两个变量是否引用同一个内存地址,表示地址指针传递;＝＝用于判断两

个变量的值是否相等,表示值传递。a is b 相当于 id(a)==id(b),id()函数能够获取对象的内存地址。

若 a=10,b=a,则此时 a 和 b 的值是一样的;虽然 a 和 b 的值一样,但它们的内存地址不一样。例如:

```
a = 10
b = a
print(a == b)
print(id(b) is id(a))
```

运行结果为

```
True
False
```

## 1.4.8　身份运算符及使用

身份运算符用于比较两个对象的存储单元,判断两个对象的内存地址是否相同。基本运算符如表 1-12 所示。

表 1-12　身份运算符及使用

| 运　算　符 | 功 能 描 述 | 实　　　例 |
| --- | --- | --- |
| is | 判断两个标识符是否引用同一个对象 | x is y,相当于 id(x)==id(y)。如果引用的是同一个对象,则返回 True,否则返回 False |
| is not | 判断两个标识符是否引用不同对象 | x is not y,相当于 id(a) != id(b)。如果引用的不是同一个对象,则返回 True,否则返回 False |

【例 1-15】　身份运算符的使用。

```
a = ["中国"]
b = ["中国"]
print(a == b)
print(a is b)
print(id(a),id(b))
```

运行结果为

```
True
False
1722332565312 1722336595712
```

## 1.4.9　运算符的优先级

在混合运算中,掌握运算符的优先级至关重要,否则会得出错误结果。运算符的优先级如表 1-13 所示。

表 1-13 运算符的优先级

| 运 算 符 | 功 能 描 述 | 优 先 级 |
|---|---|---|
| ** | 幂（最高优先级） | 高 |
| ~、+、- | 按位翻转、一元加号和减号（加号可连接字符串） | |
| *、/、%、// | 乘、除、取模和整除 | |
| +、- | 加法、减法 | |
| >>、<< | 右移、左移运算符 | |
| & | 位与 | |
| ^、\| | 位运算符 | |
| <=、<、>、>= | 比较运算符 | |
| ==、!= | 等于、不等于运算符 | |
| =、%=、/=、//=、-=、+=、*=、**= | 赋值运算符 | |
| is、is not | 身份运算符 | |
| in、not in | 成员运算符 | |
| not、and、or | 逻辑运算符 | 低 |

对各类运算符的说明总结如下。

（1）赋值运算符将运算符右侧的值赋值给左侧的变量，是对象赋值。

（2）算术运算符主要是对两个对象进行算术计算。

（3）关系运算符的运算对象可以是数值，也可以是字符串。

（4）逻辑运算符一般用于判断两个变量的交集或并集，一般返回一个布尔值。

（5）位运算符的对象是二进制，一般在开发过程中用得比较少。

（6）成员运算符用于判断两个对象是否存在包括关系，即一个对象中是否包含另一个对象，返回布尔值。

（7）身份运算符用于判断是否引用自同一对象，通过两个对象的存储地址进行对比判断两个变量是否相同。

（8）习惯上，在二元操作符两边都加上一个空格，如赋值（＝）、比较（＝＝、<、>、！＝、<=、>=、in、not in、is、is not）、布尔（and、or、not）。

（9）当"＝"用于指示关键字参数或默认参数值时，不要在其两侧使用空格。

【例 1-16】 表达式的使用及运算符优先级示例。

```python
a = 20;b = 10;c = 15;d = 5;e = 0
e = (a + b) * c / d                 #(30 * 15)/5
print("(a + b) * c / d 运算结果为:", e)
e = (a + b) * c / d                 #(30 * 15)/5
print("((a + b) * c) / d 运算结果为:", e)
e = (a + b) * (c / d);              #(30) * (15/5)
print("(a + b) * (c / d) 运算结果为:", e)
e = a + (b * c) / d;                #20 + (150/5)
print("a + (b * c) / d 运算结果为:", e)
```

运行结果为

```
(a + b) * c / d 运算结果为:90
((a + b) * c) / d 运算结果为:90
(a + b) * (c / d) 运算结果为:90
a + (b * c) / d 运算结果为:50
```

## 1.5 Python 标准数据类型及基本使用

Python 定义了 6 种标准类型,用于存储内存中的各种类型数据。例如,一个学生的成绩常用数字存储,姓名用字符串存储,一个系列数据可以使用列表、元组存储,个人信息可以使用字典或集合存储等。

### 1.5.1 数值类型及基本使用

数值类型包括整型、长整型、浮点型、复数、布尔型。其中,int 表示有符号整型,也可表示二进制整数(以 0b 开头,如 0b1100100)、八进制整数(以 0o 开头,如 0o144)和十六进制整数(以 0x 开头,如 0x64);float 表示浮点型,将带小数点的数字都称为浮点数,如 3.14159;complex 表示复数,复数由实数部分和虚数部分构成,可以用 $a+bj$ 或 complex($a$,$b$) 表示,复数的实部 $a$ 和虚部 $b$ 可以是整数或浮点数,如 2.45+3.56j;Boolean 表示布尔型,用于逻辑判断真(True)或假(False),1 表示 True,0 表示 False。

【例 1-17】 将用户输入的摄氏温度转换为华氏温度。

根据华氏温度=(摄氏温度×1.8)+32,编写代码如下。

```
celsius = eval(input('输入摄氏温度: '))              #接收用户输入
fahrenheit = (celsius * 1.8) + 32                 #计算华氏温度
print('{0:.2f} 摄氏温度转换为华氏温度:{1:.2f}'.format(celsius,fahrenheit))
```

运行结果为

```
输入摄氏温度: 28
28.00 摄氏温度转换为华氏温度:82.40
```

【例 1-18】 输入任意三角形三边长 $a$、$b$、$c$,求三角形面积 $S$。

根据海伦公式

$$p = (a + b + c)/2$$
$$S = \sqrt{p(p-a)(p-b)(p-c)}$$

编写代码如下。

```
a = float(input('输入三角形第 1 边长: '))
b = float(input('输入三角形第 2 边长: '))
c = float(input('输入三角形第 3 边长: '))
#计算半周长
p = (a + b + c) / 2
#计算面积
```

```
area = (p * (p - a) * (p - b) * (p - c)) ** 0.5
print('三角形面积为 % 0.2f' % area)
```

运行结果为

```
输入三角形第 1 边长：3
输入三角形第 2 边长：4
输入三角形第 3 边长：5
三角形面积为 6.00
```

**【例 1-19】** 已知一元二次方程 $ax^2 + bx + c = 0$，当系数 $a = 1, b = 2, c = 3$ 时无实数解，输出方程的复数解。

```
import math
a = 1
b = 2
c = 3
q = - (b ** 2 - 4 * a * c)
x1 = complex( - b/(2 * a), math.sqrt(q)/(2 * a))
x2 = complex( - b/(2 * a), - math.sqrt(q)/(2 * a))
print('方程的解 x1 = ', x1)
print('方程的解 x2 = ', x2)
```

运行结果为

```
方程的解 x1 = ( - 1 + 1.4142135623730951j)
方程的解 x2 = ( - 1 - 1.4142135623730951j)
```

## 1.5.2　字符串类型及基本使用

字符串是一种数据结构，它是由数字、字母、下画线组成的一串字符，如 S = "Watermelon..."。使用"[ ]"获取字符串中一个或多个字符。若获取单个字符，使用<字符串>[$M$]表示，$M$ 为某单个字符在字符串中的序号（称为索引），正向序号和反向序号（负号）均可。字符串的截取也称为切片，一般指从字符串中获取多个字符，表示为<字符串>[$M$：$N$]，$N$ 的含义与 $M$ 相同。

字符串中字符的位置使用［头索引：尾索引］标识，从左到右，索引默认从 0 开始，最大范围是字符串长度减 1，即要实现从字符串中获取一段子字符串，其中索引左侧首字符为 0，右侧首字符为 -1。

字符串的特点如下。

（1）索引为空时表示取到头或尾。例如：

```
str1 = "Watermelon"
print(str1[:5], str1[5:])
```

运行结果为

```
Water melon
```

（2）通过［头索引:尾索引］获取的子字符串包含头索引的字符，但不包含尾索引的字符。例如：

```
str1 = "Watermelon"
print(str1[2:5])
```

运行结果为

```
ter
```

（3）字符索引可以是正数或负数，正数从左到右截取，负数从右向左截取。例如：

```
str1 = "Watermelon"
str1 = "Watermelon"
print(str1[ - 5:],str1[2:])
```

运行结果为

```
melon termelon
```

（4）可使用＋符号将两个字符串连接起来，也可以使用字符切片连接成新字符串。例如：

```
str1 = "Watermelon"
str2 = "12345"
str3 = str1[2:5] + str2[0:2]
print(str3)
```

运行结果为

```
ter12
```

【例 1-20】 字符串截取的应用。

```
S1 = "Python 系统"
S2 = "2.x/3.4.2/3.5.2/3.8.2/3.10.2"
print(S1[0:6])
print(S1[6:])
print(S1 + S2)
```

运行结果为

```
Python
系统
Python 系统 2.x/3.4.2/3.5.2/3.8.2/3.10.2
```

## 1.5.3　列表类型及基本使用

列表用"［ ］"标识，内部元素用逗号隔开，数据类型可以是字符、数字、字符串等类型，列表的数据项不需要具有相同的类型，如 list＝［学号,10,姓名,张三］。

列表的特点如下。

（1）列表与字符串的索引一样，也使用［头索引:尾索引］截取相应的元素。头索引从

左到右默认从 0 开始,从右到左默认从−1 开始。例如:

```
list = [1,2,3,4,5,6,7,8,9,10]
list1 = ['中国', 'China', 2021, 2022]
list2 = [1, 2, 3, 4, 5 ]
list3 = ["a", "b", "c", "d"]
list[ - 3 : ]结果是[8,9,10];
list1[0]结果是中国;
list2[0:3]结果是[1, 2, 3];
list1[ - 1]结果是 2022.
```

(2) 列表不仅可以进行截取(切片)操作,还可进行添加、插入、删除等操作,也可以使用＋符号将两个列表连接起来输出。列表添加、删除需要使用函数,详见 2.4.1 节。例如:

```
list = ['学号','姓名','张三','成绩',87]
list[4] = 90                        ♯更新
del list[0]                         ♯删除'学号'项
print(list)
```

运行结果为

```
['姓名', '张三','成绩',90]
```

(3) 列表切片可以重新组成新的列表。例如:

```
list = [1,5, 0, 2, 4,8, 4 ,8]
print(list[0:2] + list[5:7])
```

运行结果为

```
[1, 5, 8, 4]
```

(4) 列表可以嵌套使用。例如:

```
lis1 = [1,2,3]
lis2 = ['北京','上海','深圳']
lis3 = [lis1,lis2]
print(lis3)
```

运行结果为

```
[[1, 2, 3], ['北京', '上海', '深圳']]
```

【例 1-21】 列表的使用。

```
L1 = [10,20,30]
list = [ '中国', 123 , 3.14, '玛丽', 80.5 ]
tinylist = [789, 'Mary']
print(list)                         ♯输出完整列表
print(list[0])                      ♯输出列表的第 1 个元素
print(list[1:3])                    ♯输出第 2 个至第 3 个元素
print(list[2:])                     ♯输出从第 3 个至列表末尾的所有元素
```

```
print(tinylist * 2)                        #输出列表两次
print(list + tinylist)                      #打印组合的列表
print(L1 * 3)
```

运行结果为

```
['中国', 123, 3.14, '玛丽', 80.5]
中国
[123, 3.14]
[3.14, '玛丽', 80.5]
[789, 'Mary', 789, 'Mary']
['中国', 123, 3.14, '玛丽', 80.5, 789, 'Mary']
[10, 20, 30, 10, 20, 30, 10, 20, 30]
```

（5）使用身份运算符必须注意是否是列表元素。例如，print([3] in [1,2,3,4])的结果是 False；print(3 in [1,2,3,4])的结果是 True。

## 1.5.4　元组类型及基本使用

元组数据类型和列表相似，用于存储和处理序列数据。

### 1. 元组的使用

元组类似于列表，使用小括号"()"标识，内部元素用逗号隔开。元组的截取方法和列表相同（使用索引）。与列表不同，元组是不可变的，即不能二次赋值，它相当于只读列表。

元组的特点如下。

（1）括号"()"既可以表示元组，又可以表示数学公式中的小括号，若元组中只有一个元素，就必须加一个逗号，防止被当作括号运算。例如：

```
tup = ("中国")
print(tup)
```

运行结果为

```
中国
```

```
tup = ("中国",)
print(tup)
```

运行结果为

```
('中国',)
```

（2）元组元素不可更改。例如：

```
tup2 = (1, 2, 4, 5)
tup2[0] = 10
```

输出错误：

```
'tuple' object does not support item assignment
```

（3）元组可实现相加运算。例如：

```
tup1 = (1,2,3)
tup2 = (2,3,4,5)
print(tup1 + tup2)
```

运行结果为

```
(1, 2, 3, 2, 3, 4, 5)
```

（4）元组虽然不能修改，但可以用切片的方式更新元组。例如：

```
tup = (1, 2, 4, 5)
tup = tup[:2] + (3,) + tup [2:]
print(tup)
```

运行结果为

```
(1, 2, 3, 4, 5)
```

【例1-22】　列表更新与元组的使用。

```
list = ['中国',123,3.14,'玛丽', 80.5 ]        #定义列表
tuple = ('中国', 123,3.14,'玛丽', 80.5)       #定义元组
#tuple[2] = 3000                              #元组中是非法应用，出错
print(list)
list[2] = 3000                               #列表中是合法应用
print(list)
```

运行结果为

```
['中国', 123, 3.14, '玛丽', 80.5]
['中国', 123, 3000, '玛丽', 80.5]
```

### 2．元组与列表的区别

（1）列表用"[ ]"标识，元组用"()"标识；列表可变，元组不可变，除非整体替换。

（2）当元组中仅有一个元素时，需要在元素后面加逗号，列表则不需要。

（3）列表支持通过切片进行修改和访问，而元组只支持访问，不支持修改，当数组不修改时，建议使用元组。

（4）元组比列表的访问和处理速度更快。

## 1.5.5　字典类型及基本使用

字典（Dictionary）数据类型是键（Key）和值（Value）成对出现的，中间用冒号隔开。

### 1．字典的使用

字典是另一种可变容器模型，且可存储任意类型对象，如数字、字符串、元组。字典是除列表以外另一种灵活的内置数据结构类型，也是 Python 中唯一的映射类型，采用键值对（key-value）的形式存储数据。列表是有序的对象集合，字典是无序的对象集合，用"{ }"标识，中间的键和值之间用冒号隔开，可存储任意多个信息。例如，存储个人档案的姓名、年

龄、地址、职业以及要描述的任何信息等；还可存储任意两种相关的信息，如一系列单词及其含义、一系列人名及其喜欢的数字，以及一系列山脉及其海洋名称等。

字典和列表的区别在于字典当中的元素是通过键来存取的，而不是通过索引存取。

字典键由索引 key 和它对应的值 value 组成。创建方法为

```
name = {键1:值1,键2:值2,...}
```

字典的特点如下。

（1）键是唯一的，不允许同一个键出现两次，如果同一个键被赋值两次，则取最后的赋值。例如：

```
dict = {'a':1,'b':2,'c':'Python','b':'String','d':'Python'}    # 创建字典
print(dict)                                                     # 输出字典
```

运行结果为

```
{'a': 1, 'b': 'String', 'c': 'Python', 'd': 'Python'}
```

（2）键必须是不可变的，可以使用字符串、数字或元组，不能使用列表。值取任何数据类型均可。例如：

```
dict1 = {1:'学号','成绩':80, 'height':180,(4,5):123}    # 创建字典
print(dict1)                                            # 输出字典 dict1
```

运行结果为

```
{1: '学号', '成绩': 80, 'height': 180, (4, 5): 123}
```

```
dict2 = {1:'学号',[4,5]:123}    # 列表作为键
print(dict2)                    # 输出字典 dict2
```

输出错误：

```
TypeError: unhashable type: 'list'
```

（3）字典的键可以使用布尔型，True 默认代表 1，False 默认代表 0。如果原字典中已经包含 0 或 1，则无法使用布尔类型。例如：

```
test1 = {0:"1", 1:"2", True:"3", False:"4"}
print(test1)                          # 有 0 和 1 的情况下
test2 = {"a":"1", "b" :"2", True:"3", False:"4"}
print(test2)                          # 没有 0 或 1 的情况下
```

运行结果为

```
{0: '4', 1: '3'}
{'a': '1', 'b': '2', True: '3', False: '4'}
```

（4）访问字典。

```
dict3 = {'姓名': '张安', '成绩':88, '班级': '2022 电子工程班'}
print(dict3.keys())
print(dict3.values())
print('姓名' in dict3 , '张安' in dict3, '张安' in dict3.values())        # 判断键和值的存在
```

运行结果为

```
dict_keys(['姓名', '成绩', '班级'])
dict_values(['张安', 88, '2022电子工程班'])
True False True
```

（5）修改字典。向字典中添加新内容的方法是增加新的键值对。也可修改或删除已有键值对。例如：

```
x = {1:10}
x[2] = 8
dict3 = {'姓名': '张安', '成绩':88, '班级': '2022电子工程班'}
dict3['成绩'] = 80                    ♯更新
dict3['学校'] = "smbu"                ♯添加
del dict3['姓名']                     ♯删除键是'姓名'的条目
print(dict3)
print(x)
```

运行结果为

```
{'成绩': 80, '班级': '2022电子工程班', '学校': 'smbu'}
{1: 10, 2: 8}
```

【例1-23】　输出字典数据。

```
addr = list({'东':200, '南':300, '西':400})
dict1 = {"name": "Jiang", "age": 45, "sex": "Female"}
dict2 = dict((("name", "Jiang"),))
print(dict1)
print(dict1.keys())
print(list(dict1.keys()))           ♯输出字典的键
print(dict1.values())               ♯输出字典的值
print(type(dict1),type(dict2))      ♯type()为测试类型函数
print(addr)                         ♯输出字典的键
```

运行结果为

```
{'name': 'Jiang', 'age': 45, 'sex': 'Female'}
dict_keys(['name', 'age', 'sex'])
['name', 'age', 'sex']
dict_values(['Jiang', 45, 'Female'])
< class 'dict'> < class 'dict'>
['东', '南', '西']
```

**2. 字典和列表的区别**

（1）字典的键可以是任意不可变类型。

（2）使用成员运算符查找时,查找的是键而不是值。

（3）即使键起初不存在,也可以为它直接赋值,字典会自动添加新的项。

（4）字典是不可修改的,列表可以修改。

### 1.5.6　集合类型及基本使用

Python 集合(Set)是一个无序不重复的元素集,用"{ }"标识,可直接使用"{ }"或 set() 函数创建。集合是可迭代的,有可变集合(Set)和不可变集合(Frozenset)两种,其基本功能包括关系测试和消除重复元素。对创建的集合可进行添加、删除、交集、并集、差集的操作。

集合的特点如下。

(1) 集合中的元素不能重复。

(2) 集合中的元素是不可变的(不能修改),但整个集合是可变的。

(3) 集合不支持任何索引或切片操作。

说明:

(1) Python 中的集合可用于数学运算,如并集、交集、比较等;

(2) 与列表相比,使用集合的主要优点是它具有高度优化的方法,在检查集合中是否包含特定元素时比较方便。

【例 1-24】　集合的使用。

```python
ass1 = {1,2, False," "}
print("ass1 的数据类型是:",type(ass1))          #type()为测试类型函数
ass2 = {1, 2, False, (), " "}
print("ass2 的数据类型是:", type(ass2))
s = set([3,5,9,10])                             #创建一个数值集合
t = set("Hello")                               #创建一个唯一字符的集合
print(s)
print(t)
print("s 数据类型是:", type(s))
print("t 的数据类型是:", type(t))
```

运行结果为

```
ass1 的数据类型是: <class 'set'>
ass2 的数据类型是: <class 'set'>
{9, 10, 3, 5}
{'e', 'o', 'l', 'H'}
s 数据类型是: <class 'set'>
t 的数据类型是: <class 'set'>
```

说明:集合的运算及函数操作详见 2.6.1 节和 2.6.2 节。

## 1.6　Python 模块

Python 模块(Module)是一个以.py 为扩展名的文件,包含对象定义、初始化、数据处理和输出等语句。模块不仅能够有逻辑、有组织地把相关代码集合起来,使层次更加清晰、易懂,而且还是 Python 保存、运行的基本单元。模块分为内置模块、第三方模块和自定义模块 3 类。

## 1.6.1　Python 内置模块

内置模块也称为标准模块,它是 Python 系统提供的以. py 为扩展名的程序文件,用来被用户程序引用。导入模块后,可使用其中的函数、变量、类、数据、执行等功能,用户不需要编写大段代码,只要调用一个函数即可得到结果,达到减少工作量、提高效率的目的。版本提高意味着系统模块的增加,即版本越高,编程越简单、快捷,程序质量也越好。

### 1. 查看内置模块

安装好 Python 3.10 后,在"开始"菜单中默认安装了 4 个选项,如图 1-1 所示。

单击 Python 3.10 Module Docs(64-bit)即可查看 Python 的内置模块,通过"模块名. 参数名"或"模块名. 函数名"即可调用相应的功能,如图 1-2 所示。其中,前缀单下画线开头的为变量或方法,仅供内部使用,不属于公共接口部分。

图 1-1　Python 系统选项

图 1-2　Python 的内置模块

### 2. 常用模块库

常用模块库如表 1-14 所示。

表 1-14　常用模块库

| 模　块　库 | 功　能　描　述 |
| --- | --- |
| os | 操作系统接口 |
| sys | 自身的运行环境 |
| string | 字符串处理 |
| cmath | 复数运算 |

续表

| 模 块 库 | 功 能 描 述 |
|---|---|
| math | 常用数学运算 |
| time | 时间 |
| datetime | 日期和时间 |
| calendar | 日历 |
| random | 生成随机数 |
| re | 正则表达式,用于验证和查找符合规则的文本 |
| functools | 常用的工具 |
| logging | 记录日志,调试 |
| multiprocessing | 多进程 |
| traceback | 跟踪异常返回信息 |
| threading | 多线程 |
| copy | 复制 |
| hashlib | 提供字符加密功能 |

**说明**: os 模块负责程序与操作系统的交互,提供访问操作系统底层的接口,主要功能包括:

(1) 系统相关变量和操作;

(2) 文件和目录相关操作;

(3) 执行命令和管理进程。

sys 模块负责程序与 Python 解释器的交互,它提供了一系列的函数和变量,用于操控运行环境。

## 1.6.2 Python 导入模块的方法

导入模块后即可使用其中的类、函数、方法和变量。导入模块的方法有两种。

### 1. 使用 import 语句直接导入模块

使用 import 语句导入模块,语法格式为

```
import 模块 1[, 模块 2[, … 模块 N]]
```

1) 导入 os 模块(import os)

导入 os 模块后,系统可完成的操作如下。

```
os.environ                        #一个目录下包含环境变量的映射关系
os.environ["HOME"]                #可以得到环境变量 HOME 的值
os.chdir(dir)                     #改变当前目录,如 os.chdir('d:\\outlook')
os.getcwd()                       #得到当前目录
os.remove()                       #删除一个文件
os.rename("旧文件名","新文件名")    #重命名文件
os.path.exists(路径)              #若路径存在,返回 True,否则返回 False
os.getlogin()                     #得到用户登录名称
os.listdir('文件夹名')            #列出指定目录下所有文件和子目录,包括隐藏文件
```

```
os.mkdir(文件夹名)                      # 创建文件夹
os.rmdir(文件夹名)                      # 删除文件夹
os.stat('路径')                        # 获取文件/目录信息
```

【例 1-25】 导入 os 模块。

```
import os
print(os.getlogin())                   # 获取用户登录名称
print(os.getcwd() )                    # 得到当前目录
print(os.path.exists('d:\class'))      # 判断 d:\class 文件夹是否存在
print(os.listdir('d:\class'))          # 显示 d:\class 文件夹内容
os.mkdir('d:\jiang')                   # 在 d 盘创建 jiang 文件夹
os.rmdir('d:\jiang')                   # 删除 d 盘 jiang 文件夹
print(os.stat('d:\class'))             # 获取 d:\class 目录信息
```

运行结果为

```
jiangzr
D:\tools\PyCharm\bin
jiangzr
D:\tools\PyCharm\bin
True
['2022 课程', 'Python', 'sbmu', '计算机科学期末成绩单.pdf', '计算机科学期末成绩单.xls']
s.stat_result(st_mode = 16895, st_ino = 1125899906842706, st_dev = 2653892209, st_nlink = 1, st_
uid = 0, st_gid = 0, st_size = 4096, st_atime = 1655095874, st_mtime = 1654744336, st_ctime =
1630482833)
```

2) 导入 sys 模块(import sys)

导入 sys 模块后,系统可完成的操作如下。

```
sys.argv                               # 返回一个列表,输出当前文件路径参数
sys.stdout                             # 表示标准输出
sys.stdin                              # 表示标准输入
sys.stderr                             # 表示错误输出
sys.stdin.readline()                   # 从标准输入读一行
sys.stdout.write("a")                  # 使用类在屏幕输出 a
sys.exit(exit_code)                    # 退出程序
sys.modules                            # 返回一个字典,表示系统中所有可用的模块
sys.platform                           # 得到运行的操作系统环境
sys.path                               # 返回一个列表,指明所有查找模块和包的路径
```

【例 1-26】 导入 sys 模块。

```
import sys
print(sys.argv)
print(sys.modules)
sys.stdout.write("We are learning Python")
```

运行结果为

```
['D:/tools/PyCharm/bin/test11.py']
{'sys': < module 'sys' (built - in)>, 'builtins': < module 'builtins' (built - in)>, '_frozen_
importlib': < module '_frozen_importlib' (frozen)>, '_imp': < module '_imp' (built - in)>,
'_thread':< module '_thread' (built - in)>, '_warnings': < module '_warnings' (built - in)>,'_weakref':
```

```
< module '_weakref' (built - in)>, '_io': < module '_io' (built - in)>, 'marshal': < module 'marshal'
(built - in)>, 'nt': < module 'nt' (built - in)>, 'winreg': < module 'winreg'(built - in)>,...........
.........................................................................................................
..........................................................
We are learning Python
```

### 2. 使用 from 语句导入模块

from 语句的作用是从模块中导入一个指定的部分到当前命名空间中,语法格式为

```
from 模块名 import 模块 1[, 模块 2[, ... 模块 N]]
```

from...import 为导入一个模块中的一个函数,相当于导入一个文件夹中的文件,它使用绝对路径。例如:

```
from math import pi
```

该方法不会把整个 math 模块导入当前的命名空间中,它只将 pi 引入模块的全局符号表中。若要将 math(数学)模块全都导入当前的命名空间,可使用以下格式。

```
from math import *
```

建议不要过多地使用该声明,否则会占用内存,影响运行速度。

**说明:**

(1) import 相当于导入一个文件夹,是相对路径。

(2) 导入模块命令要放在文件顶部,包括系统标准库导入、第三方库导入和应用程序指定导入。每种分组中按照每个模块的完整路径排序导入,忽略大小写。

(3) 一个模块只能导入一次,导入写法不同,使用略有不同。例如,以下两种写法等价。

```
import math
print(math. sqrt(16))
print (math.pi)
print(math.exp(3))
print(math. e * * 3)
```
⟺
```
from math import *
print(sqrt(16))
print (pi)
print(exp(3))
print(e * * 3)
```

运行结果为

```
4.0
3.141592653589793
20.085536923187668
20.085536923187664
```

## 1.6.3 第三方模块和自定义模块

第三方模块和自定义模块均属于用户使用 Python 自己编写的模块。

### 1. 第三方模块

Python 自带的模块不需要安装包,直接使用 import 导入即可使用。第三方模块属于 Python 先行开发者编写的典型程序模块,必须自行下载,通过 pip install 命令安装才能使

用。典型的第三方模块包括 Python-office(用于自动化办公)、Requests. Kenneth Reitz(用于编写网页的 HTTP 程序)、Scrapy(用于爬虫相关开发),这些均不包含在 Python 安装系统中。

### 2.自定义模块

自定义模块是用户在不同项目中自行定义的代码块,Python 将所有. py 文件都称为模块,可在文件中放置变量、函数及类作为模块内容,目的是编写可重用的、条理清晰的代码。模块都可以使用 import 语句导入当前文件中使用。

1)导入模块与执行程序在同一目录下

若存在 t1. py 模块,内容为

```
def study():
    print("学习自定义模块的导入方法")
```

当前执行文件 t2. py 放在同一个目录下,此时,t2. py 中即可直接导入 t1 模块,代码如下。

```
import t1
t1.study()
```

运行结果为

```
学习自定义模块的导入方法
```

2)导入模块与执行程序不在同一目录下

若存在一个 py 同级目录,可在该目录下建立__init__. py 模块,添加以下自定义内容。

```
def learning():
    print("学习自定义模块的使用")
```

则可在 py 上一级目录的 test. py(文件名任意)文件中加入

```
import py
py.learning()
```

运行结果为

```
学习自定义模块的使用
```

或在 py 目录下建立一个 t1. py(文件名任意)模块,加入自定义的代码内容;同理,在 py 上一级目录的 test. py 文件中加入

```
from py import t1
t1.learning()
```

即可得到同样的输出。

### 3.模块说明

自定义模块时要注意命名,不能与 Python 自带的模块名称冲突。例如,系统自带了 sys 模块,自定义模块不可命名为 sys. py,因为 Python 解释器会先查询内置模块,若自定义

模块与内置模块重名,会被内置模块所覆盖,导致自定义模块不能被导入。导入多个模块的查找顺序如下。

(1)当前目录;

(2)如果不在当前目录,则 Python 将搜索在 shell 变量 PYTHONPATH 下的每个目录;

(3)如果都找不到,则 Python 会查看默认路径。

**4．reload()函数**

当一个模块被导入一个脚本时,模块顶层部分的代码只会执行一次。因此,如果想重新执行模块顶层部分的代码,可以使用 reload()函数。该函数会重新导入之前导入过的模块,语法格式为

```
reload(module_name)
```

其中,module_name 为模块名。

**说明:**

(1)调用 imp 标准库模块中的 reload()函数需要加导入语句——from imp import reload。

(2)reload()函数会重新加载已加载的模块,但原来已经使用的实例还是会使用旧的模块,而新产生的实例会使用新的模块。

(3)重新加载后还是用原来的内存地址。

例如,重新加载 os 和 hello 模块,代码如下。

```
import os
from imp import reload
reload(os)
reload(hello)
```

# 第 2 章

# 组合数据类型及使用

Python 为了简化编程、易于扩展，提供了各种数据类型的函数和方法，使用户不需要了解代码和逻辑，简单调用即可完成数据处理。组合数据类型包括序列、集合和映射类型，其中序列类型包括字符串、列表、元组数据，它们均可通过索引查找所需要的值；集合类型元素存在无序性且不包含重复元素，整数、浮点数、字符串、元组等可以作为集合中的存储元素，而列表、字典不可作为集合中的数据元素；字典属于映射类，访问时只要查找前面的关键词即可找到对应的内容，即映射类型是键值对的集合，也存在无序性。

## 2.1 数值类型及使用

Python 的数学函数包括常用数学操作、三角函数和随机函数，主要用于数值计算。

### 2.1.1 常用数学函数

使用数学函数一般需要导入 math 模块（语句为 import math）。math 模块提供了一系列基础的计算功能，除自然常数 e、圆周率 pi、三角函数、对数、距离函数、平方根、幂函数外，还包括各种取整函数。常用的数学函数如表 2-1 所示。

表 2-1 常用的数学函数

| 函 数 | 功能描述（返回值） |
| --- | --- |
| pi | 返回圆周率 π 的常量值 3.141592653589793 |
| e | 返回自然常数值 2.718281828459045 |
| abs(x) | 返回数字的绝对值，如 abs(−10) 返回 10 |
| ceil(x) | 返回数字的最大整数，如 math.ceil(4.1) 返回 5 |
| exp(x) | 返回 e 的 x 次幂，如 math.exp(1) 返回 2.718281828459045 |
| fabs(x) | 返回数字的绝对值，如 math.fabs(−10) 返回 10.0 |
| floor(x) | 返回数字的最小整数，如 math.floor(4.9) 返回 4 |
| log(x) | 返回自然对数值，如 math.log(math.e) 返回 1.0 |
| log10(x) | 返回以 10 为底的 x 的对数，如 math.log10(100) 返回 2.0 |
| max(x1, x2,...) | 返回给定参数的最大值，参数可以为序列 |

续表

| 函　　数 | 功能描述（返回值） |
|---|---|
| min(x1，x2，…) | 返回给定参数的最小值，参数可以为序列 |
| modf(x) | 返回 x 的整数部分与小数部分，两部分的数值符号与 x 相同，整数部分以浮点型表示 |
| pow(x，y) | 返回 x 的 y 次幂运算，等价于 $x^y$ 运算后的值 |
| round(x[，n]) | 返回 x 的四舍五入值，若给出 n 值，则代表小数点后保留的位数 |
| sqrt(x) | 返回数字 x 的平方根 |
| lcm(x，y) | 返回 x 与 y 的最小公倍数 |
| gcd(x，y) | 返回 x 与 y 的最大公约数 |
| range（start，stop[，step]） | 返回一个序列整数，start 和 stop 分别为起始和结束位置，step 为步长 |

说明：

（1）abs()和 fabs()函数的区别为 abs()是一个内置函数，而 fabs()是在 math 模块中定义的函数；fabs()函数只适用于浮点数（float）和整数（int）类型，而 abs()函数也适用于复数。

（2）range(start,stop[,step])函数中，默认 start 从 0 开始，若省略步长，则默认步长为 1。例如，range(0,5)等价于 range(0,5,1)；range(0,5)等价于 range(5)。

（3）range(start,stop[,step])生成的序列从 start 开始，到 stop 结束，包括 start 但不包括 stop。例如：

```
range(1,5)              #生成:1, 2, 3, 4
range(0, 10, 3)         #生成步长为 3 的序列:0, 3 ,6 ,9
lis = range(10,20,2)    #生成 10～18 的偶数:10, 12, 14, 16, 18
```

## 2.1.2　数学函数应用案例

【例 2-1】　数学函数的使用。

```
import math
print(abs( - 10))
print(math. fabs( - 10))
print(type(abs( - 10)))
print(type(math. fabs( - 10)))
print(math. gcd(76,12))
print(math. modf(3. 1415926))
print(math. exp(1))
print(math. log10(100))
print(math. lcm(20,12))
```

运行结果为

```
10
10.0
< class 'int'>
```

```
< class 'float'>
4
(0.14159260000000007, 3.0)
2.718281828459045
2.0
60
```

说明：Python 中的 cmath 为基础的复数运算模块，和 math 模块有很多同名函数，但 math 模块中的函数不能计算复数。要使用复数运算，需先导入 cmath 模块。

【例 2-2】　cmath 复数运算模块的使用。

```
import cmath
import math
print(cmath.sqrt( - 1))
print(math.sqrt(225))
print(cmath.sqrt( - 29))
print(math.sqrt(9))
print(cmath.sin(1))
print(math.sin(1))
print(cmath.log10(100))
print(math.log10(100))
```

运行结果为

```
1j
15.0
5.385164807134504j
3.0
(0.8414709848078965 + 0j)
0.8414709848078965
(2 + 0j)
2.0
```

## 2.1.3　三角函数及应用案例

常用的三角函数如表 2-2 所示。

表 2-2　常用的三角函数

| 函　　数 | 功　能　描　述 |
| --- | --- |
| acos(x) | 返回 x 的反余弦弧度值 |
| asin(x) | 返回 x 的反正弦弧度值 |
| atan(x) | 返回 x 的反正切弧度值 |
| atan2(y, x) | 返回给定的 x 及 y 坐标值的反正切值 |
| cos(x) | 返回 x 的弧度的余弦值 |
| hypot(x, y) | 返回欧几里得范数 sqrt(x * x + y * y) |
| sin(x) | 返回 x 弧度的正弦值 |
| tan(x) | 返回 x 弧度的正切值 |
| degrees(x) | 将弧度转换为角度，如 degrees(math.pi/2)返回 90.0 |
| radians(x) | 将角度转换为弧度 |

例如,语句 print(math.hypot(3,4))的运行结果为5.0。

【例 2-3】 三角函数的使用。

```
import math
print("sin(pi/2)",math.sin(math.pi/2))
print ("asin(1): ", math.asin(1))
print ("acos(0): ", math.acos(0))
print ("acos(-1): ", math.acos(-1))
print ("acos(1): ", math.acos(1))
print("degrees(pi/2)",math.degrees(math.pi/2))
print("radians(180)",math.radians(180))
```

运行结果为

```
sin(pi/2) 1.0
asin(1): 1.5707963267948966
acos(0): 1.5707963267948966
acos(-1): 2.141592653589793
acos(1): 0.0
degrees(pi/2) 90.0
radians(180) 2.141592653589793
```

## 2.1.4 随机函数及应用案例

Python 中的 random 模块用于生成随机数。常用的随机函数如表 2-3 所示。

表 2-3 常用的随机函数

| 函　　数 | 功　能　描　述 |
| --- | --- |
| random() | 返回 0～1 的随机浮点数 |
| uniform(a,b) | 返回 a～b 的随机浮点数 N。若 a<b,则 a<=N<=b;若 a>b,则 b<=N<=a |
| randint(a,b) | 返回一个 a～b 的随机整数 N。要求 a 和 b 必须为整数,且 a<b |
| choice(seq) | 从 seq 中返回一个随机数,seq 可为列表、元组或字符串。例如,random.choice("学习 Python")选择字符串中的一个字符;random.choice(['学习','Python','随机','函数'])选择列表中的一个字符串 |
| sample() | 返回随机抽取多个元素的列表 |
| randrange() | 从 range()函数生成的序列数中随机抽取一个整数并返回 |
| shuffle | 返回随机打乱序列中元素顺序的列表 |

【例 2-4】 随机函数的使用(1)。

```
import random
print(random.random())
print(random.uniform(4,8))
print(random.randrange(10,100,2))          #从[10,12,…,98]序列中随机取一个数
print(random.randint(1,10))
list1 = ['石头','剪刀','布']
print(random.choice(list1))
list2 = [100,435,890,7650,20,90,1,700,300,10]
```

```
random.shuffle(list2)
print(list2)
print(random.sample(list2,4))
```

运行结果为

```
0.3681727989099227
5.798220594358082
66
2
剪刀
[1, 20, 100, 10, 435, 890, 300, 90, 7650, 700]
[20, 300, 435, 890]
```

**【例 2-5】** 随机函数的使用(2)。

```
import random
str1 = random.choice("学习 Python")          ♯选择字符串中的一个字符
list1 = random.choice(['学习','Python','随机','函数'])  ♯选择列表中的一个字符串
print(str1)
print(list1)
print(random.randrange(1,10))               ♯选择 1～10 的一个整数
list2 = list(range(10))                      ♯产生序列 0～9 的数
print(random.sample(list2,4))               ♯选择 0～9 的任意 4 个数
random.shuffle(list2)                        ♯打乱 list2 序列的顺序
print(list2)
```

运行结果为

```
学
Python
5
[3, 2, 6, 1]
[3, 8, 2, 1, 7, 9, 6, 5, 0, 4]
```

## 2.2 字符串类型及使用

Python 对字符串类型数据提供了字符串处理功能函数,具有多种操作方法。

### 2.2.1 常规字符串函数及应用案例

关于字符串操作,除截取(切片)字符串外,还可使用函数进行字符串大小写转换、去除空格、查找、替换、拆分与连接、转义字符及格式化字符串等操作。常规字符串操作函数如表 2-4 所示。

表 2-4 常规字符串操作函数

| 函　　数 | 功能描述(若字符串赋给 str) |
|---|---|
| len() | 统计字符串长度 |
| str. swapcase() | 将字符串大写转换为小写,小写转换为大写 |
| str. capitalize() | 将字符串首字母大写 |

续表

| 函　　数 | 功能描述（若字符串赋给 str） |
|---|---|
| str. upper() | 将字符串字母全部大写 |
| str. strip() | 去除字符串的前后空格 |
| str. lstrip() | 去除字符串前空格 |
| str. rstrip() | 去除字符串后空格 |
| str. center() | 将字符串以指定宽度居中，其余部分以特定字符填充 |
| str. find() | 查找指定字符在字符串中的位置，若找不到，则返回 −1 |
| str. rfind() | 返回搜索到的最右边子串的位置 |
| str. rjust() | 将字符串以指定宽度放在右侧，其余部分以特定字符填充 |
| str. replace(old, new) | 用字符串 new 替换字符串 old |
| str. join(seq) | 以 str 作为分隔符，将 seq 中所有元素合并为一个新的字符串 |
| str. count() | 返回字符串 str 中子串 sub 出现的次数 |
| str. index() | 用于从列表中找出某个值第 1 个匹配项的索引位置 |
| str. rindex() | 开始从字符串的右侧搜索，用于在给定的字符串中找到子字符串是否存在。存在则返回子串的第 1 个索引位置，否则直接抛出异常 |
| str. startswith() | 检测到字符串则返回 True，否则返回 False |

**说明：**

（1）str. find()、str. rfind()、str. rjust()、str. count()、str. index()、str. rindex() 函数的括号内可加入参数（sub[, start[, end]]），其中 sub 为子字符串，start 和 end 分别为起始和结束位置，默认索引从 0 开始，不包括 end 边界。

（2）检测函数调用格式为 str. startswith(str, beg=0, end=len(string))。其中，str 为被检测的字符串（可以使用元组，会逐一匹配）；beg 为字符串起始位置（可选）；end 为字符串检测的结果位置（可选）。如果存在 beg 和 end 参数，则在指定范围内检测，否则在整个字符串中检测。例如：

```
s = 'hello good bye'
print(s.startswith('h') )              # 返回 True
print(s.startswith('h',4))             # 返回 False
print(s.startswith('hel'))             # 返回 True
print(s.startswith('hel'))             # 返回 True
print(s.startswith('hel',2,5))         # 返回 False
```

**【例 2-6】** 字符串操作函数的使用（1）。

```
s1 = 'Windows 操作系统'
s2 = s1. strip()
s3 = 'Python'
s4 = '1234'
print(s1.center(20,'*'))
print(s1.rjust(20,'*'))
print(s3.capitalize())
print(s1.swapcase())
```

```
print(len(s1),len(s2))
print(s3.join(s4))
print('xyabxyxy'.find('xy'),'xyabxyxy'.find('xy',2))
print('xyabxyxy'.count('xy'), 'xyabxyxy'.count('xy',1))
print('xyabxyxy'.count('xy',1,7), 'xyabxyxy'.count('xy',1,8))
print('xyzabcabc'.rfind('bc'), 'xyzabcabc'.rindex('bca'))
```

运行结果为

```
** Windows 操作系统  ***
***** Windows 操作系统
Python
   wINDOWS 操作系统
15 11
1Python2Python3Python4
0   4
3   2
1   2
7   4
```

【例 2-7】　字符串操作函数的使用(2)。

```
str = 'xyabxyxy'
print(str.find('xy'))
print(str.count('xy'))
print(str.count('xy',1))
print(str.count('xy',1,7))
print(str.replace('ab','深圳'))
print(str.join('深圳'))
```

运行结果为

```
0
3
2
1
xy 深圳 xyxy
深 xyabxyxy 圳
```

## 2.2.2　字符串判断函数及应用案例

利用字符串判断函数还可进行多种判断,包括判断字符串是否为空、是否为数字和字母、是否为大/小写等。字符串判断函数如表 2-5 所示。

表 2-5　字符串判断函数

| 函　　数 | 功能描述(若字符串赋给 str) |
| --- | --- |
| str.isspace() | 判断字符串 str 是否是空白(空格、换行符等) |
| str.isprintable() | 判断字符串 str 是否是可打印字符 |
| str.isidentifier() | 判断字符串 str 是否满足标识符规则 |

续表

| 函　　数 | 功能描述（若字符串赋给 str） |
|---|---|
| str. isdecimal() | 判断字符串 str 是否是十进制数字 |
| str. isdigit() | 判断字符串 str 是否是数字 |
| str. isalnum () | 判断字符串 str 是否是数字或字母 |
| str. isalpha() | 判断字符串 str 是否是字母 |
| str. islower() | 判断字符串 str 是否全是小写字母 |
| str. isupper() | 判断字符串 str 是否全是大写字母 |
| str. istitle() | 判断字符串 str 是否首字母是大写字母，其余是小写字母 |

【例 2-8】　字符串判断函数的使用。

```
s1 = '100'
print(s1.isdigit())
print(s1.isdecimal())
print('AB'.isupper())
print('Aa'.islower())
print('AbcDef'.istitle())
print('Abc'.isspace())
print('\n'.isprintable())
print('acd'.isprintable())
```

运行结果为

```
True
True
True
False
False
False
False
True
```

## 2.3　列表类型及使用

列表数据是 Python 中的可变类型，不仅可以像字符串一样进行索引和切片，还可以利用系统提供的函数进行增、删、改、查询、追加、插入、排序、获取长度、截断与拼接、求最大/最小值等操作。

### 2.3.1　列表操作

列表中的＋和＊操作符与字符串相似。＋操作符用于组合列表，＊操作符用于重复列表。常用的列表操作如表 2-6 所示。

表 2-6 常用的列表操作

| Python 表达式 | 结　果 | 功　能　描　述 |
| --- | --- | --- |
| len([1, 2, 3]) | 3 | 长度 |
| [1, 2, 3] + [4, 5, 6] | [1, 2, 3, 4, 5, 6] | 组合 |
| ['Hi!'] * 4 | ['Hi!', 'Hi!', 'Hi!', 'Hi!'] | 重复 |
| 3 in [1, 2, 3] | True | 元素是否存在于列表中 |
| for x in [1, 2, 3]:print x, | 1 2 3 | 迭代 |

例如,print([1,2,3,4] * 3)的输出结果为[1, 2, 3, 4, 1, 2, 3, 4, 1, 2, 3, 4]。

## 2.3.2 列表函数及应用案例

常用的列表函数如表 2-7 所示。

表 2-7 常用的列表函数

| 函　数 | 功　能　描　述 |
| --- | --- |
| len(list) | 获取列表元素个数 |
| max(list) | 返回列表元素最大值 |
| min(list) | 返回列表元素最小值 |
| sum(list) | 返回列表元素的和 |
| list(seq) | 将元组转换为列表 |
| list. append() | 追加列表数据 |
| list. remove() | 移出列表 |
| sorted(list) | 排序列表数据 |
| list. reverse() | 对列表反向排序输出 |
| del list[num] | 删除列表,num 为项数 |
| insert(pos,val) | 插入数据,pos 为列表的位置索引,val 为添加的内容 |
| list. clear() | 清空列表 |
| list. pop() | 移除最后一个元素 |

设有列表 list1 = ['Python', 'Matlab', 'Csharp', 'Java', 'operating', 'System'],则:

(1) 执行 len(list1)可计算列表的长度;

(2) 输出 list1[0:4:2],结果为['Python', 'Csharp'];

(3) 输出 list1[-2],结果为 operating;

(4) 执行 list1. pop()可删除列表最后一个字符串;

(5) 执行 list1. clear() 可清空列表,结果为 None;

(6) 执行 list1. append('1000'); print(list1),结果为 1000。

【例 2-9】 列表函数的使用。

```
list1 = list(range(10))
print(list1)
print(list(range(0, 30, 5)))
```

```
a = range(2,30,2)                        #获得最大索引:len(a)-1
print(a[0],a[1],a[2],a[len(a)-1])
b = range(11,1,-2)                       #步长可为负整数
print(list(b))
print(sum(b))                            #求列表 b 的和
list1.reverse()
print(list1)
```

运行结果为

```
[0, 1, 2, 3, 4, 5, 6, 7, 8, 9]
[0, 5, 10, 15, 20, 25]
[2, 4 ,6 ,28]
[11, 9, 7, 5, 3]
35
[9, 8, 7, 6, 5, 4, 3, 2, 1, 0]
```

## 2.3.3 列表方法及应用案例

常用的列表方法如表 2-8 所示。

表 2-8　常用的列表方法

| 方　　法 | 功　能　描　述 |
| --- | --- |
| list. append(obj) | 在列表末尾添加新的对象 |
| list. count(obj) | 统计某个元素在列表中出现的次数 |
| list. extend(seq) | 在列表末尾一次性追加另一个列表中的多个值(用新列表扩展原来的列表) |
| list. index(obj) | 从列表中找出某个值的第 1 个匹配项索引位置 |
| list. insert(index, obj) | 将对象插入列表 |
| list. pop([index=-1]) | 移除列表中的一个元素(默认最后一个元素),并且返回该元素的值 |
| list. remove(obj) | 移除列表中某个值的第 1 个匹配项 |
| list. reverse() | 反向列表中的元素 |
| list. sort(cmp=None, key=None, reverse=False) | 对原列表进行排序 |

删除列表有多种方法,具体如下。

(1) 使用 del()函数。例如:

```
list1 = list(range(10))                  #使用 range()函数建立 0~9 的列表
print(list1)
del(list1[3])                            #删除第 4 个元素
print(list1)
del(list1)                               #删除整个列表,list1 列表已不存在
```

运行结果为

```
[0, 1, 2, 3, 4, 5, 6, 7, 8, 9]
[0, 1, 2, 4, 5, 6, 7, 8, 9]
```

（2）使用 pop()函数。例如：

```
list2 = list(range(2,15,2))              ♯使用 range()函数建立 2~14 的偶数列表
list2.pop(3)                             ♯删除第 4 个元素
print(list2)
list2.pop()                              ♯删除最后一个元素
print(list2)
```

运行结果为

```
[2, 4, 6, 10, 12, 14]
[2, 4, 6, 10, 12]
```

（3）使用 remove()函数。例如：

```
list3 = list(range(10))
list3.remove(list3[3])                   ♯删除第 4 个元素
print(list3)
list3.remove(5)                          ♯删除指定的元素 5
print(list3)
```

运行结果为

```
[0, 1, 2, 4, 5, 6, 7, 8, 9]
[0, 1, 2, 4, 6, 7, 8, 9]
```

（4）使用 clear()函数。例如：

```
list4 = list(range(10))
list4.clear()                            ♯删除列表所有元素,列表保留
print(list4)
```

运行结果为

```
[ ]
```

【例 2-10】　列表方法的使用(1)。

```
print(list(range(8,0, - 1)))             ♯使用 range()函数建立一个降序列表
list1 = ['11','2','4','5']               ♯建立列表 list1
list2 = [11,2,4,5]                       ♯建立列表 list2
list3 = [1,2,3,'Python','语言']          ♯建立列表 list3
print('max = ',max(list1),'min = ',min(list1))   ♯输出列表 list1 最大值、最小值
print('max = ',max(list2),'min = ',min(list2))   ♯输出列表 list2 最大值、最小值
list2.pop()                              ♯删除列表 list2 的最后一个元素
print(list2)
print('len = ',len(list3))               ♯输出列表 list3 的长度
```

运行结果为

```
[8, 7, 6, 5, 4, 3, 2, 1]
max = 5,min = 11
max = 11,min = 2
[11,2, 4]
len = 5
```

**说明**：list1 的元素是字符数据，比较时先按照第 1 个字符的 ASCII 码比较，因此'11'<'5'。

【**例 2-11**】　按照以下要求编程实现。

（1）建立一个混合数据列表和嵌套列表并进行索引输出；

（2）使用 range()函数自动生成 10～20 的奇数，并使用列表输出；

（3）输出该列表元素的和以及平均值；

（4）删除列表中的最大值元素，再计算列表元素的和。

```
list1 = [1,"cat",True]                          #建立一个混合数据列表
print(list1[2],list1[-1])
list2 = [[1,2,3], [4,5,6], [7,8,9]]             #建立一个嵌套列表
print(list2[2])
list3 = list(range(11,21,2))
print("平均值 = ",sum(list3)/len(list3))          #计算平均值
list3.remove(max(list3))                        #删除最大值
print(max(list3))                               #输出最大值
print("sum = ",sum(list3))                      #计算列表元素的和
```

运行结果为

```
True True
[7, 8, 9]
平均值 = 15.0
17
sum = 56
```

【**例 2-12**】　列表方法的使用(2)。

```
list1 = ['深圳', 1.23 , 2.14, '麻辣烫','火锅','apple']   #创建列表
list2 = [1,43,56,2,0,90,-1]
print(list1)                                    #输出列表
print(list1[0:4:2])                             #从开始每隔一个元素输出到第 4 个元素
list1.append('Python')                          #在列表最后插入 'Python'字符串
print(list1)
list1.remove(3)                                 #删除列表 list1 中的 2.14
print(list1)
print(sorted(list2))                            #对列表 list2 排序输出
del list2[3];
print(list2)
list2.insert(1,30);                             #在列表 list2 的第 1 个元素后插入 30
print(list2)
list2.pop();                                    #删除列表 list2 的最后一个元素
print(list2)
del(list2[3])                                   #删除列表 list2 的第 4 个元素
print(list2)
list1.extend(list2)                             #将列表 list2 追加到 list1 后面
print(list1)
```

运行结果为

```
['深圳', 1.23, 3, '麻辣烫', '火锅', 'apple']
```

```
['深圳', 3]
['深圳', 1.23, 3, '麻辣烫', '火锅', 'apple', 'Python']
['深圳', 1.23, '麻辣烫', '火锅', 'apple', 'Python']
[-1, 0, 1, 2, 43, 56, 90]
[1, 43, 56, 0, 90, -1]
[1, 30, 43, 56, 0, 90, -1]
[1, 30, 43, 56, 0, 90]
[1, 30, 43, 0, 90]
['深圳', 1.23, '麻辣烫', '火锅', 'apple', 'Python', 1, 30, 43, 0, 90]
```

【例 2-13】 列表方法的使用(3)。

```
a = [1,2,3,4,5]                          #建立列表 a
print("列表 a: ",a)
b = a;c = a[:]                           #将列表 a 赋给列表 b 和 c
print("列表 b: ",b)                       #输出列表 b
print("列表 c: ",c)                       #输出列表 c
list = [ ]                               #空列表
list.append('China')                    #使用 append()方法添加'China'到 list 中
list.append('中国')                       #追加'中国'到 list 中
print (list)
list1 = ['Matlab', 'Python', 2021, 2022]
print (list1)
del list1[2]                            #删除列表 list2 的第 3 个元素
print(list1)
```

运行结果为

```
列表 a: [1, 2, 3, 4, 5]
列表 b: [1, 2, 3, 4, 5]
列表 c: [1, 2, 3, 4, 5]
['China', '中国']
['Matlab', 'Python', 2021, 2022]
['Matlab', 'Python', 2022]
```

## 2.4 元组类型及使用

由于元组属于不可变数据类型,可实现截断与拼接形成新的元组。利用系统提供的函数可进行求元组中元素个数、获取元组的索引、求最大值和最小值等操作。

### 2.4.1 元组操作及应用案例

常用的元组操作如表 2-9 所示。

表 2-9  常用的元组操作

| Python 表达式 | 结 果 | 功 能 描 述 |
|---|---|---|
| len((1, 2, 3)) | 3 | 计算元素个数 |
| (1, 2, 3) + (4, 5, 6) | (1, 2, 3, 4, 5, 6) | 连接 |

| Python 表达式 | 结　果 | 功 能 描 述 |
|---|---|---|
| ('Hi!',) * 4 | ('Hi!', 'Hi!', 'Hi!', 'Hi!') | 复制 |
| 3 in (1, 2, 3) | True | 元素是否存在 |
| for x in (1, 2, 3):print x, | 1 2 3 | 迭代 |

例如,可以使用+操作符改变元组的序列值,代码如下。

```
tup = (1,2,3,5,6)
tup = tup[:3] + (4,) + tup[3:] + (7,)
print(tup)
```

运行结果为

```
(1, 2, 3, 4, 5, 6, 7)
```

【例 2-14】　元组操作。

```
tup = ('深圳', 1.23 , 3, '麻辣烫','火锅','apple')
tinytup = (789, '杰克')
print (tup)                  #输出完整元组
print (tup[0])               #输出元组的第 1 个元素
print (tup[1:3])             #输出第 2 个至第 3 个元素
print (tup[2:])              #输出从第 3 个至元组末尾的所有元素
print (tinytup * 2)          #输出元组两次
print (tup + tinytup)        #打印组合的元组
```

运行结果为

```
('深圳', 1.23, 3, '麻辣烫', '火锅', 'apple')
深圳
(1.23, 3)
(3, '麻辣烫', '火锅', 'apple')
(789, '杰克', 789, '杰克')
('深圳', 1.23, 3, '麻辣烫', '火锅', 'apple', 789, '杰克')
```

## 2.4.2　元组函数及应用案例

常用的元组函数如表 2-10 所示。

表 2-10　常用的元组函数

| 函　　数 | 功 能 描 述 | 函　　数 | 功 能 描 述 |
|---|---|---|---|
| tup. count(squ) | 统计元组元素的个数 | max(tuple) | 返回元组中元素最大值 |
| tup. index() | 取元组的索引值 | min(tuple) | 返回元组中元素最小值 |
| len(tuple) | 计算元组元素个数 | tuple(seq) | 将列表转换为元组 |

【例 2-15】　元组函数的使用(1)。

```
list1 = ['中国','城市']                      #建立列表
tup = ('深圳', 1.23 , 3, '麻辣烫','火锅','apple',3)    #建立元组 tup
```

```
tup1 = tuple(list1)                    #将列表转换为元组
tup2 = tup1 + tup                       #生成新元组
print(tup2)
print('中国' in tup2)                   #判断'中国'是否在元组 tup2 中
print(tup.count(3))                     #输出元素 3 出现的次数
print(tup.index('apple'))               #输出元素'apple'出现的位置
tup2 = (1,43,56,2,0,90,-1)              #建立元组 tup2
print(len(tup2))
print(max(tup2))                        #获得元组 tup2 的最大值
```

运行结果为

```
('中国', '城市', '深圳', 1.23, 3, '麻辣烫', '火锅', 'apple', 3)
True
2
5
7
90
```

【例 2-16】　元组函数的使用(2)。

```
tup1 = ('physics', 'chemistry', 2000, 2022)
tup2 = (1, 2, 3, 4, 5 )
tup3 = ("a","b","c","d")
print("tup1[0]: ", tup1[0])
print("tup2[1:5]: ", tup2[1:5])
tup4 = tup1 + tup2
print(tup4)
print(tup2)
del tup2
print("After deleting tup2 : ")
print(tup2)
```

运行结果为

```
NameError: name 'tup2' is not defined
tup1[0]: physics
tup2[1:5]: (2, 3, 4, 5)
('physics', 'chemistry', 2000, 2022, 1, 2, 3, 4, 5)
(1, 2, 3, 4, 5)
After deleting tup2 :
```

第 1 行报错,说明元组 tup2 已经被删除了。

说明:

(1) 当修改元组数据时,可以通过内置函数 list()把元组转换为一个列表。

(2) 列表可用 append()、extend()、insert()、remove()、pop()方法实现添加和删除功能,而元组没有这几个方法。

## 2.5 Python字典类型及使用

字典数据是一种键（索引）和值（数据）的对应关系，表示为映射的表达。可应用于对字典进行更新、删除、查找、排序、合并等操作。

### 2.5.1 字典函数及应用案例

常用的字典函数如表 2-11 所示。

表 2-11 常用的字典函数

| 函　　　数 | 功　能　描　述 |
| --- | --- |
| dict( ) | 创建一个空字典 |
| del( ) | 删除字典或字典项 |
| len(dict) | 计算字典元素个数，即键的总数 |
| max(dict) | 获取字典的最大值 |
| min(dict) | 获取字典的最大值 |
| sum(dict) | 获取字典键的和 |
| str(dict) | 输出字典可打印的字符串表示 |
| type(variable) | 返回输入的变量类型，如果变量是字典就返回字典类型 |

例如：

```
x = {1:2, 2:3, 3:4}
print('max =',max(x),'min =',min(x) )
print('值的和 =',sum(x.values()),'键的和 =',sum(x))
print('len =',len(x))
print(type(x))
```

运行结果为

```
max = 3 min = 1
值的和 = 9 键的和 = 6
len = 3
<class 'dict'>
```

【例 2-17】 字典函数的使用。

```
dict1 = {'国籍':'中国','姓名':'马丽','年龄':18}        #创建字典 dict1
print(dict1)
print('姓名' in dict1)                                #判断'姓名'是否在字典中
print('马丽' in dict1.values())                       #判断'马丽'是否在字典中
print("删除前字典长度是:",len(dict1))                  #计算字典长度
del dict1['国籍']                                     #删除'国籍'
print(dict1)
print("删除后字典长度是:",len(dict1))
del dict1
```

运行结果为

```
{'国籍': '中国', '姓名': '马丽', '年龄': 18}
True
True
删除前字典长度是: 3
{'姓名': '马丽', '年龄': 18}
删除后字典长度是: 2
```

## 2.5.2 字典方法及应用案例

常用的字典方法如表 2-12 所示。

表 2-12 常用的字典方法

| 方　　法 | 功 能 描 述 |
|---|---|
| dict.clear() | 删除字典内所有元素 |
| dict.copy() | 返回一个字典的浅拷贝 |
| dict.get() | 返回键的值 |
| dict.keys() | 以列表形式返回字典中所有键 |
| dict.values() | 以列表形式返回字典中所有值 |
| sum(dict.values) | 返回字典键值的和 |
| sorted(dict.keys()) | 返回排序后的字典键序列 |
| sorted(dict.values()) | 返回排序后的字典值序列 |
| dict.get(key, default＝None) | 返回指定键的值,如果值不在字典中,则返回 default 值 |
| dict.has_key(key) | 若键在字典 dict 内则返回 True,否则返回 False |
| dict.items() | 以列表形式返回可遍历的(键,值)元组数组 |
| dict.update(dict2) | 把字典 dict2 的键值对更新到 dict 中 |
| pop(key[,default]) | 删除字典给定键 key 所对应的值 |
| dict.popitem() | 返回并删除字典中的最后一对键和值 |

sorted()方法语法格式为

```
sorted(iterable,[key],[reverse])
```

其中,iterable 为可迭代的对象;key 为可选项,用来指定一个带参数的函数,该函数会在每个元素排序前被调用,如 key＝abs ,则按绝对值大小排序。key 指定的函数将作用于每个元素上,并根据 key 指定函数返回的结果进行排序。reverse＝True/False 则设置倒序/正序排序,默认为正序。

【例 2-18】 字典方法的使用(1)。

```
my_dict = {'理论':32, '操作':24, '自学': 56}          #建立字典 my_dict
print(sorted(my_dict.values()))                      #输出字典的值
print(sorted(my_dict.values(),reverse = True))       #对字典值降序排列
```

```
print( sum( my_dict.values() ) )                      # 计算键值的和
dict = {'海洋':'蓝色', '天空':'湛蓝色', '大地':'绿色'}     # 建立字典 dict
print(dict.get('大地'))                                # 获得'大地'的键值
print(dict['海洋'], dict.get('天空', '黄色'))            # get()方法只能得到但不能设置键值
```

运行结果为

```
[24, 32, 56]
[56, 32, 24]
112
绿色
蓝色 湛蓝色
```

【例 2-19】 字典方法的使用(2)。

```
dict1 = {'姓名': '张三', '年龄': 7}
print ('李四' in dict1)                    # 字符串'李四'是否在字典 dict1 中
phonebook = {'淘淘':137,'李例':135,'马璐':139}  # 创建字典 phonebook
dict2 = dict(name = '莉莉张',age = 22)      # 创建字典 dict2
print(phonebook)                          # 输出字典 phonebook
print(dict2)                              # 输出字典 dict2
dict2.update(phonebook)                   # 使用字典 phonebook 更新 dict2
print(dict2)                              # 输出字典 dict2
print(dict2.items())                      # 遍历输出字典 dict2
dict3 = phonebook.copy()                  # 复制字典 phonebook 至 dict3
print(dict3)                              # 输出字典 dict3
print(dict2.pop('age'))                   # 输出字典 dict2 的 age 值
print(len(phonebook))                     # 输出字典 phonebook 的元素个数
```

运行结果为

```
False
{'淘淘': 137, '李例': 135, '马璐': 139}
{'name': '莉莉张', 'age': 22}
{'name': '莉莉张', 'age': 22, '淘淘': 137, '李例': 135, '马璐': 139}
dict_items([('name', '莉莉张'), ('age', 22), ('淘淘', 137), ('李例', 135), ('马璐', 139)])
{'淘淘': 137, '李例': 135, '马璐': 139}
22
3
```

# 2.6 集合类型及使用

集合是无序的数据集合,在集合中存储的数据和显示顺序不一定相同,集合的元素是不可重复的。集合中若只有一个元素,不需要像列表一样加逗号标识。不仅可在集合中添加、删除数据,也可对集合进行运算。

## 2.6.1 集合操作及应用案例

集合操作包括并、交、差、对称差及包含等,如表 2-13 所示。

表 2-13　集合操作

| 运 算 符 | 功 能 描 述 |
| --- | --- |
| \| | 取并集,即将两个集合合并到一起 |
| & | 取交集,即取两个集合都存在的部分 |
| — | 取差集,即取前一个集合存在且后一个集合不存在的部分 |
| ^ | 取对称差集,即取不同时出现在两个集合中的部分 |

例如：

```
x = set('spam')
y = set(['h','a','m'])
x & y                          # 交集结果为 {'a', 'm'}
x | y                          # 并集结果为{'a', 'p', 's', 'h', 'm'}
x - y                          # 差集结果为{'p', 's'}
x ^ y                          # 对称差集结果为{'p', 'h', 's'}
x in y                         # 测试 x 是否是 y 的成员
x not in y                     # 测试 x 是否不是 y 的成员
```

【例 2-20】　集合操作。

```
ass1 = set('position')         # 创建集合 ass1
ass2 = set('Python')           # 创建集合 ass2
print(ass1&ass2)               # 计算 ass1 与 ass2 的交集
print(ass1|ass2)               # 计算 ass1 与 ass2 的并集
print(ass1 - ass2)             # 计算 ass1 与 ass2 的差集
print(ass1^ass2)               # 计算 ass1 与 ass2 的对称差集
print('p' in ass1)             # 判断'p'是否在集合 ass1 中
print('P' not in ass2)         # 判断'P'是否不在集合 ass1 中
ass1.update(ass2)              # 将 ass2 更新到 ass1 中
print(ass1)
```

运行结果为

```
{'t', 'o', 'n'}
{'h', 'i', 't', 'y', 's', 'p', 'n', 'o', 'P'}
{'i', 'p', 's'}
{'i', 'y', 's', 'p', 'P', 'h'}
True
False
{'h', 'i', 't', 'y', 's', 'p', 'n', 'o', 'P'}
```

## 2.6.2　集合函数及应用案例

常用的集合函数如表 2-14 所示。

表 2-14　常用的集合函数

| 函 数 | 功 能 描 述 |
| --- | --- |
| ass1.add() | 向集合中添加一个值,但必须添加一个不变化值(一个字符或一个元组) |
| ass1.remove() | 从集合中删除一个值,删除一个不存在的元素时会发生错误 |

| 函 数 | 功 能 描 述 |
|---|---|
| ass1.discard() | 从集合中删除一个值,删除一个不存在的元素时不会发生错误 |
| ass1.pop() | 从集合中删除并且返回一个任意值 |
| ass1.clear() | 删除集合中所有值 |
| ass1.set() | 初始化一个空集 |
| len(ass1) | 计算集合项数 |
| ass1.update(ass2) | 将集合 ass2 传入集合 ass1 中,并拆分排列 |

【例 2-21】 集合函数的使用。

```
ass1 = {"c++","Python","Matlab"}                    #建立集合 ass1
print(ass1)
ass1.add("Java"); print(ass1)                        #在集合中添加项
ass2 = {"one","two","three","four","five","six","seven"}   #建立集合 ass2
print(ass2)
ass2.remove("one");print(ass2)                       #删除集合 ass2 中的元素"one"
ass2.discard("two");print(ass2)                      #删除集合 ass2 中的元素"two"
ass2.pop()                                           #删除集合 ass2 中的最后一个元素
print(ass2)
ass3 = set()                                         #建立集合 ass3
ass3.add('成绩');                                     #向集合 ass3 添加数据
ass3.add(100);                                       #向集合 ass3 添加数据
print(ass3)
```

运行结果为

```
{'Python', 'Matlab', 'c++'}
{'Python', 'Java', 'Matlab', 'c++'}
{'seven', 'four', 'two', 'six', 'five', 'one', 'three'}
{'seven', 'four', 'two', 'six', 'five', 'three'}
{'seven', 'four', 'six', 'five', 'three'}
{'four', 'six', 'five', 'three'}
{'成绩', 100}
```

# 第3章 函数及调用规则

函数是把具有独立功能的代码段组织成一个模块封装起来,使用时调用即可得到封装的功能。在任何计算机语言中函数一般分为系统函数和自定义函数两大类,前者是系统提供的,后者是用户自行编写的。函数的作用是提高编写效率以及代码的重用性。Python不仅提供了各类数据类型的计算、处理函数,还提供了类型转换、日期、时间处理及辅助运算的其他函数。

## 3.1 转换函数及使用

Python的转换函数包括整数到ASCII码、不同进制转换和类型转换。

### 3.1.1 ASCII码、进制转换函数及应用案例

ASCII码及进制转换函数如表3-1所示。

表3-1 ASCII码及进制转换函数

| 函　　数 | 功　能　描　述 |
| --- | --- |
| chr(x) | 将一个ASCII整数转换为一个字符 |
| ord(x) | 将一个字符转换为它的ASCII码 |
| hex(x) | 将一个整数转换为一个十六进制字符串 |
| oct(x) | 将一个整数转换为一个八进制字符串 |
| bin(x) | 将一个整数转换为一个二进制字符串 |
| int(x,[base]) | 将其他进制转换为十进制整数,base为进制标识,默认为十进制 |
| bool(x) | x＝0返回假(False),任何其他x值都返回真(True) |

对于bool(x)函数,有以下说明。

(1) 对于数值数据,参数为非零值的bool()函数返回值均为真(True),只有参数为0才返回假(False)。例如:

```
print(bool(12))
print(bool(0))
```

运行结果为

```
True
False
```

（2）对于字符串数据，参数为没有值的字符串（也就是 None 或空字符串）时返回 False，否则返回 True。例如：

```
print(bool(''), bool(None))
print(bool('hello'), bool('a'))
```

运行结果为

```
False, False
True, True
```

（3）参数为空的列表、字典和元组时返回 False，否则返回 True。例如：

```
a = [];b = ();c = {}
print(bool(a),bool(b),bool(c))
a.append(1)
print(bool(a),bool(b),bool(c))
```

运行结果为

```
False False False
True False False
```

（4）可用 bool()函数判断一个值是否已经被设置。例如：

```
x = input('请输入一个数值:')
print( bool(x.strip()))
```

运行程序，提示输入数值后直接按 Enter 键，结果为 False；再次运行程序，输入 4，结果为 True。

【例 3-1】　ASCII 码及进制转换的使用。

```
print(ord('b'))                 #字符转换为 ASCII 码
print(ch(100))                  #ASCII 码转换为字符
print(int('0b1111011', 2))      #二进制转换为十进制
print(bin(18))                  #十进制转换为二进制
print(int('011',8))             #八进制转换为十进制
print(oct(30))                  #十进制转换为八进制
print(int('0x12',16))           #十六进制转换为十进制
print(hex(87))                  #十进制转换为十六进制
print(bool(100))                #转换为布尔型
print(ord('D'))                 #转换为 ASCII 码
print(float(123))               #转换为浮点数
```

运行结果为

```
98
d
123
```

```
0b10010
9
0o36
18
0x57
True
68
123.0
```

## 3.1.2 类型转换函数及应用案例

常用的类型转换函数如表 3-2 所示。

表 3-2 常用的类型转换函数

| 函 数 | 功 能 描 述 |
|---|---|
| int(x) | 将 x 转换为一个整数 |
| float(x) | 将 x 转换为一个浮点数 |
| complex(real [,imag]) | 创建一个复数,real 为实部数据,imag 为虚部数据 |
| str(x) | 将对象 x 转换为字符串 |
| repr(x) | 将对象 x 转换为表达式字符串 |
| eval(str) | 用来计算在字符串中的有效 Python 表达式,并返回一个对象 |
| tuple(s) | 将序列 s 转换为一个元组 |
| list(s) | 将序列 s 转换为一个列表 |
| set(s) | 将序列 s 转换为可变集合 |
| dict(d) | 创建一个字典,d 必须是一个序列（key,value）元组 |
| frozenset(s) | 将序列 s 转换为不可变集合 |

例如：

```
a = '01234'
b = list(a)
c = tuple(a)
print(b,c)
```

运行结果为

```
['0', '1', '2', '3', '4'] ('0', '1', '2', '3', '4')
```

【例 3-2】 类型转换函数的使用。

```
import math
a = 5.6 + 1.58j
print(math.pi)
print(int(math.pi))                 # 将 π 转换为整数
print(complex(math.pi))             # 将 π 转换为复数
print('实部 = ',a.real,'虚部 = ',a.imag)   # 获取实部和虚部
list = list(range(10))              # 生成 0～9 的列表
print(tuple(list))                  # 将列表转换为元组
print(frozenset(list))              # 将列表转换为不可变集合
```

运行结果为

```
3.141592653589793
3
(3.141592653589793 + 0j)
实部 = 5.6 虚部 = 1.58
(0, 1, 2, 3, 4, 5, 6, 7, 8, 9)
frozenset({0, 1, 2, 3, 4, 5, 6, 7, 8, 9})
```

## 3.2  其他函数及使用

Python 的其他函数可帮助完成各种数据操作,包括字符分割、判断、获取对象地址、返回模块变量和函数名等操作。其他函数如表 3-3 所示。

表 3-3　其他函数

| 函　　数 | 功　能　描　述 |
|---|---|
| split() | 将一个字符串分割成多个字符串 |
| map() | 根据提供的函数对指定序列进行映射 |
| divmod() | 将除数和余数运算结果结合起来,返回一个包含商和余数的元组 |
| all() | 判断列表、元组及字典的所有元素是否有一个为空,是则返回 False,否则返回 True |
| any() | 判断列表、元组及字典的某个元素是否为空,是则返回 True,否则返回 False |
| id() | 用于获取对象的内存地址 |
| zip() | 返回对象中对应的元素打包为元组的列表。若元素个数不一致,则列表长度为最短的对象个数 |
| dir() | 返回模块中定义的所有模块、变量和函数 |

【例 3-3】 其他函数的使用(1)。

```
def square(x):                        #计算平方数函数
    return x ** 2
map(square, [1,2,3,4,5])              #返回迭代器
print(list(map(square, [1,2,3,4,5]))) #使用 list()函数转换为列表
print(divmod(76,12))                  #返回商和余数
print(type(10.78),type('Python'))     #判断类型
list1 = ['a', 'b', 'c', 'd']
print(all(list1))
list2 = ['a', 'b', '', 'd']
print(all(list2))
print(any(list1))
print(any([0, '', False]))
```

运行结果为

```
[1, 4, 9, 16, 25]
(6, 4)
< class 'float'> < class 'str'>
True
```

```
False
True
False
```

**【例 3-4】** 其他函数的使用(2)。

```
str1 = [1,2,3,4]
str2 = ['北京','天津','南京','四川']
str3 = ['烤鸭','包子','鸭血粉丝','腊肠']
print(list(zip(str1,str2,str3)))
print(id(str1))
print(dir())
```

运行结果为

```
[(1, '北京', '烤鸭'), (2, '天津', '包子'), (3, '南京', '鸭血粉丝'), (4, '四川', '腊肠')]
2432647943040
['__annotations__', '__builtins__', '__cached__', '__doc__', '__file__', '__loader__', '__name__',
'__package__', '__spec__', 'str1', 'str2', 'str3']
```

## 3.2.1　split()函数的使用

split()函数用于分割字符串,语法格式为

```
split(sep, num)                        ♯sep 为分割符,num 为分割次数
```

(1) 省略 sep 时,默认用空格、\n、\t 分割字符串。例如:

```
str = "Line1 - abcdef1 \nLine1 - abc1 \nLine1 - abcd";
print(str.split())
```

运行结果为

```
['Line1 - abcdef1', 'Line1 - abc1', 'Line1 - abcd']
```

(2) 指定 sep 时,按 sep 的值分割字符串。例如:

```
str = "Line1 - abcdef \nLine1 - abc1 \nLine1 - abcd";
print(str.split("1",2))                ♯按 1 分割两次
```

运行结果为

```
['Line', ' - abcdef \nLine', ' - abc1 \nLine1 - abcd']
```

(3) 当分割符在字符串首部或尾部时,需要注意结果前后多了空字符(当省略 sep 时,没有影响)。例如:

```
str = "abc define\napplea"
print(str.split("a"))                  ♯首部和尾部出现分割符用空格
```

运行结果为

```
['', 'bc define\n', 'pple', '']
```

（4）当分割符连续出现多次时，分割符所在处用空格替代。例如：

```
str = "aabcaaadefine\nappleaa"
print(str.split("a"))
```

运行结果为

```
['', '', 'bc', '', '', 'define\n', 'pple', '', '']
```

（5）多次分割，获取需要的结果。例如：

```
str = "http://smbu.edu.cn/"
print(str.split("//")[1].split("/")[0].split("."))
```

运行结果为

```
['smbu', 'edu', 'cn']
```

## 3.2.2　map()函数的使用

map()函数用于对指定序列进行映射，语法格式为

```
map(function, iterable)          # function 为函数，iterable 为一个或多个序列
```

（1）将元组转换为整数列表。例如：

```
map(int, (1,2,3))
```

运行结果为

```
[1, 2, 3]
```

（2）将字符串转换为整数列表。例如：

```
map(int, '1234')
```

运行结果为

```
[1, 2, 3, 4]
```

（3）提取字典的 key，并将结果存放在一个列表中。例如：

```
map(int, {1:2,2:3,3:4})
```

运行结果为

```
[1, 2, 3]
```

（4）将字符串转换为元组，并将结果以列表的形式返回。例如：

```
map(tuple, 'agdf')
```

运行结果为

```
[('a',), ('g',), ('d',), ('f',)]
```

（5）函数依次作用在列表的每个元素上，不改变原列表，返回一个新列表。例如：

```
def double(x):
    return x * 2
list1 = list(range(1,10,2))
list2 = list(map(double,list1))
print(list1)
print(list2)
```

运行结果为

```
[1, 3, 5, 7, 9]
[2, 6, 10, 14, 18]
```

【例 3-5】　将 city = ["beijing", "shanghai", "shenzhen", "nanjing"] 列表中的字符串首字母转换为大写。

```
def to_title(str):
    return str.title()                ♯title()函数转换首字母为大写
city = ["beijing", "shanghai", "shenzhen", "nanjing"]
dict1 = map(to_title, city)          ♯调用函数转换映射成列表
print(list(dict1))
```

运行结果为

```
['Beijing', 'Shanghai', 'Shenzhen', 'Nanjing']
```

结论：map()函数作用于一个可迭代对象，它可应用于这个可迭代对象的每个元素。

## 3.2.3　split()与map()函数联合使用

若用一条命令将多个数据赋给不同变量，可联合使用 split()和 map()函数，实现多个数据的输入。

（1）输入 3 个整数，分别赋值给 a,b,c，使用空格隔开，代码如下。

```
a, b, c = map(int, input('请输入方程的系数 a,b,c:').split())
print("a = ",a,",b = ",b,",c = ",c)
```

运行结果为

```
请输入方程的系数 a,b,c:3 4 5
a = 3,b = 4,c = 5
```

（2）输入 3 个浮点数，分别赋值给 a,b,c，使用逗号隔开，代码如下。

```
a, b, c = map(float, input('请输入方程的系数 a,b,c:').split(','))
print("a = ",a,",b = ",b,",c = ",c)
```

运行结果为

```
请输入方程的系数 a,b,c:3.56,7.89,2.61
a = 3.56,b = 7.89,c = 2.61
```

**【例 3-6】** 将列表 l1 和 l2 形成字典,l1 为键,l2 为值。

```
l1 = [1,2,3,4,5]
l2 = ['北京','上海','深圳','广州','南京']
dict1 = dict(zip(l1,l2))                    #使用 zip()函数将 l2 插入 l1 中打包成字典
print(dict1)
#或使用以下语句实现
dict2 = dict(map(lambda key, value: [key, value], l1, l2))      #l1 为键,l2 为值
print(dict2)
```

运行结果为

```
{1: '北京', 2: '上海', 3: '深圳', 4: '广州', 5: '南京'}
{1: '北京', 2: '上海', 3: '深圳', 4: '广州', 5: '南京'}
```

## 3.3　时间和日期函数及使用

　　Python 程序能用多种方式处理时间和日期,转换日期格式是一个常见的功能。Python 提供了 datetime(表示日期和时间的结合)、time(时间)和 calendar(日历)模块;此外,还提供了用于格式化日期和时间的函数。时间间隔是以秒为单位的浮点数。每个时间戳都以 1970 年 1 月 1 日 0 时(历元)经过了多长时间来表示。当获取日期或时间时,需要导入以下模块。

```
import datetime              #引入日期和时间模块
import time                  #引入时间模块
import calendar              #引入日历模块
```

### 3.3.1　datetime 模块函数及应用案例

　　datetime(时间、日期)模块函数如表 3-4 所示。

表 3-4　datetime(时间、日期)模块函数

| 函　　数 | 功　能　描　述 |
| --- | --- |
| datetime. today() | 返回一个表示当前本地日期的 datetime 对象 |
| datetime. now() | 返回一个表示当前本地日期和时间的 datetime 对象 |
| datetime. date | 提供 year、month、day 属性 |
| datetime. datetime | 提供 year、month、day、hour、minute、second 属性,用于将对象从字符串转换为 datetime 对象 |
| datetime. strptime(date_string, format) | 将格式字符串转换为 datetime 对象 |
| datetime. timedelta | 对象表示一个时间长度,即两个日期或时间的差值 |
| datetime. strftime | 用来获得当前时间,可以将时间格式化为字符串 |

**【例 3-7】** datetime 模块函数的使用。

```
import datetime
t1 = datetime.datetime.now()
```

```
print("当前的日期和时间是 {}".format(t1))
print("当前的年份是 {}".format(t1.year),'年')
print("当前的月份是 {}".format(t1.month),'月')
print("当前的日期是 {}".format(t1.day),'日')
print("当前小时数是{}".format(t1.hour),'时')
print("当前分钟数是 {}".format(t1.minute),'分')
print("当前秒数是 {}".format(t1.second),'秒')
print("今天日期是:{}-{}-{}".format(t1.year,t1.month,t1.day))
print("当前时间是:{}:{}:{}".format(t1.hour,t1.minute,t1.second))
```

运行结果为

```
当前的日期和时间是 2022-11-01 15:44:50.040323
当前的年份是 2022 年
当前的月份是 11 月
当前的日期是  1 日
当前小时数是 15 时
当前分钟数是 44 分
当前秒数是  50 秒
今天日期是:2022-11-1
当前时间是:15:44:50
```

## 3.3.2 time 模块函数

time(时间)模块函数如表 3-5 所示。

表 3-5  time(时间)模块函数

| 函 数 | 功 能 描 述 |
|---|---|
| time.altzone | 返回西欧夏令时启用地区时间 |
| time.asctime([tupletime]) | 接受时间元组并返回一个可读的时间日期形式字符串 |
| time.clock() | 以浮点数计算秒数返回当前 CPU 时间,衡量不同程序的耗时 |
| time.ctime([secs]) | 相当于 asctime(localtime(secs)),未传入参数时相当于 asctime() |
| time.gmtime([secs]) | 接收时间戳(历元后经过的浮点秒数)并返回西欧天文时间元组 t<br>注: t.tm_isdst 始终为 0 |
| time.localtime([secs]) | 接收时间戳(历元后经过的浮点秒数)并返回当地时间元组 t<br>注: t.tm_isdst 可取 0 或 1,取决于当地当时是否为夏令时 |
| time.mktime(tupletime) | 接收时间元组并返回时间戳(历元后经过的浮点秒数) |
| time.sleep(secs) | 推迟调用线程的运行,secs 为秒数 |
| time.strftime(fmt[,tupletime]) | 接收时间元组并返回可读字符串的当地时间,格式由 fmt 决定 |
| time.strptime(str,fmt='%a %b %d %H:%M:%S %Y') | 根据 fmt 的格式把一个时间字符串解析为时间元组 |
| time.time() | 返回当前时间的时间戳(历元后经过的浮点秒数) |
| time.tzset() | 根据环境变量 TZ 重新初始化时间相关设置 |

## 3.3.3 calendar 模块函数及应用案例

calendar 模块函数如表 3-6 所示。

表 3-6　calendar 模块函数

| 函　　数 | 功 能 描 述 |
| --- | --- |
| calendar. calendar(year,w＝2, i＝1,c＝6) | 返回字符串格式年历,3 个月一行,间隔距离为 c。每日宽度间隔为 w 字符。每行长度为 21×w＋18＋2×c。i 为每星期行数 |
| calendar. firstweekday() | 返回当前每周起始日期,默认情况下,首次载入 calendar 模块时返回 0,即星期一 |
| calendar. isleap(year) | 闰年返回 True,否则为 False |
| calendar. leapdays(y1,y2) | 返回在 y1 与 y2 两年之间的闰年总数 |
| calendar. month(year,month, w＝2,l＝1) | 返回字符串格式的 year 年 month 月日历,两行标题,一周一行。每日宽度间隔为 w 字符。每行的长度为 7×w＋6。l 为每星期的行数 |
| calendar. monthcalendar(year, month) | 返回整数的单层嵌套列表。每个子列表装载代表一个星期的整数。year 年 month 月外的日期都设为 0;范围内的日都由该月第几日表示,从 1 开始 |
| calendar. setfirstweekday (firstweekday) | 指定一周的第 1 天,firstweekday＝0 表示星期一,firstweekday＝1 表示星期二,…,firstweekday＝6 表示星期六;也可以通过常量 MONDAY、TUESDAY、WEDNESDAY、THURSDAY、FRIDAY、SATURDAY 和 SUNDAY 设置,如 calendar. setfirstweekday(calendar. SATURDAY) |

要输出今天是星期几,可先获取年、月、日的整数,再使用 calendar 模块函数即可获得。方法是

```
import datetime
import calendar
y = int(datetime.datetime.now().strftime("%y"))
m = int(datetime.datetime.now().strftime("%m"))
d = int(datetime.datetime.now().strftime("%d"))
print("今天是星期: ",calendar.weekday(y,m,d) + 1)
```

也可使用以下方法获取。

```
Week = (datetime.date.today().weekday()) + 1
print("现在的时间是: ",Week)
```

【例 3-8】 输出当前日期、时间和星期数。

```
import calendar
import datetime
print("今天的日期是: ",datetime.date.today())
print("现在的时间是: ",datetime.datetime.now().strftime("%H时%M分%S秒"))
y = int(datetime.datetime.now().strftime("%Y"))
m = int(datetime.datetime.now().strftime("%m"))
d = int(datetime.datetime.now().strftime("%d"))
print("今天是星期: ",calendar.weekday(y,m,d) + 1)
```

运行结果为

```
今天的日期是: 2022 - 11 - 01
现在的时间是: 15 时 48 分 50 秒
今天是星期: 2
```

**【例3-9】** time 和 calendar 模块函数的使用。

```
import time
import calendar
ticks = time.time()
print("当前时间戳为:", ticks)
localtime = time.localtime(time.time())
print("无格式获取本地时间 :", localtime)
localtime = time.asctime( time.localtime(time.time()) )
print("有格式获取本地时间为 :", localtime)
print(time.strftime("%Y-%m-%d %H:%M:%S", time.localtime()))
print(time.strftime("%a %b %d %H:%M:%S %Y", time.localtime()))
cal = calendar.month(2022, 10)
print("以下输出 2022 年 10 月份的日历:")
print(cal)
```

运行结果为

```
当前时间戳为 : 1667215197.0234706
无格式获取本地时间 : time.struct_time(tm_year = 2022, tm_mon = 10, tm_mday = 31, tm_hour = 19,
tm_min = 19, tm_sec = 57, tm_wday = 0, tm_yday = 304, tm_isdst = 0)
有格式获取本地时间为 : Mon Oct 31 19:19:57 2022
2022-10-31 19:19:57
Mon Oct 31 19:19:57 2022
以下输出 2022 年 10 月份的日历:
    October 2022
Mo  Tu  We  Th  Fr  Sa  Su
                     1   2
 3   4   5   6   7   8   9
10  11  12  13  14  15  16
17  18  19  20  21  22  23
24  25  26  27  28  29  30
31
```

**【例3-10】** 改变时间的输出方法。

```
import datetime
now = datetime.datetime.now()
time_date = now.strftime('%Y-%m-%d %H:%M:%S')
print('原始时间:\t\t\t{}'.format(time_date))
add_info = datetime.timedelta(days = 1, hours = 2, minutes = 3, seconds = 4)
time_date1 = datetime.datetime.strptime(time_date, '%Y-%m-%d %H:%M:%S')
add_end = add_info + time_date1
print('加上 1 天 2 个小时 3 分钟 4 秒后:\t{}'.format(add_end))
add_info1 = datetime.timedelta(days = -1, hours = -2, minutes = -3, seconds = -4)
dec_end = time_date1 + add_info1
print('减去 1 天 2 个小时 3 分钟 4 秒后:\t{}'.format(dec_end))
```

运行结果为

```
原始时间:              2022-10-31 19:24:42
加上 1 天 2 个小时 3 分钟 4 秒后: 2022-11-01 21:27:46
```

减去 1 天 2 个小时 3 分钟 4 秒后： 2022 − 10 − 30 17:21:38

**【例 3-11】** 输出指定的日历。

```
import calendar
#输入指定年月
yy = int(input("输入年份: "))
mm = int(input("输入月份: "))
#显示日历
print(calendar.month(yy,mm))
```

运行结果为

```
输入年份: 2023
输入月份: 1
     January 2023
Mo Tu We Th Fr Sa Su
                   1
 2  3  4  5  6  7  8
 9 10 11 12 13 14 15
16 17 18 19 20 21 22
23 24 25 26 27 28 29
30 31
```

## 3.4  匿名函数

匿名函数是一种通过单个语句生成函数的方式,使用 lambda 关键字实现,所以又称为
lambda 函数,适合完成简单函数计算。lambda 函数不仅减少了代码的冗余,且不用命名函
数也可快速实现函数功能。lambda 函数使代码的可读性更强,程序看起来更加简洁。

### 3.4.1  lambda 函数的使用规则

lambda 函数是 Python 独有的功能,其使用规则如下。

(1) Python 使用 lambda 关键字创建匿名函数。lambda 函数的主体是一个表达式,而
不是一个代码块,仅能在 lambda 表达式中封装有限的逻辑,可替代简单的函数功能。

(2) lambda 函数拥有自己的命名空间,且不能访问参数列表之外或全局命名空间内的参数。

(3) lambda 函数只能写一行,却不等同于 C 或 C++语言的内联函数,目的是调用函数
时不占用栈内存,增加运行效率。

lambda 函数的语法格式为

```
lambda [变量 1 [,变量 2,...,变量 n]]:表达式
```

例如:

```
def square1(n):
    return n ** 2
print(square1(10))
```

可写成

```
square1 = lambda n: n ** 2
print(square1(10))
```

将实参直接调用,可写成

```
print((lambda x: x ** 2)(10))
```

以上 3 组代码运行结果均为 100。

若多个变量使用 lambda 函数,例如:

```
mul = lambda x,y,z:x * y * z
print(mul(2,5,8))
```

输出结果为

```
80
```

## 3.4.2　lambda 函数的应用案例

【例 3-12】　根据字符串中不同字符的数量,对一个字符串列表进行排序,将字符数最多的字符串放在最后。

```
str = ['father', 'mather', 'sister', 'brother', 'uncle']
str.sort(key = lambda x:len(list(x)))
print(str)
```

运行结果为

```
['uncle', 'father', 'mather', 'sister', 'brother']
```

【例 3-13】　使用 range(10)产生列表,要求:

(1) 将列表按照元素与 5 的距离升序排列;

(2) 将列表各元素进行乘 2 操作并输出。

```
list1 = list(range(10))
list2 = sorted(list1,key = lambda x:abs(5 - x))    #按照元素与 5 的距离排序
print(list2)
list3 = map(lambda x:x * 2,list1)                  #将列表元素分别乘 2 操作
print(list(list3))
```

运行结果为

```
[5, 4, 6, 3, 7, 2, 8, 1, 9, 0]
[0, 2, 4, 6, 8, 10, 12, 14, 16, 18]
```

说明:lambda 和 def 关键字声明的函数不同,lambda 函数对象自身并没有一个显式的__name__属性,这是 lambda 函数被称为匿名函数的一个原因。

【例 3-14】　office 列表由 5 个单独的字典组成,在字典组成的列表中获取不同的 key 值。

```
office = [
{'姓名':'张三','电话分机':'3222','办公室':101},
{'姓名':'李四','电话分机':'4621','办公室':102},
{'姓名':'王五','电话分机':'5214','办公室':103},
{'姓名':'赵六','电话分机':'7666','办公室':104},
{'姓名':'胡七','电话分机':'8668','办公室':105}
]
staff_name = list(map(lambda name:name['姓名'],office))
staff_num = list(map(lambda num:num['办公室'],office))
print(staff_name)
print(staff_num)
```

运行结果为

```
['张三', '李四', '王五', '赵六', '胡七']
[101, 102, 103, 104, 105]
```

**说明**：当每个字典的 key 名称都一样时，可以通过 list[key] 来获取。在字典组成的列表中无法直接通过 office[姓名] 获取姓名值，此时需要用到 map() 和 lambda 函数组合才能获取。即 map() 函数用作接收一个函数，获取列表序列 office 中的 name['姓名'] 元素。同理，num['办公室'] 的获取方法也是如此。

## 3.5  函数调用

Python 函数是经过组织、可重复使用的、用来实现单一或相关联功能的代码段，用于提高应用模块效率和代码的重复利用率。用户自定义函数是根据自己需求功能定义的函数。无论哪种函数，其基本规则如下。

（1）函数代码块以 def 关键词开头，后接函数标识符名称和括号"()"。任何传入参数和自变量必须放在括号中。括号之间用于定义参数。

（2）函数的第 1 行语句可以选择性地使用文档字符串，常用于存放函数说明。

（3）函数内容以冒号起始，并且缩进。

（4）return [表达式] 用于结束函数，可返回一个值给调用方，省略 return 相当于返回 None。

### 3.5.1  自定义函数

自定义函数的语法格式为

```
def 函数名( 形参列表 )：
    "函数_文档说明字符串"
    实现特定功能的语句代码
    return [返回值]
```

**说明**：

（1）函数名是一个符合 Python 语法的标识符，最好能够体现出该函数的功能，不建议使用 x、y、z 等简单字符。例如，解方程函数可命名为 def equation(a,b,c)：。

（2）形参列表：函数可以接收多少个参数，多个参数之间用逗号分隔，没有形参时，必须加括号，后面的冒号不能省略。

（3）若定义一个没有任何功能的空函数，可以使用 pass 语句作为占位符。

（4）return［返回值］为函数的可选参数，用于设置该函数的返回值，若没有返回值，可省略该语句，不写或只写 return 即可。

例如，自定义函数计算两个数的和，代码如下。

```
def add( a,b ):
    #学习 Python 函数
    c = a + b
    return c
```

若在函数中输出，可写为

```
def add( a,b ):
    #学习 Python 函数
    c = a + b
    print(c)
```

## 3.5.2 函数调用及应用案例

定义函数只是给了函数一个名称，函数名其实就是指向一个函数对象的引用，可以把函数名赋给一个变量。函数指定了函数中包含的形参（形式参数）、代码块结构。当函数完成以后，不调用是不能执行的，可在本程序中调用或通过另一个函数调用执行，也可以直接在 Python 命令提示符下调用执行，调用时的参数为实际参数，简称为实参。

### 1. 有参函数的调用

例如，调用两次前面定义的 add() 函数。

```
def add( a,b ):
    #学习 Python 函数
    c = a + b
    return c
print(add(3,2))                    #第 1 次调用
print(add(15,7))                   #第 2 次调用
```

若在函数中输出，可写为

```
def add( a,b ):
    #学习 Python 函数
    c = a + b
    print(c)
add(3,2)                           #第 1 次调用
add(15,7)                          #第 2 次调用
```

调用两次后结果为 5 和 22。

### 2. 无参函数的调用

当函数不需要参数时，直接调用即可。例如：

```
def beijing():
    #学习 Python 无参数函数
    print('北京是中国的首都')
beijing()                        #调用
```

运行结果为

北京是中国的首都

### 3. 调用规则

函数调用时,实参和形参结合,其个数和顺序是一一对应的。Python 在实际调用中,允许实参个数少于形参个数,反之则不行。若调用时实参个数少于形参个数,执行时可使用默认值。例如:

```
def student( name, mathematics = 90, Python = 95 ):
    print('姓名:',name)
    print('数学:', mathematics )
    print('Python 语言:', Python)
student('葛明')                  #调用
```

运行结果为

姓名:葛明
数学:90
Python 语言:95

若形参和实参一致,则覆盖默认值。例如:

```
def student( name, mathematics = 90, Python = 95 ):
    print('姓名:', name )
    print('数学:', mathematics )
    print('Python 语言:', Python)
student('葛明',100,100)
```

运行结果为

姓名:葛明
数学:100
Python 语言:100

**【例 3-15】** 输出调用的结果。

```
img1 = [12,34,56,78]
img2 = [1,2,3,4,5]
def displ():
    print(img1)
def modi():
    img1 = img2
    print(img1)
modi()
displ()
```

运行结果为

```
[1, 2, 3, 4, 5]
[12, 34, 56, 78]
```

## 3.5.3　函数传递及应用案例

在 Python 中,类型属于对象,变量的类型取决于对象的引用。例如:

```
a = [1,2,3]          #a 是 list 类型
a = "鲁滨逊"          #a 是 string 类型
```

**说明:**

(1) 变量 a 没有类型,它只是一个对象的引用(一个指针),可以是列表(list) 类型对象,也可以是字符串(string)类型对象。

(2) Python 中一切都是对象,分为不可变对象和可变对象。其中,字符串(string)、元组(tuple)和数字(number)是不可变对象;而列表(list)、字典(dict)等则是可变对象。

(3) 不可变类型:若 a=15,再赋值 a=10,是改变 a 的值,相当于新生成了 a。

(4) 可变类型:若 list1=[1,2,3,4],再赋值 list1[2]=5,则是将 list1 列表的第 3 个值更改,list1 没有变,只是其内部的一部分值被修改了。

(5) Python 函数的参数传递规则:不可变类型类似 C++ 语言的值传递,如整数、字符串、元组;可变类型传递参数需要加 * 符号。

**【例 3-16】**　使用面积函数计算不同输入值的面积。

```
def area(width, height):
    return width * height
def print_welcome(name):
    print("欢迎", name)
print_welcome("张三峰")
w = eval(input("输入矩形的宽度:"))
h = eval(input("输入矩形的长度:"))
print("宽度=", w, "长度=", h, " 矩形面积是: ", area(w,h))
```

运行结果为

```
欢迎 张三峰
输入矩形的宽度: 15
输入矩形的长度: 26
宽度=15 长度=26　矩形面积是: 390
```

**【例 3-17】**　计算 $x^2 + y/4$。

```
def func(x, y):
    x1 = x ** 2
    y1 = y/4
    result = x1 + y1
    print("计算结果是: ",str(result))
func(3,5)
```

运行结果为

```
计算结果是: 10.25
```

【例 3-18】 传递可变对象。

```
def changeme(mylist):
    print("修改传入的列表")
    mylist.append([11, 12, 13, 14])
    print("函数内取值: ",mylist)
    return
# 调用 changeme()函数
mylist = [10, 20, 30]
changeme(mylist)
print('函数外取值:',mylist)
```

由于传入函数和在末尾添加新内容的对象用的是同一个引用,运行结果为

```
修改传入的列表
函数内取值: [10, 20, 30, [11, 12, 13, 14]]
函数外取值: [10, 20, 30, [11, 12, 13, 14]]
```

### 3.5.4　函数参数、返回值及应用案例

调用函数时可使用的参数类型包括必备参数、关键字参数、默认参数、不定长参数和匿名函数。

#### 1. 必备参数

必备参数须以正确的顺序传入函数,调用有参函数时必须传入一个参数。

当调用 printme()函数时,必须传入一个参数,否则会出现语法错误。例如,以下代码执行时会出现错误。

```
def printme(str):
    print(str)
    return
printme()              # 调用
```

运行错误为

```
TypeError:printme() missing 1 required positional argument: 'str'
```

#### 2. 关键字参数

关键字参数和函数调用关系紧密。函数调用时使用关键字参数确定传入的参数值,允许函数调用时参数顺序与声明时不一致,因为 Python 解释器能够用参数名匹配参数值。例如:

```
def printme( str ):
    print("打印任何传入的字符串")
    print (str)
    return
```

```
# 调用 printme 函数
printme( str = "定义我的字符串")
```

运行结果为

```
打印任何传入的字符串
定义我的字符串
```

调用时也可不指定关键字参数。例如：

```
def printinfo(name, age):
# "打印任何传入的字符串"
    print("Name: ", name)
    print("Age: ", age)
    return
# 调用 printinfo 函数
printinfo(age = 50, name = "Lucy")
```

运行结果为

```
Name: Lucy
Age: 50
```

【例 3-19】　实参和形参个数不同时的函数调用。

```
def calu(x = 4, y = 1, z = 10):
    return(x ** y * z)
print(calu(2,3))                # 调用函数并输出
```

运行结果为

```
80
```

**说明**：调用的实参覆盖了原参数 x＝4，y＝1。

**3. 默认参数**

调用函数时，参数的值若没有传入，则被认为采用默认值。

例如，以下代码中如果 age 参数没有被传入值，则输出默认的 age 值。

```
def printinfo(name, age = 35):
    # "打印任何传入的字符串"
    print("Name: ", name)
    print("Age: ", age)
    return
# 调用 printinfo ()函数
printinfo(age = 50, name = "Lucy")
printinfo(name = "lucy")
```

运行结果为

```
Name: Lucy
Age: 50
Name: lucy
Age: 35
```

### 4. 不定长参数

若不能确定传递的参数个数,称为不定长参数,可以用 ∗ 和 ∗∗ 来实现。加了 ∗ 符号的参数会以元组(tuple)形式传入。例如:

```python
def function( * args):
    print(args)
function(12,35,65)
```

运行结果为

```
(12, 35, 65)
```

加了 ∗∗ 符号的参数会以字典形式传入。例如:

```python
def function( ** kwargs):
    print(kwargs)
function(a = 12,b = 35,c = 65)
```

运行结果为

```
{'a': 12, 'b': 35, 'c': 65}
```

说明:

(1) 这里传入的参数键值是成对出现的。

(2) 当一个星号( ∗ )和两个星号( ∗∗ )同时出现时,一个星号必须在两个星号前面。

例如:

```python
def function( * args, ** kwargs):
    print(args)
    print(kwargs)
```

【例 3-20】 未命名变量参数的使用。

```python
def fun(a, b, * args):
    print(a)
    print(b)
    print(args)
    print(" = " * 9)
    ret = a + b
    ret1 = args
    return ret,ret1
print(fun(1,2,3,4,5))
```

运行结果为

```
1
2
(3, 4, 5)
=========
(3, (3, 4, 5))
```

【例 3-21】 使用列表和字典的可变参数。

```
def fun(a, b, * args, ** kwargs):
    print(a)
    print(b)
    print(args)
    print(kwargs)
fun(1, 2, 3, 4, name = "hello", age = 20)
```

运行结果为

```
1
2
(3, 4)
{'name': 'hello', 'age': 20}
```

【例 3-22】 使用元组和字典作为形式参数。

```
def fun(a, b, * args, ** kwargs):
    print(a)
    print(b)
    print(args)
    print(kwargs)
tup = (11,22,33)
dic = {"name":"hello", "age":20}
fun(1, 2, * tup, ** dic)
```

运行结果为

```
1
2
(11, 22, 33)
{'name': 'hello', 'age': 20}
```

## 5. return 语句

return[表达式]是返回函数,不带参数值的 return 语句相当于返回 None。若函数中出现 return,表示这个函数运行到这里就结束了,后面不管有多少语句都不会再执行。

【例 3-23】 return 语句返回一个值。

```
def function():
    print("Apple")
    return "Banana"
    print("bb")
print(function())
```

运行结果为

```
Apple
Banana
```

说明:Python 函数可以以元组的方式返回多个值。例如:

```
def fun(a,b):
    return a,b,a + b
print(fun(10,20))
```

运行结果为

```
(10 20 30)
```

**【例 3-24】** 使用 return 语句返回多个值。

```
def sum_mul(arg1, arg2):
    #返回两个参数的和
    total = arg1 + arg2
    multiple = arg1 * arg2
    print("相加结果: ", total)
    print("相乘结果: ", multiple)
    return total,multiple
    print(arg1)
print("返回值:",sum_mul(5, 8))                #调用 sum
```

运行结果为

```
相加结果: 13
相乘结果: 40
返回值: (13, 40)
```

## 3.6  嵌套函数

函数体内又包含另外一个函数的完整定义,称为嵌套定义。C 语言不允许嵌套定义,只允许嵌套调用;Python 既允许嵌套定义,也允许嵌套调用。

### 3.6.1  嵌套定义

嵌套定义的语法格式为

```
def 函数名1( 参数列表 )
    def 函数名2( 参数列表 )
    ...
        return
    return
```

例如,定义 fun1()函数,内嵌 fun2()函数,fun2()函数又内嵌 fun3()函数,方法如下。

```
def fun1():
    def fun2():
        print('函数 fun2')
        def fun3():
            print('函数 fun3')
    print('函数 fun1')
```

### 3.6.2 嵌套调用及案例

函数的嵌套调用是指在调用一个函数的过程中,又调用了其他函数。例如,在调用 fun()
函数的过程中调用 fun1()函数,代码如下。

```
def fun():
    char = '函数变量'
    def fun1():
        print('嵌套函数中输出:',char)
    fun1()
fun()
```

运行结果为

```
嵌套函数中输出:函数变量
```

(1)简单的嵌套函数。

【例 3-25】 使用简单嵌套函数。

```
def py():
    print("Python")
    def mat():
        print("MATLAB")
    mat()
py()
```

运行结果为

```
Python
MATLAB
```

(2)可以使用 return 语句返回嵌套的函数值。

【例 3-26】 使用嵌套函数中的 return 语句输出返回值。

```
def mul(factor):
    def mul2(number):
        return number * factor
    return mul2
print('输出结果为:',mul(3)(3))
```

运行结果为

```
输出结果为:9
```

(3)内部函数定义的变量只在内部有效,包括其嵌套的内部函数,对外部函数无效。

【例 3-27】 使用外部函数无效的嵌套。

```
def fun():
    def fun1():
        x = 2022                        #嵌套内部 fun1()函数中定义变量
        print('在 fun1()函数中:x = ', x) #嵌套内部 fun1()函数中输出
```

```
    def fun2():
        print('在 fun2()函数中:x = ', x)        #嵌套内部 fun2()函数中输出
    fun2()
  fun1()
  #print(x)       #这里输出 x 无效          #嵌套外部函数中输出出错
fun()                                        #缺少该句则无法输出结果
```

运行结果为

```
在 fun1()函数中: x = 2022
在 fun2()函数中: x = 2022
```

fun()函数是 fun1()函数的外部函数,而 fun1()函数又是 fun2()函数的外部函数。在 3 个函数中仅定义了一个变量 x,并且该变量是在 fun1()函数中定义的,分别在 fun1()函数和它的内部 fun2()函数中输出该变量的值。如果不调用 fun()函数,就无法输出 x 的值,且在 fun()函数外输出 x 也是无效的。

(4) 内部函数可以引用外部函数定义的变量,但是外部函数不能引用内部函数定义的变量。

例如,外部函数 fun()定义了一个变量 x,然后又在内部函数 fun1()中定义了一个变量 y,分别在内部函数和外部函数中引用这两个变量。

```
def fun():
    x = 60
    def fun1():
        y = 5
        print('在内部函数 fun1()中输出 y = {}, y = {}'.format(x,y))        #能输出
    fun1()
    print('在外部函数 fun2()中输出 y = {}, y = {}'.format(x,y))        #出错,不能输出 y
fun()
```

程序在引用内部变量时出错了,因为内部函数定义的变量只对这个函数本身及其内部函数可见,而对其外部函数不可见,所以在外部函数 fun()看来,变量 y 尚未定义。

(5) 嵌套的层次输出。

【例 3-28】 使用逐层嵌套函数输出。

```
x = 10
def outer():
    x = 1
    def inner():
        x = 2
        print("x1 = ",x)
    inner()
    print("x2 = ",x)
outer()
print("x3 = ",x)
```

运行结果为

```
x1 = 2
x2 = 1
x3 = 10
```

【例 3-29】 使用常规嵌套。

```
def add1(x, y):
    return x + y
def add2(x):
    def add(y):
        return x * y
    return add
g = add2(2)
print(add1(2, 3))
print(add2(2)(3))
print(g(3))
```

运行结果为

```
5
6
6
```

## 3.7 递归函数

在一个函数体内调用它自身,称为函数递归。函数递归包含了一种隐式的循环,它会重复执行某段代码,但这种重复执行无须循环控制。函数内部可以调用其他函数,当然在函数内部也可以调用自己。调用函数自身要设置正确的返回条件,其特点如下。

(1) 函数内部的代码是相同的,只是针对参数不同,处理的结果不同;

(2) 当参数满足某个条件时,函数不再执行,通常称为递归的出口,否则会出现死循环。

说明:Python 默认递归深度为 100 层(Python 限制),使用递归函数的优点是逻辑简单清晰,缺点是过深的递归调用会导致栈溢出,且占用内存比较大。

例如,已知有一个数列 fn,各元素取值为 $fn(0)=1, fn(1)=4, \cdots, fn(n) = 2fn(n-1) + fn(n-2)$,其中 $n$ 为大于或等于 2 的整数,求 $fn(10)$ 的值。

可以使用递归程序定义一个 $fn(n)$ 函数,用于计算 $fn(10)$ 的值。$fn(10)$ 等于 $2 \times fn(9) + fn(8)$,其中 $fn(9)$ 又等于 $2 \times fn(8) + fn(7)$,以此类推,最终会计算到 $fn(2)$ 等于 $2 \times fn(1) + fn(0)$,即 $fn(2)$ 是可计算的,这样递归带来的隐式循环就能自动结束。顺着这个递推回去,最后就可以得到 $fn(10)$ 的值。

对于递归的过程,当一个函数不断地调用它自身时,必须在某个时刻函数的返回值是确定的,即不再调用它自身;否则,这种递归就变成了无穷递归,类似于死循环。一般递归函数定义规则如下。

```
def sum_number(num):
    print(num)
    # 递归的出口,当参数满足某个条件时,不再执行函数
    if num == 1:
        return
    # 自己调用自己
    sum_number(num - 1)
```

说明:递归程序一般与循环联用,具体使用方法见 4.6 节案例。

## 3.8　局部变量与全局变量

局部变量与全局变量的定义范围不同,作用域也不同。

### 3.8.1　局部变量及应用案例

局部变量只能在其被声明的函数内部访问,Python 默认任何在函数内赋值的变量和函数的形式参数都是局部变量。例如,在 sub()函数内定义的 a、b 变量均是局部变量。

【例 3-30】 局部变量的修改。

```
def fun1():
    x = 10
    print('fun1 中的局部变量 x =',x)
    x = 100
    print('fun1 修改后的局部变量 x =',x)
def fun2():
    x = 20
    print('fun2 中的局部变量 x =',x)
fun1()
fun2()
```

运行结果为

```
fun1 中的局部变量 x = 10
fun1 修改后的局部变量 x = 100
fun2 中的局部变量 x = 20
```

【例 3-31】 局部变量的返回值。

```
def sub(a):
    b = a ** 2
    print('a = ',a,',b = ',b)
    return b
print('返回值:',sub(10))          # 调用函数即可输出返回值
# print(a,b)                      # 由于 a,b 均是局部变量,无法使用,这里出错
```

运行结果为

```
a = 10, b = 100
返回值: 100
```

## 3.8.2 全局变量及应用案例

全局变量可以在整个程序范围内访问,Python 规定在函数外赋值的变量为全局变量。

### 1. 全局变量的使用

【例 3-32】 全局变量的使用。

```
x = 300
def fun1():
    print("fun1 内变量 x = ",x)
def fun2():
    print("fun2 内变量 x = ",x)
fun1()
fun2()
print("函数外变量 x = ",x)
```

运行结果为

```
fun1 内变量 x = 300
fun2 内变量 x = 300
函数外变量 x = 300
```

### 2. 全局变量与局部变量同名的使用

若全局变量与局部变量同名,则在函数内局部变量起作用。

```
total = 0                        # 这里 total 是全局变量
def sum(arg1, arg2):             # 定义函数,arg1 和 arg2 均为局部变量
    # 返回两个参数的和
    total = arg1 + arg2          # 这里 total 是局部变量
    print("函数内是局部变量: ", total)
    return total
# 调用 sum()函数
sum(10, 20)
print("函数外是全局变量: ", total)
```

运行结果为

```
函数内是局部变量:   30
函数外是全局变量:   0
```

【例 3-33】 全局变量与局部变量同名的使用。

```
a = 10                           # 全局变量
def fun():
    a = 20                       # 局部变量
    b = a * 2                    # 局部变量
    print('函数内部 a = ',a,',b = ',b)
fun()
print('函数外部 a = ',a)
```

运行结果为

```
函数内部 a = 20 ,b = 40
函数外部 a = 10
```

### 3.8.3　命名空间的作用域及应用案例

Python 命名空间由 4 种作用域组成,变量的作用域决定了访问特定变量的范围。

#### 1. 命名空间

命名空间是变量名称的集合,定义在函数内部的变量拥有一个局部作用域,定义在函数外部的变量拥有全局作用域。命名空间是一个包含了变量名称(键)和它们各自相应的对象(值)的字典。

Python 命名空间有 4 种作用域,即局部作用域、全局作用域、外部作用域和内置作用域,它们在变量赋值时就已经生成,程序在解析某个变量名称对应的值时,首先从其所在函数的局部作用域进行查找,若没找到,再查找外部作用域(如果存在),然后再到全局作用域查找,若还是没找到,就到内置作用域进行查找,如果在 4 个作用域内都没找到,则说明引用了一个未定义的变量,这时 Python 解释器就会报错。

一个变量是通过命名空间来查找使用的,同一个命名空间中,变量名称和字典的键一样,是独立的,不同命名空间内变量名称可重复使用。全局作用域对应于当前模块(或文件),内置作用域对应于 Python 解释程序(需要系统内部的调用)。一个 Python 表达式可以访问局部作用域和全局作用域里的变量。如果一个局部变量和一个全局变量重名,则局部变量起作用,且会覆盖全局变量。

#### 2. global 语句的使用

(1) 在函数内定义全局变量并赋值,必须使用 global 语句,语法格式为

```
global  变量名
```

例如,若命名一个全局变量 Money,在函数内使用 Money 变量并重新赋值,会出现 "UnboundLocalError: local variable 'Money' referenced before assignment"的错误。此时需要添加 global Money 语句,即可在函数内赋值。

【例 3-34】　global 语句的使用。

```
def test(b = 2, a = 4):
    global z
    z += a * b
    return z
z = 20
print(z, test())
```

运行结果为

```
20  28
```

【例 3-35】 全局变量作用域的使用。

```
Money = 2000                              ♯ 定义 Money 全局变量
def AddMoney():
    global Money                          ♯ 若去掉该句,程序出错
    Money = Money + 22
def NewMoney():
  print('NewMoney 函数的输出 = ',Money)
♯ 调用
print('AddMoney 函数调用前 Money = ',Money)
AddMoney()
print('调用 AddMoney 函数后 Money = ',Money)
NewMoney()
```

运行结果为

```
AddMoney 函数调用前 Money = 2000
调用 AddMoney 函数后 Money = 2022
NewMoney 函数的输出 = 2022
```

（2）在函数内使用 global 语句修改全局变量。

【例 3-36】 在函数内修改全局变量。

```
a = 10
def fun():
    global a
    a = 20
    b = a * 2
    print('函数内部 a = ',a,',b = ',b)
fun()
print('函数外部 a = ',a)
```

运行结果为

```
函数内部 a = 20 ,b = 40
函数外部 a = 20
```

【例 3-37】 global 语句跳过中间层直接将嵌套作用域内的局部变量变为全局变量。

```
num = 20
def outer():
    num = 10
    def inner():
        global num
        print (num)
        num = 100
        print (num)
    inner()
    print(num)
outer()
print (num)
```

运行结果为

```
20
100
10
100
```

## 3.9 globals()函数与 locals()函数

globals()函数与 locals()函数可被用来返回全局作用域和局部作用域里的对象名称。如果在函数内部调用 locals()函数,返回的是所有能在该函数中访问的对象名称。如果在函数内部调用 globals()函数,返回的是所有在该函数中能访问的全局对象名称。两个函数的返回类型都是字典,所以它们的名称能用 keys()函数获取。

### 3.9.1 globals()函数及应用案例

globals()函数是 Python 的内置函数,它可以返回一个包含全局范围内所有变量的字典。该字典中的每个键值对,键为变量名,值为该变量的值。

【例 3-38】 globals()函数的使用。

```
x = 'globals()函数的使用'
y = '全局变量'
def fun_global():
    name = '这里是局部变量'
    area = '只能在函数中使用'
print(globals())
```

运行结果为

```
{...'x': 'globals()函数的使用', 'y': '全局变量'}
```

说明:globals()函数返回的字典中,会默认包含有多个变量(上述结果中已省略),这些都是 Python 主程序内置的。

### 3.9.2 locals()函数及应用案例

locals()函数也是 Python 的内置函数,通过调用该函数,可以得到一个包含当前作用域内所有变量的字典。

【例 3-39】 locals()函数的使用。

```
x = 'globals()函数的使用'
y = '全局变量'
def fun_global():
    name = '这里是局部变量'
    area = '只能在函数中使用'
    print(locals())
```

```
print(globals())
fun_global()
print("函数外的 locals 为:", locals())
```

运行结果为

```
{...'x': 'globals()函数的使用', 'y': '全局变量', 'fun_global': < function fun_global at
0x0000026E0D103E20 >}
{'name': '这里是局部变量', 'area': '只能在函数中使用'}
函数外的 locals 为: {... 'x': 'globals()函数的使用', 'y': '全局变量', 'fun_global': < function
fun_global at 0x0000026E0D103E20 >}
```

**说明**：locals()函数返回的局部变量组成的字典,可以用来访问变量,但无法修改变量的值。在函数内部调用 locals() 函数,会获得包含所有局部变量的字典；而在全局范围内调用 locals()函数,其功能和 globals()函数相同。

# 第4章

# 程 序 设 计

程序是语句序列的集合,书写代码必须遵守语法规则,任何程序均是由顺序、选择和循环3种基本结构组合而成。

(1) 顺序结构:程序按照代码中的排列顺序自上而下依次执行。

(2) 选择结构:根据给定条件进行判断,选择其中一个分支执行。

(3) 循环结构:在程序中需要反复执行某条或某段语句,直到条件不成立才停止执行。

程序设计=算法+数据结构,算法是程序设计的核心,算法要依靠程序完成各种功能,高效的算法可降低程序运行的时间复杂度和空间复杂度。

## 4.1 程序算法及描述

程序是用来解决实际应用问题的,用于解决问题的多个步骤或过程称为算法。程序是按照一定算法结构编写的,不同需求或同一需求也有不同算法。例如,人工智能机器人AlphaGo("阿尔法狗")成为第1个战胜围棋世界冠军的机器人,其核心就是根据棋谱给出的算法规则编程实现的。编写雷达探测、人脸识别程序等也可用多种算法实现。

### 4.1.1 算法

算法是对操作对象进行加工、处理,得到期望的结果。算法是一种循序渐进解决问题的过程,特指一种在有限步骤内解决问题而建立的可重复应用的计算过程。

#### 1. 算法的描述

一个算法有一个或多个输入,按照算法步骤分解为基本的可执行操作,使之在有限时间内完成。根据掌握的数学方法,能用自然语言描述算法,依据逻辑判断编写计算机能识别的算法,达到解决实际应用目的。下面列举几个例子。

(1) 求 $1+2+3+\cdots+100$。可以使用等差数列求前 $n$ 项和算法公式 $S_n=(a_1+a_n)n/2$ 计算,其中 $a_1=1,a_n=100,n=100$。

(2) 已知圆的半径 $r$,求圆的面积 $S$ 和体积 $V$。可以使用公式 $S=\pi r^2$ 和 $V=\dfrac{4\pi r^3}{3}$ 计算。

（3）已知一元二次方程 $ax^2+bx+c=0$ 的系数 $a$、$b$、$c$，求 $x=\dfrac{-b\pm\sqrt{b^2-4ac}}{2a}$。

**2．算法的应用案例**

设某个班级有 50 个学生，要求输出"Python 语言"课程 80 分及以上和不及格的同学的成绩。

用 $I$ 表示某个学生，用 $G$ 表示学生 $I$ 的成绩，计算机算法步骤如下。

Step1. $I=1$；

Step2. 判断，若 $G\geqslant80$ 或 $G<60$，则打印 $I$ 和 $G$ 的值，否则不打印；

Step3. $I=I+1$；

Step4. 判断，若 $I\leqslant50$，则返回 Step2 继续执行，否则算法结束。

**说明**：该算法是利用 $I$ 作为循环变量，循环 49 次判断每个学生的成绩，直至 50 人结束。

【**例 4-1**】　输入一元二次方程 $ax^2+bx+c=0$ 的系数，写出求解算法步骤。

Step1. 输入 $a$、$b$、$c$；

Step2. 计算 $q=b^2-4ac$；

Step3. 若 $q>0$，则 $x_1=(-b+\sqrt{q})/(2a)$，$x_2=(-b-\sqrt{q})/(2a)$；

Step4. 输出 $x_1$，$x_2$，转到 Step6；

Step5. 若 $q<0$，则输出"无实数解"；

Step6. 结束。

【**例 4-2**】　从输入的年份起，直到 2500 年结束，顺序输出"闰年"或"非闰年"。

算法分析：能被 4 整除，不能被 100 整除或能被 400 整除的年份为闰年。

设 $y$ 为被检测的年份，算法如下。

Step1. 输入年份并赋值给 $y$；

Step2. 判断，若 $y$ 不能被 4 整除，则输出"非闰年"，转到 Step6；

Step3. 判断，若 $y$ 能被 4 整除，且不能被 100 整除，则输出"闰年"，转到 Step6；

Step4. 若 $y$ 能被 100 整除，又能被 400 整除，则输出"闰年"，否则输出"非闰年"，转到 Step6；

Step5. 输出 $y$"非闰年"；

Step6. $y=y+1$；

Step7. 若 $y<2500$，转到 Step2，否则结束。

【**例 4-3**】　输出 2～100 的素数，计算素数的个数，并求出所有素数的和 sum，写出算法步骤。

Step1. 初始化 $n=2$，素数个数 $s=0$，素数的和 sum$=0$，素数标志位 $F=1$（为真）；

Step2. 若 $n>100$，输出和 sum，结束程序，否则执行 Step3；

Step3. $i=2$；

Step4. 若 $i\leqslant\sqrt{n}$ 成立，执行 Step5，否则执行 Step8；

Step5. 若 $n\%i==0$,则令标志位 $F=0$,表示 $n$ 不是素数,否则执行 Step7;

Step6. $n=n+1$,返回到 Step2;

Step7. $i=i+1$,返回到 Step4;

Step8. 若 $F==1$ 成立,则执行 $s+=1$, $sum+=n$,输出素数 $n$,否则令 $F=1$,转到 Step6。

【例 4-4】 从键盘输入任意两个数,使用辗转相除法求这两个数的最大公约数。

Step1. 输入任意两个正整数 $M$ 和 $N$;

Step2. 如果 $M<N$,则交换 $M$ 和 $N$ 的值;

Step3. 求 $R=M\%N$, $R$ 为余数,如果 $R=0$,则说明 $N$ 是最大公约数,输出 $N$,算法结束,否则执行 Step4;

Step4. $M=N$, $N=R$,返回到 Step3,反复循环,直至 Step3 的 $R=0$ 结束。

【例 4-5】 从键盘输入一个 1~100 的整数,完成猜数字小游戏。

Step1. 使用随机函数生成一个 1~100 的随机数并赋值给 $N$;

Step2. 输入任意 0~100 的正整数并赋值给 $X$;

Step3. 如果 $X<N$,提示输入小了,返回到 Step2,否则执行 Step4;

Step4. 如果 $X>N$,提示输入大了,返回到 Step2,否则执行 Step5;

Step5. 提示猜对了,程序结束。

**3. 算法的特征**

(1) 有穷性:算法应包含有限个操作步骤,对应于循环,必须要有出口,不能是无限循环。

(2) 确定性:算法中的每个步骤都应是确定的,限定的条件也必须确定。

(3) 有零个或多个输入:执行算法时,要从外界取得必要的信息,可从键盘输入,也可在程序中设定。

(4) 有一个或多个输出:算法的目的是求解,根据输出进行验证,即验证结果的正确性。

(5) 有效性:算法中的每个步骤都应当是有效的,决不能出现类似被 0 除的错误。

## 4.1.2 程序算法流程图

**1. 框图描述**

框图描述如表 4-1 所示。

表 4-1 框图描述

| 图 形 | 描 述 |
| --- | --- |
| ▭ | 圆角矩形用于程序开始和结束 |
| ↓ | 箭头用于程序执行的流向 |
| ◇ | 菱形用于条件选择 |

续表

| 图　形 | 描　述 |
|---|---|
| | 平行四边形用于输入数据、输出结果 |
| | 矩形用于数据处理,包括计算、定义数据等 |

**2．程序结构流程**

Python 程序结构有顺序、选择和循环 3 种,3 种基本结构的共同特点是只有一个入口和一个出口,结构内的每部分都要被执行,且结构内不存在无限循环,如图 4-1 所示。

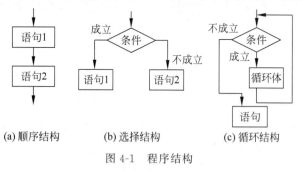

(a) 顺序结构　　(b) 选择结构　　(c) 循环结构

图 4-1　程序结构

## 4.1.3　算法流程图应用案例

**【例 4-6】** 根据例 4-1 算法流程绘制求解一元二次方程流程图。

程序流程图如图 4-2 所示。

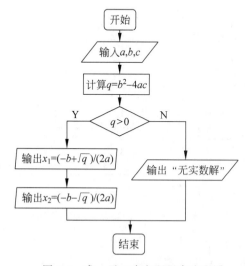

图 4-2　求一元二次方程程序流程图

**【例 4-7】** 根据例 4-2 算法流程绘制判断闰年流程图。

程序流程图如图 4-3 所示,编程实现见例 4-27。

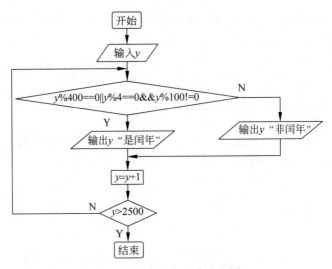

图 4-3　判断闰年程序流程图

【**例 4-8**】　根据例 4-3 算法流程绘制输出 2～100 的素数并求和流程图。

程序流程图如图 4-4 所示,编程实现见例 4-50。

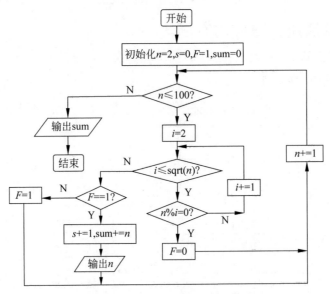

图 4-4　输出 2～100 的素数并求和流程图

【**例 4-9**】　根据例 4-4 算法流程绘制辗转相除法求最大公约数流程图。

程序流程图如图 4-5 所示,编程实现见例 4-22。

【**例 4-10**】　根据例 4-5 算法流程绘制猜数字小游戏流程图。

程序流程图如图 4-6 所示,编程实现见例 4-52。

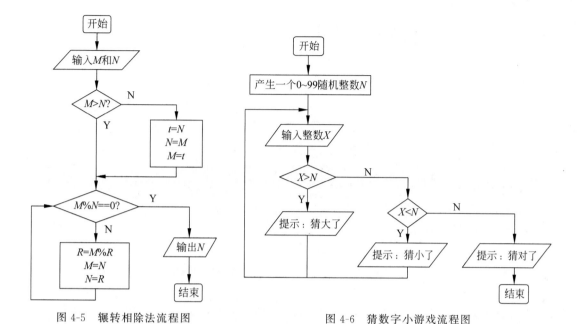

图 4-5　辗转相除法流程图　　　　　　图 4-6　猜数字小游戏流程图

## 4.2　顺序结构

计算机按照程序代码从上向下依次执行所有操作步骤,不分支、不重复的过程称为顺序结构。它是一种最简单、最基本的结构,一般仅具有输入、计算和输出的过程。

【例 4-11】　针对超市购物,输入单价及数量,编写计算总价程序。

```python
per_price = float(input('请输入单价:'))
number = float(input('请输入斤数:'))
sum_price = per_price * number
print('蔬菜的价格是:', sum_price)
```

运行结果为

```
请输入单价:30
请输入斤数:3.5
蔬菜的价格是: 105.0
```

## 4.3　选择结构

Python 提供了 if…else 和 match…case 作为条件选择结构。其中 if…else 可嵌套使用完成多条件选择,match…case 是实现多匹配条件的选择语句。

### 4.3.1　if...else 结构的使用

#### 1. 第 1 种单条件结构

如图 4-7 所示,第 1 种单条件结构的语法格式为

```
if 条件语句:
    执行语句...
```

例如,输入 Python 课程成绩,判断是否需要补考。

```
score = eval(input("请输入 Python 课程的成绩"))
if score < 60 ;
    print("未通过,需要参加补考")
```

#### 2. 第 2 种单条件结构

如图 4-8 所示,第 2 种单条件结构的语法格式为

```
if 判断条件:
    执行语句...
else:
    执行语句...
```

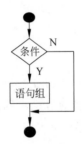

图 4-7　第 1 种单条件结构

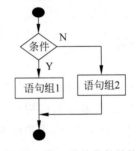

图 4-8　第 2 种单条件结构

例如,输入任意整数,判断是奇数还是偶数。

```
number = eval(input("请输入任意一个整数"))
if number % 2 == 0 ;
    print("该数是偶数")
else:
print("该数是奇数")
```

### 4.3.2　if...else 结构应用案例

【例 4-12】　输入语文、数学和英语成绩,若有两门成绩大于 90 分,得到一朵小红花。按照要求绘制流程图并编程实现。

流程图如图 4-9 所示。

```
Chinese = eval(input("请输入学生的语文成绩: "))
Maths = eval(input("请输入学生的数学成绩: "))
```

```
English = eval(input("请输入学生的英语成绩: "))
if(Chinese > = 90 and Maths > = 90) or
(Chinese > = 90 and English > = 90) or
(Maths > = 90 and English > = 90):
    print("该学生得到一朵小红花")
else:
    print("下次考试需要努力")
```

运行结果为

```
请输入学生的语文成绩: 92
请输入学生的数学成绩: 76
请输入学生的英语成绩: 95
该学生得到一朵小红花
```

【例 4-13】 输入任意 3 个整数 $a, b, c$, 输出其中的最大值。按照要求绘制流程图并编程实现。

流程图如图 4-10 所示。

```
a,b,c = map(float,input('请输入任意 3 个数 a,b,c,中间使用逗号隔开:').split(","))
Max = a
if Max < b:
    Max = b
if Max < c:
    Max = c
print("最大数 Max = ",Max)
```

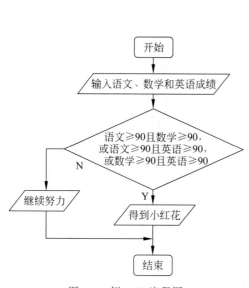

图 4-9 例 4-12 流程图

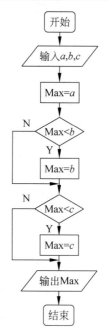

图 4-10 例 4-13 流程图

运行结果为

```
请输入任意 3 个数 a,b,c,中间使用逗号隔开:110.2,45.6,78.98
最大数 Max = 110.2
```

**说明**：当输入多个数时，可以使用 map()函数和 split()函数简化程序。map()函数接收两个参数，一个是函数，另一个是序列，将传入的函数依次作用到序列的每个元素，并把结果作为新的列表(list)返回。split()函数拆分字符串，通过指定分割符对字符串进行切片，并返回分割后的字符串列表。split()和 map()函数具体用法详见 3.2.1 节～3.2.3 节。

**【例 4-14】** 输入任意 3 个整数 $a$、$b$、$c$，将这 3 个数从小到大排序并输出。

流程图如图 4-11 所示。

```
a,b,c = map(float,input('请输入任意 3 个数 a,b,c,中间使用逗号隔开:').split(","))
if(a>b):                              ♯若第 1 个数大于第 2 个数
    t = a;a = b;b = t                 ♯则两个数交换
if(b>c):                              ♯若第 2 个数大于第 3 个数
    t = b;b = c;c = t                 ♯则两个数交换
if(a>b):                              ♯再将剩下两个数比较
    t = a;a = b;b = t                 ♯两个数交换
print("\n 按从小到大的顺序排序结果如下:\n")
print(a,"<",b,"<",c)
```

运行结果为

```
请输入任意 3 个数 a,b,c,中间使用逗号隔开:12.8,-1.2,59.56
按从小到大的顺序排序结果如下:
-1.2 < 12 .8 < 59.56
```

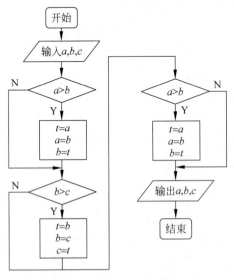

图 4-11　例 4-14 流程图

**【例 4-15】** 输入任意整数 $a$、$b$、$c$，求一元二次方程 $ax^2 + bx + c = 0$ 的解，若判别式 $b^2 - 4ac > 0$ 则输出两个实数根，若 $b^2 - 4ac < 0$ 则输出虚数根，若 $b^2 - 4ac = 0$ 则输出一个实数根，编程实现。

```python
import math
a,b,c = map(float,input('请输入方程的系数 a,b,c,中间使用逗号隔开:').split(","))
q = b * b - 4 * a * c
if q > 0:
    x1 = (-b + math.sqrt(q))/(2 * a)
    x2 = (-b - math.sqrt(q))/(2 * a)
elif q < 0:
    x1 = complex(-1/(2 * a),math.sqrt(abs(q))/(2 * a))
    x2 = complex(-1 / (2 * a), -math.sqrt(abs(q)) / (2 * a))
else:
    x = -b/(2 * a)
    print ('x = ',x)
if q > 0 or q < 0:
    print('x1 = ', x1)
    print('x2 = ', x2)
```

运行结果为

```
请输入方程的系数 a,b,c,中间使用逗号隔开:1,-1,-6
x1 =  3.0
x2 =  -2.0
请输入方程的系数 a,b,c,中间使用逗号隔开:1,2,1
x =  -1.0
请输入方程的系数 a,b,c,中间使用逗号隔开:1,2,3
x1 =  (-0.5+1.4142135623730951j)
x2 =  (-0.5-1.4142135623730951j)
```

### 4.3.3 if…elif…else 结构的嵌套

如图 4-12 所示，多选择结构也称为条件结构的嵌套，语法格式为

```
if 判断条件 1:
    执行语句 1…
elif 判断条件 2:
    执行语句 2…
elif 判断条件 3:
    执行语句 3…
else:
    执行语句 4…
```

**注意：**

（1）if 后的条件判断语句可加括号，也可不加，但后面的冒号不可省略；

（2）if 条件后的执行子句必须缩进对齐形成条件模块；

（3）多条件 elif 判断子句必须与 if 对齐，所有执行子句必须缩进对齐；

（4）多个 if 按照顺序进行嵌套，不能交叉嵌套，如图 4-13 所示。

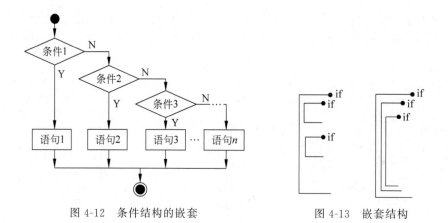

图 4-12　条件结构的嵌套　　　　　　图 4-13　嵌套结构

## 4.3.4　if…elif…else 结构应用案例

【例 4-16】　图书批发商店的某本书的零售价为 42.75 元/本,如果客户一次性购买 50 本以上(包括 50 本),每本 9.5 折;若购买 100 本以上(包括 100 本),每本 9 折;若购买 500 本以上(包括 500 本),每本 8 折并返 1000 元给客户。要求输入购买书的数量,输出折扣和付款数。

```python
num = int(input("请输入你购买的图书总量："))
if (num < 50):
    cost = 42.75 * num
    print("你需付：" + str(cost) + "元")
elif (num < 100):
cost = 42.75 * num * 0.95
    print("你需付：" + str(cost) + "元")
  elif (num < 500):
    cost = 42.75 * num * 0.9
    print("由于你购买的图书总量大于或等于 100 本,已为你打 9 折,你需付：" + str(cost) +
"元")
  else:
    cost = 42.75 * num * 0.8 - 1000
    print("由于你购买的图书总量大于或等于 500 本,已为你打 8 折并优惠 1000 元,你需付：" +
str(cost) + "元")
```

运行结果为

```
请输入你购买的图书总量：15
你需付：641.25 元
请输入你购买的图书总量：150
由于你购买的图书总量大于或等于 100 本,已为你打 9 折,你需付：5771.25 元
请输入你购买的图书总量：500
由于你购买的图书总量大于或等于 500 本,已为你打 8 折并优惠 1000 元,你需付：16100.0 元
```

【例 4-17】　输入 Python 课程的考试成绩,按照 A～E 级别输出,编程实现。流程图如图 4-14 所示。

```
score = input("请输入你的成绩:\n")
score = eval(score)
if score >= 90:
    print("你的成绩为 A")
elif 90 > score >= 80:
    print("你的成绩为 B")
elif 80 > score >= 70:
    print("你的成绩为 C")
elif 70 > score >= 60:
    print("你的成绩为 D")
else:
    print("你的成绩为 E")
```

运行结果为

```
请输入你的成绩:
83
你的成绩为 B
```

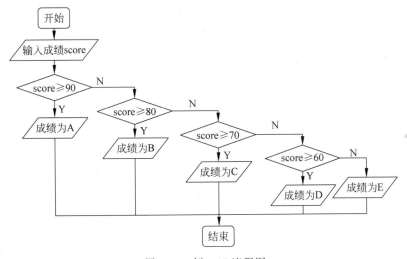

图 4-14  例 4-17 流程图

【**例 4-18**】 根据年龄判断属于哪个年龄阶段：1～17 岁为儿童,18～44 岁为青年,45～59 岁为中年,60～69 岁为老年,70～79 岁为古稀之年,80 岁以上为耄耋老人。

```
old = input('请输入你的年龄:\n')
if old.isdecimal():                        #判断是否是数字
    old = int(old)
    if 1 <= old <= 17:
        print('儿童!')
    elif 18 <= old < 45:
        print('青年!')
    elif 45 <= old < 60:
        print('中年!')
    elif 60 <= old < 70:
```

```
        print('您已经跨入老年行列!')
    elif 70 <= old < 80:
        print('您已经进入古稀之年!')
    else:
        print('您已经属于耄耋老人啦')
else:
    print('请输入数字!')
```

运行结果为

```
请输入你的年龄:
62
您已经跨入老年行列!
```

## 4.3.5　match…case 结构及应用案例

Python 的匹配结构语句是从 3.10 版本才支持的语句,之前的版本不能识别。它类似于 C 语言的 switch…case 语句,也是用于多选择语句,语法格式为

```
match 表达式:
    case 常量 1:
        语句 1
    case 常量 2:
        语句 2
    ...
    case 常量 n:
        语句 n
    case default:
        语句 n + 1
```

match…case 语句流程图如图 4-15 所示。

【例 4-19】　根据百分制成绩,输出 A~E 成绩段。

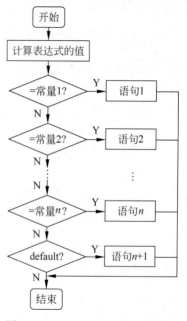

图 4-15　match…case 语句流程图

```
score = input("请输入你的成绩:\n")
score = eval(score)
match score//10:
    case 10:print("你的成绩为 A")
    case 9:print("你的成绩为 A")
    case 8:print("你的成绩为 B")
    case 7:print("你的成绩为 C")
    case 6:print("你的成绩为 D")
    case _:print("你的成绩为 E")
```

运行结果为

```
请输入你的成绩:
91
你的成绩为 A
```

**【例 4-20】** 判断当天是否为工作日,编程实现。

```
import datetime
day1 = datetime.date.today()
print('今天的日期是:',day1)
day = datetime.date.weekday(day1) + 1
print('今天是星期',day)
match day:
    case 1 | 2 | 3 | 4 | 5:
        print("今天是工作日")
    case 6 | 7:
        print("今天是周末啦")
```

运行结果为

```
今天的日期是: 2022 - 09 - 28
今天是星期 3
今天是工作日
```

# 4.4 简单循环结构

Python 提供了 while 循环和 for 循环语句,没有 C 语言中的 do…while 循环,但添加了 while…else 和 for…else 的灵活用法,如表 4-2 所示。

表 4-2　Python 循环语句

| 循 环 类 型 | 功 能 描 述 |
| --- | --- |
| while 条件 | 在给定的判断条件为 True 时执行循环体,否则退出循环体 |
| for 循环变量 in range(序列) | 循环变量在序列中时,重复执行循环体语句 |
| while 条件 else | 当条件为 True 时执行循环体语句,为 False 时执行 else 语句 |
| for 条件 else | 当条件为 True 时执行循环体语句,为 False 时执行 else 语句 |
| while 条件 while 条件… 或 for 条件 for 条件… | while 和 for 可自身循环嵌套,也可以相互嵌套 |

## 4.4.1　while 循环的使用

Python 编程中,while 语句在条件满足的情况下,反复执行循环体中的某段程序,以处理需要重复的任务。语法格式为

```
while (条件判断语句):
    循环体语句
```

例如,下面的程序进行了无限循环,必须使用 stop 菜单命令强制中断循环。

```
flag = 1
while (flag):
    print("永远为真值!进入无限循环,必须强制停止")
```

**注意：**

（1）while后的条件判断语句可加括号，也可不加，但后面的冒号不可省略。

（2）while的循环体子句必须缩进对齐，形成循环模块。

（3）while常用于循环次数不确定的循环，循环体对条件必须有改变，避免进入无限循环。

## 4.4.2 while循环应用案例

【例4-21】 一张纸的厚度大约是0.08mm，对折多少次之后能达到或超过珠穆朗玛峰的高度（8848.13m）？

```python
n = 1
while True:
    a = 0.08 * (2 ** n)
    if a >= 8848130:
        break
    n += 1
print("经过", n, "次对折之后，该纸张的厚度超过珠穆朗玛峰的高度")
```

运行结果为

```
经过 27 次对折之后，该纸张的厚度超过珠穆朗玛峰的高度
```

【例4-22】 输入两个正整数 $M$ 和 $N$，使用辗转相除法求其最大公约数，编程实现。

```python
M = input("请输入第 1 个数 M = ")
N = input("请输入第 2 个数 N = ")
M = eval(M)
N = eval(N)
if(M < N):
T = M; M = N; N = T
while(M % N):
  R = M % N
  M = N
  N = R
print("M 和 N 的最大公约数是{}".format(N))
```

运行结果为

```
请输入第 1 个数 M = 76
请输入第 2 个数 N = 24
M 和 N 的最大公约数是 4
```

【例4-23】 已知两个字符串 s1 = "42153" 和 s2 = 'Pear,Banana,Peach,Watermelon,Apple'，将数字字符串升序作为字典的键，字母字符串按逗号分隔升序作为键值，组成一个字典。

```python
L1 = list("42153")                          #将字符串s1生成一个列表L1
s2 = 'Pear,Banana,Peach,Watermelon,Apple'
L2 = s2.split(',')                          #将字符串s2按照逗号分隔成一个列表L2
```

```
L1.sort()                                ♯将列表 L1 排序
L2.sort()                                ♯将列表 L2 排序
dict = {}                                ♯建立一个空字典
index = 0
while index < len(L2):                   ♯将列表 L2 长度循环
    dict[L1[index]] = L2[index]          ♯生成字典
    index += 1
print(dict)                              ♯输出字典
```

运行结果为

```
{'1': 'Apple', '2': 'Banana', '3': 'Peach', '4': 'Pear', '5': 'Watermelon'}
```

【例 4-24】　有一车西瓜,共 508 个,第 1 天卖掉总数的一半后又多卖出两个,以后每天卖掉剩下的一半多两个,问几天以后能卖完? 每天卖出多少个? 剩余多少个? 一共卖出多少个?

```
rest = 508
count = 0
watermelon = 0
while(rest > 0):
    sell = rest
    rest = int(rest/2 - 2)
    sell = int(sell - rest)
    watermelon += sell
    count += 1
    print('第',count,'天卖出的西瓜个数为:',sell,'剩余个数为:',rest)
print("西瓜在",count,"天后卖完")
print("共卖出的西瓜个数为:",watermelon)
```

运行结果为

```
第 1 天卖出的西瓜个数为: 256 剩余个数为: 252
第 2 天卖出的西瓜个数为: 128 剩余个数为: 124
第 3 天卖出的西瓜个数为: 64 剩余个数为: 60
第 4 天卖出的西瓜个数为: 32 剩余个数为: 28
第 5 天卖出的西瓜个数为: 16 剩余个数为: 12
第 6 天卖出的西瓜个数为: 8 剩余个数为: 4
第 7 天卖出的西瓜个数为: 4 剩余个数为: 0
西瓜在 7 天后卖完
共卖出的西瓜个数为: 508
```

【例 4-25】　某人将闲钱存入银行,年利率是 3.2‰,每过一年,将本金和利息相加作为新的本金。计算 5 年后获得的本金加利息是多少? 输出存款的当日时间、存款金额、到期后的利息加本金。

```
import datetime
now = datetime.datetime.now()
now_date = now.strftime('%Y - %m - %d')
print('存款的时间是:',now_date)
```

```
money = eval(input('请输入存钱的数量:'))
i = 1
while i <= 5:
    money * = 1.0032
    i += 1
print("5 年后可取到的金额是:%.2f" % money, '元')
```

运行结果为

```
存款的时间是:2022 - 09 - 23
请输入存钱的数量:100000
5 年后可取到的金额是:101610.27 元
```

【例 4-26】 编写猜拳小游戏(石头-剪刀-布),要求输出玩家开始的时间和日期,退出时显示玩的时间。

```
import random
import datetime
now = datetime.datetime.now()
now_date = now.strftime('%Y - %m - %d %H: %M: %S')
print('当前的日期和时间是:', now_date)
count = 0
while True:
    count += 1
    s = int(random.randint(1, 3))
    if s == 1:
        ind = "石头"
    elif s == 2:
        ind = "剪刀"
    elif s == 3:
        ind = "布"
    select = input('输入 石头、剪刀、布,输入"e"结束游戏:')
    blist = ['石头', '剪刀', '布']
    if ((select not in blist) and (select != 'e')):
        print("输入错误,请重新输入!")
    elif ((select not in blist) and (select == 'e')):
        print("你共猜了", count - 1, '次')
        now1 = datetime.datetime.today()
        time_date1 = datetime.datetime.strptime(now_date, '%Y - %m - %d %H: %M: %S')
        print('你玩的时间是:', now1 - time_date1)
        print("游戏退出中...")
        break
    elif select == ind :
        print("计算机出了: " + ind + ",平局!")
    elif (select == '石头' and ind == '剪刀') or (select == '剪刀' and ind == '布') or (select ==
'布' and ind == '石头'):
        print("计算机出了: " + ind + ",你赢了!")
    elif (select == '石头' and ind == '布') or (select == '剪刀' and ind == '石头') or (select ==
'布' and ind == '剪刀'):
        print("计算机出了: " + ind + ",你输了!")
```

运行结果为

```
当前的日期和时间是: 2022-05-23 21:53:21
输入 石头、剪刀、布,输入"e"结束游戏:石头
计算机出了:石头,平局!
输入 石头、剪刀、布,输入"e"结束游戏:剪刀
计算机出了:布,你赢了!
输入 石头、剪刀、布,输入"e"结束游戏:布
计算机出了:剪刀,你输了!
输入 石头、剪刀、布,输入"e"结束游戏:石头
计算机出了:石头,平局!
输入 石头、剪刀、布,输入"e"结束游戏:石头
计算机出了:剪刀,你赢了!
输入 石头、剪刀、布,输入"e"结束游戏:e
你共猜了 5 次
你玩的时间是: 0:00:48.292457
游戏退出中...
```

## 4.4.3　while...else 循环结构及应用案例

在 Python 的 while...else 语句中,当循环条件为假(False)时执行 else 语句块。

【例 4-27】　从输入的年份起直到 2500 年,判断并输出闰年和非闰年,编程实现。

```
Year = int(input("请输入从哪年开始: "))
while(Year < 2500):
    if ((Year % 4 == 0 and Year % 100 != 0) or(Year % 400 == 0)):
        print(Year,"年是闰年")
    else:
        print(Year,"年是非闰年")
    Year = Year + 1
```

运行结果为

```
请输入从哪年开始: 2022
2022 年是非闰年
2023 年是非闰年
2024 年是闰年
...
2498 年是非闰年
2499 年是非闰年
```

## 4.4.4　for 循环及应用案例

Python 中的 for 循环可以遍历任何序列的项目,如列表、元组和字符串等均是序列,它们的每个元素可根据索引值得到。序列可通过 range()、len()、max()、min()、sum()函数计算。

for 循环语法格式为

```
for 循环变量 in 序列:
    循环语句
```

Python 循环高级用法的语法格式为

```
[表达式 for x in X [if 条件] for y in Y [if 条件] … for n in N [if 条件]
```

例如,循环前面加入表达式的方法如下。

```
print([i + 6 for i in range(0,3)])
```

运行结果为

```
[6, 7, 8]
```

for 语句后面跟一个 if 判断语句,可用于过滤掉那些不满足条件的项。

【例 4-28】 有一个列表[4,6,8,10,12,5,7,9],要求:

(1) 输出列表中元素的平方;

(2) 找出列表中的偶数;

(3) 输出列表中偶数的平方。

```
L = [4,6,8,10,12,5,7,9]
print([x ** 2 for x in L])
print([x for x in L if x % 2 == 0])
print([x ** 2 for x in L if x % 2 == 0])
```

运行结果为

```
[16, 36, 64, 100, 144, 25, 49, 81]
[4, 6, 8, 10, 12]
[16, 36, 64, 100, 144]
```

【例 4-29】 将字符串中的数字去掉,把余下的字母组成一个新字符串。

```
w = '45inp67ut123'
for x in w:
    if '0' <= x <= '9':
        w = w.replace(x,'')
    else:
        continue
print(w)
```

运行结果为

```
input
```

【例 4-30】 编程实现 $s = 1 + 2 + 3 + \cdots + 100$。

```
s = 0
for a in range(1,101):
    s = s + a
print("1 + 2 + 3 + ... + 100 = {} ".format(s))
```

运行结果为

```
1 + 2 + 3 + ... + 100 = 5050
```

说明：也可使用 s＝sum(range(1,101))实现。

【例 4-31】 将列表[1,2,3,4,1,2,5,3,4,6,7,8,6,8]中的重复项删除,形成一个新列表。

```python
lis = [1,2,3,4,1,2,5,3,4,6,7,8,6,8]
lis1 = []
for i in lis:
    if i not in lis1:
        lis1.append(i)
print(lis1)
```

运行结果为

```
[1, 2, 3, 4, 5, 6, 7, 8]
```

【例 4-32】 将两个字典合并(相同键值相加),形成一个新字典。

```python
dicta = {'a':1,'b':2,'c':'Python'}        #定义字典 dicta
dictb = {'b':3,'d':8,'e':'Language'}       #定义字典 dictb
dictc = {}                                 #建立一个空字典 dictc
for ia in dicta.keys():                    #将字典 dicta 及 dictb 相同键求和放入 dictc 中
    if ia in dictb.keys():
        dictc[ia] = dicta[ia] + dictb[ia]
    else:
        dictc[ia] = dicta[ia]
for ib in dictb.keys():                    #将字典 dictb 放入 dictc 中
    if ib not in dicta.keys():
        dictc[ib] = dictb[ib]
print(dictc)
```

运行结果为

```
{'a': 1, 'b': 5, 'c': 'Python', 'd': 8, 'e': 'Language'}
```

【例 4-33】 从键盘输入 $n$ 的值,求 $S=1+22+333+\cdots+\underbrace{nn\cdots n}_{n位}$。

```python
S = 1
n = eval(input("请输入 n = "))
for i in range(2,n + 1):
    m = i
    for j in range(1,i):
        m = m * 10 + i
    S += m
print("1 + 22 + 333 + ... = ",S)
```

运行结果为

```
请输入 n = 4
1 + 22 + 333 + ... =  4800
```

【例 4-34】 编程实现：一只猴子摘了若干个桃子,它每天吃掉一半再多一个,到第 10

天发现还有一个桃子,问猴子第 1 天共摘了多少桃子?

算法分析:

(1) 猴子第 10 天有一个桃子,根据规律递推第 9 天有 4 个,第 8 天有 10 个…

(2) 需要倒退 9 天,前一天是后一天个数加 1 再乘以 2。

```
second = 1
for day in range(10,1, - 1):
    first = (second + 1) * 2;
    second = first
print("第 1 天摘的桃子个数 = {}".format(first))
```

运行结果为

```
第 1 天摘的桃子个数 = 1534
```

【例 4-35】 输入 $n$ 的值,求级数 $S = 1 + \dfrac{1}{1+2} + \dfrac{1}{1+2+3} + \cdots + \dfrac{1}{1+2+3+\cdots+n}$,编程实现。

算法分析:该表达式为求级数问题,使用循环方法计算的重点是找出表达式的规律。

(1) $i$ 表示分母的项数和数字值,通式为 $i=i+1$;

(2) 分母通式为 $den=den+i$;

(3) 当前项数通式为 $item=1.0/den$;

(4) 求和 $S$ 的通式为 $S=S+item$。

```
den = 0
S = 0.0
n = eval(input("请输入 n = "))
for i in range(1,n + 1):          ♯到表达式最后一项
    den += i                      ♯求分母通式
    item = 1.0/den                ♯求当前项
    S += item                     ♯求和的通式
print("S = {}".format(S))
```

运行结果为

```
请输入 n = 11
S = 1.8333333333333333
```

【例 4-36】 编写程序求 100~999 的水仙花数。

算法分析:水仙花数是指一个三位数,它的每位上的数字的立方之和等于它本身。例如,$153 = 1^3 + 5^3 + 3^3 = 1 + 125 + 27$ 即为一个水仙花数。

```
for n in range(100,1000):
    i = int(n / 100)
    j = int((n - i * 100) / 10)
    k = int(n % 10)
    if(i * 100 + j * 10 + k == i * i * i + j * j * j + k * k * k):
        print("flower = {}".format(n))
```

运行结果为

```
flower = 153
flower = 370
flower = 371
flower = 407
```

【例 4-37】 统计一个数字列表中的正数、负数和零的个数,编程实现。

```
Positive = 0
Negative = 0
zeros = 0
list = [1, 3, 5, 7, 0, - 1, 9, - 4, - 5, 8]
for x in list:
    if x > 0:
        Positive += 1
    elif x < 0:
        Negative += 1
    else:
        zeros += 1
print("正数个数是{},负数个数是{},零的个数是{}".format(Positive,Negative,zeros))
```

运行结果为

正数个数是 6,负数个数是 3,零的个数是 1

【例 4-38】 一辆卡车违反交通规则,肇事后逃逸。现场有 3 人目击事件,但都没有记住车牌号,只记下车牌号的一些特征。甲说:"车牌号的前两位数字是相同的。"乙说:"车牌号的后两位数字是相同的,但与前两位不同。"丙是位数学家,他说:"4 位的车牌号刚好是一个整数的平方。"请根据以上线索求出车牌号,按要求编程实现。

算法分析:按照题目的要求构造出一个前两位数($i$)、后两位数($j$)各自相同且相互间又不同的整数,则 4 位数的范围是 1100~9988,因此可求出范围内数字的平方根 $m$ 并判断是否为整数。

```
import math
m1 = int(math.sqrt(1100))
m2 = int(math.sqrt(9988))
for i in range(1,10):              #i 为车牌号前两位的取值
    for j in range(10):            #j 为车牌号后两位的取值
        if i != j:                 #判断两位数字是否相异
            k = i * 1000 + i * 100 + j * 10 + j;
            for m in range(m1,m2):  #判断是否为整数的平方
                if m * m == k:
                    print("肇事车牌号是:", k)
```

运行结果为

肇事车牌号是: 7744

### 4.4.5　for…else 循环结构及应用案例

在 Python 的 for…else 语句中,当条件不满足时执行 else 后面的语句,从循环中跳出,和 while…else 语句的使用方法一样。

【例 4-39】　使用 for…else 循环完成用户登录验证,若用户名或密码 3 次出现错误,退出登录。

提示：在 3 次登录执行过程中,若输入用户名和密码正确,使用 break 语句中断退出循环,当 3 次循环结束后执行 else 语句。

```python
user = "admin"
passwd = "admin"
for i in range(3):                      #循环 3 次
    username = input("请输入用户名:")
    password = input("请输入密码:")
    if user == username and passwd == password:
        print("欢迎登录")
        break #中断,退出.当执行 break 退出,后面 else 语句不会执行
    else:
        print("无效的用户名或密码,请重新输入!")
else:
    print("用户或者密码输入超过 3 次,退出登录系统")
```

运行结果为

```
请输入用户名:user
请输入密码:admin
无效的用户名或密码,请重新输入!
请输入用户名:ad
请输入密码:ad
无效的用户名或密码,请重新输入!
请输入用户名:admin
请输入密码:admin
欢迎登录
```

【例 4-40】　使用随机数函数产生 50 个 11 位的电话号码,输出个位数是 8 的号码,并统计个数。

```python
import random
code1 = []                      #存储电话号码列表
count = 0                       #个位数为 8 的电话号码的个数
for i in range(50):
    x = ''
    for j in range(11):
        x = x + str(random.randint(0, 9))
    code1.append(x)             #生成的电话号码追加到列表
for i in code1:
    for j in range(50):
        if int(code1[j]) % 10 == 8:
```

```
        print(code1[j])
        count += 1
    else:
        break
print('满足个位数是 8 的共有',count,'个')
```

运行结果为

```
83239378108
56134664028
15715108568
04962190218
21394926768
满足个位数是 8 的共有 5 个
```

## 4.4.6 break、continue 与 pass 语句及应用案例

break 与 continue 用在循环控制语句中,用于更改语句执行的顺序。

### 1. break 语句

break 语句用来终止循环语句,当循环条件为真,序列还没被完全递归结束时,停止执行循环语句。break 语句可用在 while 和 for 循环中。若使用嵌套循环,break 语句将停止执行最深层的循环,即只能从内循环跳到外循环,反之则不行。当跳到外循环时,可开始执行下一行代码。

break 语句语法格式为

```
for 循环变量 in 序列:
    语句块 1
    break
    语句块 2
```

或

```
while (条件):
    语句块 1
    break
    语句块 2
```

说明:无论是 for 或 while 循环中,语句块 2 均不被执行。

【例 4-41】 求 1~200 能被 19 整除的最大数。

流程图如图 4-16 所示。

```
for i in range(200,1,-1):
    if (i%19 == 0):
        break
print("1~200 能被 19 整除的最大数是{}".format(i))
```

运行结果为

```
1~200 能被 19 整除的最大数是 190
```

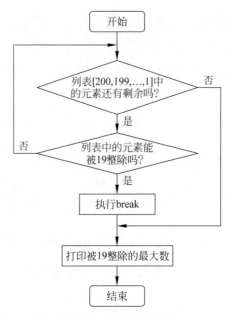

图 4-16  例 4-41 流程图

【例 4-42】  输出列表中的变量值,当前变量等于－1 时退出循环,编程实现。

```
list1 = [12,56,8,90, - 1,5,65, - 7]
for var in list1:
    print('当前变量值:', var)
    if var == - 1:                #当变量 var 等于 - 1 时退出循环
        break
print("Good bye!")
```

运行结果为

```
当前变量值: 12
当前变量值: 56
当前变量值: 8
当前变量值: 90
当前变量值: - 1
Good bye!
```

【例 4-43】  给定字符串并输出,当遇到"h"时中断输出,编程实现。

```
for letter in 'Python':
    if letter == 'h':
        break
    print ('当前字母:', letter)
print("Good Bye")
```

运行结果为

```
当前字母: P
当前字母: y
```

```
当前字母：t
Good Bye
```

### 2. continue 语句

continue 语句跳出本次循环，而 break 语句是跳出整个循环。continue 语句用来告诉 Python 跳过当前循环的剩余语句，然后继续进行下一轮循环，可用在 while 和 for 循环中。

continue 语句的语法格式为

```
for 循环变量 in 序列：
    语句块 1
    continue
    语句块 2
```

或

```
while (条件)：
    语句块 1
    continue
    语句块 2
```

**说明**：上面两种格式中 continue 语句后的语句块 2 均不被执行。

**【例 4-44】** 输出除 5 之外的 0~9 的奇数序列，编程实现。

```
for var in range(1,11,2):
    if var == 5:                  #当变量 var 等于 5 时重新循环
        continue
    print('当前变量值:', var)
print("Good bye!")
```

运行结果为

```
当前变量值：1
当前变量值：3
当前变量值：7
当前变量值：9
Good bye!
```

**【例 4-45】** 给定字符串序列，删除字符串中的字符"h"并逐字符输出，编程实现。

```
for letter in 'Python':
    if letter == 'h':
        continue
    print ('当前字母:', letter)
print("Good Bye")
```

运行结果为

```
当前字母：P
当前字母：y
当前字母：t
```

```
当前字母: o
当前字母: n
Good Bye
```

**说明**：continue 语句隐含一个删除的效果，它的存在是为了删除满足循环条件的某些不需要的成分。

**【例 4-46】** 在 0～9 整数序列中删除 2、5 和 8，并逐一输出，编程实现。

```
var = 10
while var > 0:
    var = var - 1
    if var == 2 or var == 5 or var == 8:
        continue
    print ('当前值:', var)
print ("Good bye!")
```

运行结果为

```
当前值: 9
当前值: 7
当前值: 6
当前值: 4
当前值: 3
当前值: 1
当前值: 0
Good bye!
```

### 3. pass 语句

Python 中的 pass 语句是空语句，是为了保持程序结构的完整性。pass 语句不做任何事情，一般用于占位。pass 语句在 Python 中常用于编写未成熟的函数，语法格式为

```
def sample(n_samples):
    pass
```

pass 语句只占据一个位置，若函数的内容未确定时，可用 pass 语句填充使程序正常运行。

**【例 4-47】** 给定字符串并逐字符输出，当遇到"h"时，记录一下不做处理，编程实现。

```
for letter in 'Python':
    if letter == 'h':
        pass
        print("这是 pass 块")
    print("当前字母:", letter)
print ("Good bye!")
```

运行结果为

```
当前字母: P
当前字母: y
当前字母: t
```

```
这是 pass 块
当前字母: h
当前字母: o
当前字母: n
Good bye!
```

## 4.5　嵌套循环结构

嵌套循环是将一个循环结构声明在另一个循环结构中,其中嵌在里面的循环称为内层循环,内层循环遍历一遍,相当于外层循环只执行一次。即假设外层循环共执行 $m$ 次,内层循环共执行 $n$ 次,则内层循环执行了 $n$ 次时,外层循环仅执行了一次,因此总循环执行 $mn$ 次。

### 4.5.1　嵌套循环结构的使用

Python 语言允许在一个循环中嵌入另一个循环,它和选择嵌套相似,不能交叉嵌套,如图 4-17 所示。

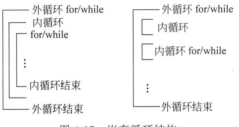

图 4-17　嵌套循环结构

for 循环嵌套语法为

```
for 循环变量 in 序列:
    for 循环变量 in 序列::
        循环体语句
        ...
        循环体语句
```

while 循环嵌套语法为

```
while 条件表达式:
        while 条件表达式:
            循环体语句
            ...
        循环体语句
```

**说明**:在 while 循环中可以嵌套 for 循环;反之,在 for 循环中也可以嵌套 while 循环。注意循环体模块的缩进要一致。

### 4.5.2　嵌套循环应用案例

在循环结构程序设计中,嵌套循环是一个重点与难点内容,掌握循环嵌套结构,能解决更加复杂的实际应用问题。

【例 4-48】 使用 while 和 for 循环输出乘法口诀。

（1）方法 1 代码如下。

```
i = 1
while i :
    j = 1
    while j:
        print (i ," * ", j ," = " , i * j, end = ' ')
        if i == j :
            print("\n")
            break
        j += 1
    i += 1
    if i > = 10:
        break
```

（2）方法 2 代码如下。

```
for i in range(1, 10):
 for j in range(1, i + 1):
   print(j, " * ", i ," = ", j * i, end = " ")
   if j == i:
     print("\n")
```

运行结果为

```
1 * 1 = 1
2 * 1 = 2 2 * 2 = 4
3 * 1 = 3 3 * 2 = 6 3 * 3 = 9
4 * 1 = 4 4 * 2 = 8 4 * 3 = 12 4 * 4 = 16
5 * 1 = 5 5 * 2 = 10 5 * 3 = 15 5 * 4 = 20 5 * 5 = 25
6 * 1 = 6 6 * 2 = 12 6 * 3 = 18 6 * 4 = 24 6 * 5 = 30 6 * 6 = 36
7 * 1 = 7 7 * 2 = 14 7 * 3 = 21 7 * 4 = 28 7 * 5 = 35 7 * 6 = 42 7 * 7 = 49
8 * 1 = 8 8 * 2 = 16 8 * 3 = 24 8 * 4 = 32 8 * 5 = 40 8 * 6 = 48 8 * 7 = 56 8 * 8 = 64
9 * 1 = 9 9 * 2 = 18 9 * 3 = 27 9 * 4 = 36 9 * 5 = 45 9 * 6 = 54 9 * 7 = 63 9 * 8 = 72
9 * 9 = 81
```

【例 4-49】 输出 10～20 的质数，并统计质数的个数。

```
count = 0
for num in range(10,20):              # 从 10 ～ 20 的数字
    for i in range(2,num):            # 根据因子迭代
        if num % i == 0:              # 确定第 1 个因子
            j = int(num/i)            # 计算第 2 个因子
            print("{} = {} * {}".format(num,i,j))
            break                     # 跳出当前循环
    else:                             # 循环的 else 部分
        print (num, '是一个质数')
        count += 1
print("质数个数 = ",count)
```

运行结果为

```
10 = 2 * 5
11 是一个质数
12 = 2 * 6
13 是一个质数
14 = 2 * 7
15 = 3 * 5
16 = 2 * 8
17 是一个质数
18 = 2 * 9
19 是一个质数
质数个数 = 4
```

【例 4-50】 输出 2～100 的质数,统计质数个数并求出所有质数的和。

```
s = 0
F = 1
sum = 0
print("质数为:",2,end = ',')
for num in range(2,100):              # 从 2 ～ 100 的数字
    for i in range(2,num):            # 根据因子迭代
        if num % i == 0:              # 确定第 1 个因子
            F = 0
            break
        if F == 1:
            print(num,end = ',')      # 跳出当前循环
            s += 1
            sum += num
            break
        F = 1
print ('\n 质数个数 = ',s + 1,'质数和 = ',sum + 2)
```

运行结果为

```
质数为: 2,3,5,7,11,13,17,19,23,25,29,31,35,37,41,43,47,49,53,55,59,61,65,67,71,73,77,
79,83,85,89,91,95,97,
质数个数 = 34 质数和 = 1637
```

【例 4-51】 每只公鸡 5 元,每只母鸡 3 元,每 3 只小鸡 1 元,用 100 元买 100 只鸡,问公鸡、母鸡和小鸡各买几只?

算法分析:分别用变量 Rooster、Hen、Chick 表示公鸡、母鸡和小鸡的只数,Rooster 最大为 20，Hen 最大为 33，Chick 最大为 100,当满足 3 种鸡的数量和为 100 且购买公鸡、母鸡和小鸡的钱数为 100 元时,即可输出结果。

```
for Rooster in range(1,20):
    for Hen in range(1,33):
        for Chick in range(1,100):
            if ((5 * Rooster + 3 * Hen + Chick/3 == 100) and (Rooster + Hen + Chick == 100)):
                print("Rooster = {}".format(Rooster),"Hen = {}".format(Hen),"Chick = {}".format(Chick))
```

运行结果为

```
Rooster = 4 Hen = 18 Chick = 78
Rooster = 8 Hen = 11 Chick = 81
Rooster = 12 Hen = 4 Chick = 84
```

**【例 4-52】** 编写猜数字小游戏,程序步骤见例 4-5。

```
import random
s = int(random.uniform(1,100))
m = int(input("输入 1~100 的整数:"))
while m != s:
    m = int(input("不对,重新输入 1~100 的整数:"))
    if m > s:
        print("猜大了")
    elif m < s:
        print("猜小了")
    else:
        print("恭喜你答对了!")
        break
```

运行结果为

```
输入 1~100 的整数:50
不对,重新输入 1~100 的整数:60
猜小了
不对,重新输入 1~100 的整数:65
大了
不对,重新输入 1~100 的整数:64
猜大了
不对,重新输入 1~100 的整数:63
恭喜你答对了!
```

**【例 4-53】** 若一个口袋中放有 12 个球,其中有 3 个红球、3 个白球和 6 个黑球,从中任取 8 个球,共有多少种不同的颜色搭配?每种搭配中各种颜色球各有多少?编程实现。

算法分析:设任取的红球个数为 red,白球个数为 white,则黑球个数为 8－red－white。根据题意,红球和白球个数的取值范围为 0~3,在红球和白球个数确定的条件下,黑球个数取值应为 8－red－white≤6。

```
count = 0
print("红球    白球    黑球")
print(" --------------------- ")
for red in range(0,4) :                    #红球的个数为 0~3
    for white in range(0,4):               #白球的个数为 0~3
        if(8 - red - white) <= 6:          #满足黑球数
            print("red = {}".format(red),"white = {}".format(white),"black = {}".format(8 -
red - white))
            count += 1;
print("共{}".format(count),"种方法")
```

运行结果为

```
红球    白球    黑球
--------------------
red = 0 white = 2 black = 6
red = 0 white = 3 black = 5
red = 1 white = 1 black = 6
red = 1 white = 2 black = 5
red = 1 white = 3 black = 4
red = 2 white = 0 black = 6
red = 2 white = 1 black = 5
red = 2 white = 2 black = 4
red = 2 white = 3 black = 3
red = 3 white = 0 black = 5
red = 3 white = 1 black = 4
red = 3 white = 2 black = 3
red = 3 white = 3 black = 2
共 13 种方法
```

【例 4-54】 已知售货机饮料列表为["牛奶","咖啡","橘子汁","芒果汁","可口可乐","矿泉水"],编程实现:输出饮料名称及相应的序号(从 1 开始),要求用户输入序号,如果用户输入的不是数字,则提示输入数字;如果用户输入的商品序号超出售货范围,则提示超出数字范围,并重新输入;如果用户输入 Q 或 q,则退出程序。

```python
flag = True
while flag:
    print("选择你购买的饮料")
    li = ["牛奶","咖啡","橘子汁","芒果汁","可口可乐","矿泉水"]
    for i in li:
        print("{}\t\t{}".format(li.index(i) + 1, i))
    choice = input("请输入选择的饮料序号/输入 Q 或 q 退出选择:")
    if choice.isdigit():
        choice = int(choice)
        if choice > 0 and choice <= len(li):
            print("你选择的饮料是:" + li[choice - 1])
        else:
            print('超出了选择范围,请重新选择饮料的数字')
    elif choice.upper() == 'Q':
        break
    else:
        print('请输入饮料的数字即可!')
```

运行结果为

```
选择你购买的饮料
1       牛奶
2       咖啡
3       橘子汁
4       芒果汁
5       可口可乐
```

```
6     矿泉水
请输入选择的饮料序号/输入 Q 或 q 退出选择：5
你选择的饮料是：可口可乐
选择你购买的饮料
1     牛奶
2     咖啡
3     橘子汁
4     芒果汁
5     可口可乐
6     矿泉水
请输入选择的饮料序号/输入 Q 或 q 退出选择：8
超出了选择范围，请重新选择饮料的数字
选择你购买的饮料
1     牛奶
2     咖啡
3     橘子汁
4     芒果汁
5     可口可乐
6     矿泉水
请输入选择的饮料序号/输入 Q 或 q 退出选择：niunai
请输入饮料的数字即可！
选择你购买的饮料
1     牛奶
2     咖啡
3     橘子汁
4     芒果汁
5     可口可乐
6     矿泉水
请输入选择的饮料序号/输入 Q 或 q 退出选择：q

Process finished with exit code 0
```

【例 4-55】 编程实现输出等腰直角三角形，示例如图 4-18 所示。

算法分析：

(1) 等腰直角三角形的列数和行数相等；

(2) 第 1 行的星号个数等于行数，每增加 1 行，星号个数减 1，即星号个数＝行数－行变量。因此，使用第 1 个外循环控制行数，第 2 个内循环控制星号个数即可。

```
*  *  *  *  *
*  *  *  *
*  *  *
*  *
*
```

图 4-18   等腰直角三角形

```
rows = int(input('输入行数：'))
i = j = k = 1                    #i为图形行数,j为空格的个数,k 为 * 的个数
print("等腰直角三角形")
for i in range(0, rows):          #控制行变量
    for k in range(0, rows － i):  #控制星号数
        print(" * ",end = "")     #不换行加入 end = ""
        k += 1
    i += 1
    print("\n")
```

运行结果为

```
输入行数：5
等腰直角三角形
*  *  *  *  *
*  *  *  *
*  *  *
*  *
*
```

【例 4-56】 编程实现输出实心等腰三角形，示例如图 4-19 所示。

算法分析：

(1) 设行数为 $H$，每增加 1 行，该行星号个数为行数的 2 倍减 1，即星号个数为 $n=2H-1$；

(2) 空格个数为 $m$，每增加 1 行，空格数减 1，即 $m=$ 行数－行变量。使用外循环控制行变量，两个内循环分别控制空格数和星号个数。

图 4-19 等腰三角形

```
H = input("请输入三角形的高度 H = ")
H = eval(H)
for j in range(1, H + 1):
    m = H - j                      #空格数
    n = 2 * j - 1                  #星号数
    for k in range(1, m + 1):
        print(" ", end = "")
    for i in range(1, n + 1):
        print(" * ", end = "")
    print(" ")
```

运行结果为

```
请输入三角形的高度 H = 6
     *
    ***
   *****
  *******
 *********
***********
```

【例 4-57】 编程实现输出任意边长的空心正方形，示例如图 4-20 所示。

```
print ("空心正方形")
rows = eval(input("请输入空心正方形边长 n = "))
print("\n")
for i in range(0, rows):
    for k in range(0, rows):
        if i != 0 and i != rows - 1:
            if k == 0 or k == rows - 1:
                print(" * ", end = "")
            else:
```

```
*  *  *  *  *
*           *
*           *
*           *
*  *  *  *  *
```

图 4-20 空心正方形

```
                    print(" ",end = "")
            else:
                print(" * ",end = "")
            k += 1
        i += 1
    print("\n")
```

运行结果为

```
空心正方形
请输入空心正方形边长 n = 5
*  *  *  *  *
*           *
*           *
*           *
*  *  *  *  *
```

【例 4-58】 编程实现从键盘输入高度 $h$ 值,输出用 * 号组成的菱形,其中 $h$ 为菱形上三角的高度。例如,输入 $h=4$ ,输出的图形如图 4-21 所示。

算法分析:

(1) $h$ 为上三角的高度,下三角高度也为 $h$ ,菱形总行数为 $2h-1$ ;

(2) 对于第 $j$ 行( $j$ 是行变量),需要计算 $m$ (空格个数)和 $n$ (星号个数);

(3) 当 $j \leqslant h$ 时,为上三角,则空格个数 $m=h-j$ ,星号个数 $n=2j-1$ ;

(4) 当 $h < j \leqslant 2h-1$ 时,为下三角,空格个数 $m=j-h$ ,星号个数为
总宽度-空格个数,即 $n=2h-1-2(j-1)=4h-1-2j$ 。

```
       *
      * * *
    * * * * *
  * * * * * * *
    * * * * *
      * * *
       *
```

图 4-21  菱形

```
h = eval(input("请输入菱形块上三角高度 h = "))
for j in range(1,2 * h):                    #行控制
    if j < = h:
        m = h - j
        n = 2 * j - 1
    else:
        m = j - h
        n = 4 * h - 1 - 2 * j
    for k in range(1,m + 1):                #打印空格
        print("   ",end = "")
    for k in range(1,n + 1):                #控制星号
        print(" *   ",end = "")
    print("\n")
```

运行结果为

```
请输入菱形块上三角高度 h = 4
          *
        *  *  *
      *  *  *  *  *
    *  *  *  *  *  *  *
      *  *  *  *  *
        *  *  *
          *
```

## 4.6 自定义函数中的循环应用案例

程序中出现重复代码,可通过调用函数执行。自定义函数及循环结构有助于将大段程序分解为小段,从而使程序易于理解、维护和调试。

【**例 4-59**】 输入一元二次方程 $ax^2+bx+c=0$ 的系数 $a$、$b$、$c$,编写函数求解方程。若判别式 $b^2-4ac>0$,输出两个实数根;若 $b^2-4ac<0$,输出虚数根;若 $b^2-4ac=0$,输出一个实数根。

```python
import math
def equation(a, b, c):
    q = b * b - 4 * a * c
    if q > 0:
        x1 = (-b + math.sqrt(q)) / (2 * a)
        x2 = (-b - math.sqrt(q)) / (2 * a)
    elif q < 0:
        x1 = complex(-1 / (2 * a), math.sqrt(abs(q)) / (2 * a))
        x2 = complex(-1 / (2 * a), -math.sqrt(abs(q)) / (2 * a))
    else:
        x = -b / (2 * a)
    if q > 0 or q < 0:
        print('x1 = ', x1)
        print('x2 = ', x2)
    else:
        print('x = ', x)
a, b, c = map(float, input('请输入任意一元二次方程系数: a,b,c = ').split(","))
equation(a, b, c)                    # 调用函数
```

运行结果为

```
请输入任意一元二次方程系数: a,b,c = 1.2,2.5,4.6
x1 = (-0.4166666666666667 + 1.6577888553398132j)
x2 = (-0.4166666666666667 - 1.6577888553398132j)
请输入任意一元二次方程系数: a,b,c = 1, -6, -30
x1 = 9.244997998398398
x2 = -3.2449979983983983
请输入任意一元二次方程系数: a,b,c = 1,2,1
x = -1.0
```

【**例 4-60**】 一个数如果恰好等于它的真因子(除了自身以外的约数)之和,这个数就称为"完数"。例如,$6=1+2+3$ 即为一个完数。编程找出 1000 以内的所有完数。

```python
def factor(num):
    target = int(num)
    wan = set()
    for i in range(1, num):
        if num % i == 0:
            wan.add(i)
```

```
            wan.add(num / i)
        return wan
print("1000 以内的完数有:")
for i in range(2, 1001):
    if i == sum(factor(i)) - i:
        print(i, end = " ")
```

运行结果为

```
1000 以内的完数有:
6 28 496
```

程序分析: 将每对真因子加入集合, 在这个过程中已经自动去重。最后的结果要求不计算其本身。

【例 4-61】 编写一个函数, 输入行数, 输出空心等边三角形。

```
def triangle(n):
  for i in range(0, rows + 1):                          #变量 i 控制行数
    for j in range(0, rows - i):
        print(" ", end = "")
        j += 1
    for k in range(0, 2 * i - 1):
        if k == 0 or k == 2 * i - 2 or i == rows:
            if i == rows:
                if k % 2 == 0:                           #偶数打印 *,奇数打印空格
                    print(" * ", end = "")
                else:
                    print("   ", end = "")
            else:
                print(" * ", end = "")
        else:
            print("   ", end = "")
        k += 1
    print("\n")
    i += 1
rows = eval(input("输入等边三角形行数:"))
triangle(rows)
```

运行结果为

```
输入等边三角形行数: 5
            *

        *       *

     *             *

   *                 *

 *    *    *    *    *
```

【例 4-62】　使用列表输出杨辉三角。

```
def pascal(rows):
    r = [[1]]
    for i in range(1,rows):
        r.append(list(map(lambda x,y:x+y, [0]+r[-1],r[-1]+[0])))
    return r[:rows]
n = eval(input("n = "))
a = pascal(n)
for i in a:
    print(i)
```

运行结果如图 4-22 所示。

```
n=12
[1]
[1, 1]
[1, 2, 1]
[1, 3, 3, 1]
[1, 4, 6, 4, 1]
[1, 5, 10, 10, 5, 1]
[1, 6, 15, 20, 15, 6, 1]
[1, 7, 21, 35, 35, 21, 7, 1]
[1, 8, 28, 56, 70, 56, 28, 8, 1]
[1, 9, 36, 84, 126, 126, 84, 36, 9, 1]
[1, 10, 45, 120, 210, 252, 210, 120, 45, 10, 1]
[1, 11, 55, 165, 330, 462, 462, 330, 165, 55, 11, 1]
```

图 4-22　杨辉三角

【例 4-63】　编程实现：随机生成两组 6 位数字验证码，每组 1000 个，且每组内不可重复；输出这两组中重复的验证码及重复个数。

```
import random
code1 = []                          #存储验证码列表
code2 = []
count = 0                           #标志出现重复验证码个数
dict = {}
for i in range(1000):               #第1组验证码
    x = ''
    for j in range(6):
        x = x + str(random.randint(0, 9))
    code1.append(x)                 #将生成的数字验证码追加到列表
for i in range(1000):               #第2组验证码
    x = ''
    for j in range(6):
        x = x + str(random.randint(0, 9))
    code2.append(x)                 #将生成的数字验证码追加到列表
for i in range(len(code1)):         #找重复
    for j in range(len(code2)):     #对 code1 和 code2 所有校验码遍历
        if (code1[i] == code2[j]):
            count += 1              #如果存在相同的,则 count 加 1
    if count > 0:
```

```
        dict[code1[i]] = count                    # 重复次数存储在字典
for key in dict:                                   # 输出所有重复的验证码及其个数
    print(key + ":" + str(dict[key]),end = ',')
```

运行结果为

```
915944:1, 333456:1, 497367:1, 978147:1, 150098:1, 817157:1, 724302:1, 958893:1, 542785:1,
816253:1, 136530:1, 818536:1, 622895:1, 211562:1, 577965:1, 893498:1, 975889:1, 771517:1,
792265:1, 862699:1, 037656:1, 764158:1, 185964:1, 338895:1, 790003:1, 886822:1, 808409:1,
352059:1, 912628:1, 516941:1, 508367:1, 798129:1, 633816:1, 167361:1, 666495:1, 178729:1,
667053:1, 284698:1, 622007:1, 284044:1, 855347:1, 393084:1, 415470:1, 578876:1, 976968:1,
944612:1, 702631:1, 272772:1, 554709:1, 408478:1, 077946:1, 158909:1, 688785:1, 056062:1,
566543:1, 016812:1, 767425:1, 128122:1, 496725:1, 431811:1, 776909:1, 480176:1, 070692:1,
166112:1, 004533:1, 249947:1, 435344:1, 962086:1, 368965:1, 380299:1, 200248:1, 058501:1,
299459:1,263251:1,441480:1,566391:1,235894:1,987919:1,242257:1,230333:1...
```

# 4.7 递归应用案例

【例 4-64】 编程实现递归求 $S = 1 + 2 + 3 + \cdots + n$。

```
def sum_n (num):
        if num == 1:                              # 设置 1 为出口
            return 1
        temp = sum_n (num - 1)                     # 假设 sum_n 能够正确处理 1,2,...,num - 1
        return num + temp                          # 两个数字相加
num = eval(input("输入一个数 n = "))
result = sum_n (num)
print("1 + 2 + 3 + ... + n = ",result)
```

运行结果为

```
输入一个数 n = 10
1 + 2 + 3 + ... + n = 55
```

【例 4-65】 已知有一个数列：$1, 4, 9, 22, \cdots, n$。使用递归计算第 $n$ 项的值，编程实现。

```
def fx(num):
    if num == 0:                                  # 设置 1 为出口
        return 1
    elif num == 1:
        return 4
    else:
        return 2 * fx(num - 1) + fx(num - 2)       # 数列规律
num = eval(input("输入一个数 n = "))
result = fx(num)
print("第 n 项的值为:", result)
```

运行结果为

```
输入一个数 n = 5
第 n 项的值为: 128
```

【例 4-66】 使用递归函数输出斐波那契数列,要求每 5 个数换行对齐输出,编程实现。

```
def recur_fibo(n):
    if n <= 1:
        return n
    else:
        return (recur_fibo(n - 1) + recur_fibo(n - 2))
nterms = int(input("您要输出几项? "))
for i in range(nterms):
    print('% 6d'% recur_fibo(i),end = '')
    if i % 5 == 0:
        print('')
```

运行结果为

```
您要输出几项? 20
    0
    1    1    2    3    5
    8   13   21   34   55
   89  144  233  377  610
  987 1597 2584 4181
```

【例 4-67】 有 5 个人坐在一起,问第 5 个人多少岁,他说比第 4 个人大 2 岁;问第 4 个人多少岁,他说比第 3 个人大 2 岁;问第 3 个人多少岁,他说比第 2 人大 2 岁;问第 2 个人多少岁,他说比第 1 个人大 2 岁;最后问第 1 个人,他说是 10 岁。请问第 5 个人多少岁? 使用递归编程实现。

```
def age(n):
    if n == 1:
        return 10
    return 2 + age(n - 1)
print('第 5 个人',age(5),'岁')
```

运行结果为

```
第 5 个人 18 岁
```

【例 4-68】 利用递归函数调用方式,将所输入的 5 个字符以相反顺序打印出来。

```
def rec(string):
    if len(string)!= 1:
        rec(string[1:])
    print(string[0],end = '')

rec(input('输入一个字符串:'))
```

运行结果为

```
输入一个字符串:Python
nohtyP
```

【**例 4-69**】 使用递归方式打印菱形。

```
def draw(num,n):
a = " * " * (2 * (n - num) + 1)
print(a.center(2 * n + 1,' '))
if num!= 1:
    draw(num - 1,n)
    print(a.center(2 * n + 1,' '))
n = eval(input("n = "))
draw(n,n)
```

运行结果如图 4-23 所示。

```
n=6
        *
       ***
      *****
     *******
    *********
   ***********
    *********
     *******
      *****
       ***
        *
```

图 4-23   递归方式打印菱形

# 第 5 章　面向对象程序设计方法

面向对象程序设计是一种以对象作为基本结构的设计方法,所有编程均以对象为核心,其本质是建立模型体现抽象思维的过程,因为模型是用来反映现实世界中事物特征变化规律的一种抽象,即面向对象程序设计方法使用类、封装、继承、多态性模拟现实世界中不同实体间的相互关系,把复杂的行为分解为简单对象模块再归纳到类中。

## 5.1　面向对象程序设计技术

面向对象程序设计技术将程序处理的数据和方法封装为一个整体,称为对象。程序中用对象模型模拟现实中的事物,使得空间模型和问题模型的结构相一致。使用面向对象的方法解决问题的思路更加符合人类一贯的思维方法,因为面向对象可从现实存在的事物出发,通过适当的抽象,使工程问题更加模块化,以实现更低的耦合和更高的内聚。在设计模式上,面向对象可以更好地实现开-闭原则,不仅能提高代码阅读性,编程也更加容易。

### 5.1.1　面向对象描述及应用案例

Python 是完全面向对象的语言,它把一切都视为对象,通过类定义的数据结构实例,对本身已有的静态特征(状态)和动态特征(操作)进行描述。也就是说,它把状态和操作封装于对象体之中,并提供一种访问机制,使对象的"私有数据"仅能由该对象操作执行,用户只能通过允许公开的操作提出要求,查询和修改对象的状态。

Python 变量是对象的一种引用,对象变量包括类变量和实例变量。类变量归类所有,使用时通过类名引用;实例变量归实例所有,引用时加 self. 前缀即可。如果在实例中对类变量赋值,会复制一份为实例变量覆盖类变量,各实例自行修改类变量时,引用到的值都会改变。

【例 5-1】　建立一个 Employee 类,内有 name(姓名)、salary(工资)变量,根据工资计算 tax(纳税额)并输出,在类变量修改后再输出。

```
class Employee:                         ♯定义类
    name = "张三峰"                      ♯定义了类变量 name
    salary = 12000                      ♯定义类变量 salary
    ♯下面定义了一个 Tax()实例方法
```

```
        def Tax(self):                          # 定义类方法实现计算
            if self.salary < 10000:
                tax = self.salary * 0.05
            else:
                tax = self.salary * 0.1
            print(tax)
e1 = Employee()                                 # 建立类对象
print(Employee.name)                            # 调用未修改的类变量
print(Employee.salary)                          # 调用未修改的类变量
print("应该纳税:", end = '')                     # 输出未修改的纳税额
e1.Tax()                                        # 调用类方法实现计算
Employee.name = "李四广"                         # 修改类变量的值
Employee.salary = 8000                          # 修改类变量的值
print(Employee.name)                            # 调用修改后的类变量
print(Employee.salary)                          # 调用修改后的类变量
print("应该纳税:", end = '')                     # 输出修改后的纳税额
e1.Tax()
```

运行结果为

```
张三峰
12000
应该纳税: 1200.0
李四广
8000
应该纳税: 400.0
```

**说明**：类变量为所有实例化对象共有，通过类名修改类变量的值，会影响所有实例化对象。

## 5.1.2 面向对象特征

面向对象具有抽象特征，它把现实世界中的某一类东西提取出来，用程序代码表示，抽象出来的一般叫作类或接口，使用时按照类/接口名加入参数即可，无须关心内部的细节。此外，面向对象编程还具有三大特征：封装、继承和多态。

### 1. 封装

封装是将属性和方法放到类内部，通过对象访问属性或方法，隐藏功能的实现细节，也可以设置访问权限。封装的意义是：

（1）将属性和方法放到一起作为一个整体，然后通过实例化对象来处理；

（2）隐藏内部实现细节，只需要与实现对象及其属性和方法交互；

（3）对类的属性和方法增加访问权限控制。

### 2. 继承

子类需要复用父类的属性或方法，且子类也可以提供自己的属性和方法，称为继承。继承的意义是：

（1）实现代码的重用，相同的代码不需要重复编写；

（2）子类可以在父类功能上进行重写,扩展类的功能。

当已经创建了一个类,需要创建一个与之相似的类时,通过添加/删除/修改其中的几个方法,可以从原来的类中派生出一个新类,把原来的类称为父类或基类,而派生出的类称为子类或派生类,子类继承了父类的所有数据和方法。

### 3. 多态

多态指在父类中定义的属性和方法被子类继承之后,可以具有不同的数据类型或表现出不同的行为,这使得同一个属性或方法在父类及其各子类中具有不同的含义。使用时根据参数列表的不同,区分不同的方法调用。

多态的实现方法如下。

（1）定义一个父类。

（2）定义多个子类,并重写父类的方法。

（3）传递子类对象给调用者,不同子类对象能产生不同执行效果。

## 5.2　类的概念及基本使用

具有相同特征的对象称为类(Class),每个类包含多个对象,它是对现实世界的抽象。

### 5.2.1　类的描述

类是用来描述具有相同属性和方法对象的集合,它定义了该集合中每个对象所共有的属性和方法。对象是类的实例。类以共同特性和操作定义实体,类也是用于组合各对象所共有操作和属性的一种机制。

例如,人类,从性别可分为男人、女人;从职业可分为工人、农民、军人、医务人员、教师、学生等;从年龄可分为少年、青年、中年和老年等;从外观看,均有一个鼻子和两只眼睛;从行为上描述,都有呼吸,都能摄取食物以补充能量,都能排出废物,都能对外界刺激作出反应,都能产生繁殖后代,等等。

再如,交通类,可分为汽车、火车、飞机、轮船、自行车等,外观共性是都有轮子,行为共性是均可承载重量,都是交通工具。

### 5.2.2　类和对象的区别

类和对象(Object)可简单理解为:类是对具有共同属性和行为对象的抽象描述,对象则是具体存在的事物。类是对象的模板(Template),对象是类的一个实例(Instance),或对象是具有具体属性和行为的实体,它们的关系如图5-1所示。

对动物类的实例化是对每个对象(动物)信息的实例化,包括名称、大小、颜色、几条腿等。对交通类对象(汽车)信息的实例化包括品牌、颜色、型号、重量、体积及油耗等各种参数。

类和对象的描述如图 5-2 所示。

图 5-1　类和对象的关系

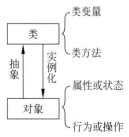

图 5-2　类和对象的描述

类包括类变量和类方法(方法也称为函数),它们用于处理类及实例对象的相关数据,其中,以双下画线"__"开头和结尾的类变量和方法都称为类的特殊成员。例如,类的__init__()方法是对象的构造函数,负责在对象初始化时进行一系列的构建操作,包括对象创建、连接数据库、连接 FTP 服务器、进行 API 验证等操作。

对象具有属性和方法,属性是对象的特征,是包含对象变量的信息(数字、字符串等);方法是完成某个特定任务的代码块,也称为对象函数,包括传递参数和返回值。在类的声明中,属性是用变量表示的,该变量称为实例变量,它在类的内部进行声明。动物类的不同对象,用不同名称(变量)、特征(属性)和行为(方法)进行描述。

## 5.2.3　对象属性、类方法、类变量及应用案例

Python 的对象属性有一套统一的管理方案,property 是一种特殊的属性,访问它时会执行一段功能(函数)进行一系列的逻辑计算,最终将计算结果返回。类方法和类变量是类中的函数和变量。

### 1. Python 对象属性

(1) 使用@property 装饰器操作类属性。装饰器可以实现获取、设置、删除隐藏的属性,通过装饰器可以对属性的取值和赋值加以控制,提高代码的稳定性。

(2) 使用类或实例直接操作类属性(如 obj. name、obj. age=18、del obj. age)。

(3) 使用 Python 内置函数操作属性。

### 2. 类的方法(函数)

在类中定义的方法可以分为公有方法、私有方法两大类。公有方法和私有方法一般指属于对象的实例方法,私有方法的名字以双下画线开始,它不能在类外部被使用或直接访问。

在类的内部,使用 def 关键字定义一个方法,与一般函数定义不同,类方法必须包含参数 self,且为第 1 个参数,self 代表的是类的实例。self 的名字也可以使用 this 替代,但最好还是按照约定用 self 命名,类的私有方法一般以大写字母开头,模块一般用小写加下画线的方式命名。一般在类中定义的变量为全局变量,在方法中定义的变量为局部变量,只作用于

当前实例的类。

### 3. 类中的私有变量

双下画线私有变量只能在类的内部访问,在类中调用时加上类方法：@classmethod。

【例 5-2】　私有变量的使用。

```
class Object1:                          # 定义类
    def __init__(self,name):            # 定义类的初始化方法
        self.name = name
    def prin(self):                     # 定义类方法
        print(self.name)
    __age = 20                          # 私有变量只能在类的内部访问
    @classmethod                        # 调用类方法
    def pri(cls):                       # 定义类方法实现输出
        print(cls.__age)
        # 然后再使用
a = Object1('张三')                     # 建立类对象
a.prin()                                # 调用类方法
Object1.pri()                           # 通过这样直接调用类中的私有变量
```

运行结果为

```
张三
20
```

## 5.2.4　类的定义及应用案例

在使用类时,需要先定义,然后再创建类的实例对象,常用方法是通过类的实例对象访问类中的属性和方法。

### 1. 类定义的结构

类定义的结构如下。

```
class 类名 (基类):
    使用构造函数初始化类变量
    def 函数名 1(self, 参数类别):
        初始化
    def 函数名 2(self,参数类别):
        初始化
```

例如:

```
import time
class Person:                           # 定义一个类,名为 Person
    def __init__(self,name):            # 构造函数初始化类变量 name
        self.name = name                # 初始化变量,方便继承
    def runx(self):                     # 定义运行函数,从上面继承变量
        print(self.name)
        # 打印 name 的值,或者做一些别的处理
        time.sleep(1)
a = Person('张三')                      # 实例化变量
a.runx()                                # 调用
```

### 2. 标准输出流 stdout 的使用

sys 模块下的 sys. stdout 对象称为标准输出流,它可以将一个文本信息输出到屏幕上。使用该方法输出时,需要导入 sys 模块,例如:

```
import sys
a = "Apple"
sys.stdout.write(a)
```

运行结果为

```
Apple
```

**说明:**

(1) stdout 与 print()函数不同,它不会自动追加换行符,也不会自动插入分隔符。sys. stdout. write('hello'+'\n')等价于 print('hello')。

(2) 只接收字符串类型的参数,如果要输出数字,需要使用 str( )函数转换,如 sys. stdout. write(str(123.456)+'\n')。

一个 stdout 的示例如下。

```
import sys
a = "Apple"
sys.stdout.write(a + '\n')
sys.stdout.write('文本居中输出'.center(30, ' = '))
sys.stdout.write('\n' + str(123.456) + '\n')
sys.stdout.write(str(123.456) + '\n')
```

运行结果为

```
Apple
============ 文本居中输出 ============
123.456
123.456
```

### 3. __init__()函数的使用

类中的__init__()函数是类的构造函数,为系统进行初始化。

**【例 5-3】** __init__()函数的使用。

```
class Person:                                    #定义 Person 类
    def __init__(self,name):                     #定义初始化方法
        self.name = name
        self.sex = '男'
        self.age = 18
obj = Person('张三')                             #通过类对象 obj 自动执行类中的__init__()方法
print('姓名:',obj.name, '性别:',obj.sex,'年龄:',obj.age)        #输出
```

运行结果为

```
姓名: 张三   性别: 男   年龄: 18
```

也可写成

```
class Person:
    def __init__(self, name, sex, age):
        self.name = name
        self.sex = sex
        self.age = age
    def g1(self):                              #定义类方法
        return "姓名:{},性别:{},年龄:{}".format(self.name, self.sex, self.age)
p1 = Person("张三", "男", 18)
print(p1.g1())
```

运行结果为

姓名:张三,性别:男,年龄:18

**说明**：两种方法均实现了构造函数的初始化。

**4. 嵌套类的格式及应用案例**

1）嵌套类格式

```
class 样例类名(object):                         #开始
    pass
    class 外部类名(object):
    class 内部类名(object):
        pass
        class 子类名(父类名):
        """已显式从父类继承"""
class 样例类名                                   #结束
    pass
    class 外部类名
    class 内部类名
        pass
```

2）嵌套类应用案例

**【例 5-4】**　嵌套类的使用。

```
class C:                                      #定义类
    class A:                                  #A类嵌套在C类中
        def __init__(self):
            self.a = '我是A类变量'              #初始化A类变量
            print(self.a)

    class B(A):                               #B类嵌套在C类中且继承A类
        def __init__(self):
            self.b = '我是B类变量'              #初始化B类变量
            self.a = '在B类中给A类变量赋值'      #初始化B类变量
            print(self.b,self.a)
    c1 = A()                                  #调用A类
    c2 = B()                                  #调用B类
    print(c1.a,c2.a,c2.b)                     #输出A类和B类中的变量
```

```
c3 = C()                              # 调用 C 类
c4 = c3.A();c5 = c3.B()               # 使用 C 类调用 A 类和 B 类的输出方法
print(c5.a,c5.b)                      # 输出嵌套类方法
```

运行结果为

```
我是 A 类变量
我是 B 类变量 在 B 类中给 A 类变量赋值
我是 A 类变量 在 B 类中给 A 类变量赋值 我是 B 类变量
我是 A 类变量
我是 B 类变量 在 B 类中给 A 类变量赋值
在 B 类中给 A 类变量赋值 我是 B 类变量
```

## 5.3　类的方法及调用方式

Python 类中有实例化方法、静态方法和类方法 3 种,其中类方法、静态方法都可以被类和类实例调用,实例化方法仅可以被类实例调用。类方法的隐含调用参数是类,而类实例方法的隐含调用参数是类的实例,静态方法没有隐含调用参数。

### 5.3.1　实例化方法调用及应用案例

实例化方法是通过实例对象进行调用,方法是先将类赋值给实例对象,通过实例对象调用类中的方法。

【例 5-5】　实例化方法的调用。

```
class dd:
    def __init__(self,name,url):          # 建立 dd 类
        self.name = name                  # 初始化类变量
        self.url = url
    def runx(self):                       # 建立类方法实现输出
        print(self.name)
        print(self.url)
a = dd('深圳北理莫斯科大学:','http://www.smbu.edu.cn')  # 实例化对象
a.runx()                                  # 实例调用
```

运行结果为

```
深圳北理莫斯科大学:
http://www.smbu.edu.cn
```

### 5.3.2　静态方法调用及应用案例

静态方法是类中的函数,不需要实例,即静态方法是不需要实例化就可以由类执行的方法。静态方法和类本身没有交互,即在静态方法中,不会涉及类中的方法和属性的操作,可以理解为将静态方法保存在此类的名称空间中。因此,若有一个方法实现的功能比较独立,就可以使用静态方法实现。Python 引入静态方法的步骤如下。

（1）通过@staticmethod 装饰器定义静态方法。

（2）@staticmethod 必须写在方法上。

（3）静态方法的调用格式为"类名.静态方法名(参数列表)"，在静态方法中访问实例属性和实例方法会导致错误。

【例 5-6】 使用静态方法计算年龄。

```
class Person:                             #定义类
    country = "中国"                      #类变量赋初始值
    city = "深圳"
    count = 0
    def __init__(self,name,prof):         #类初始化方法
        self.name = name
        self.prof = prof
        Person.count = Person.count + 1
    @staticmethod
    def add(a,b):                         #类方法实现计算
        print("这是第 {} 人".format(Person.count))
        print("{0} + {1} = {2}".format(a,b,a + b))
        return a + b
    def prt(self):                        #类方法实现格式输出
        print("姓名:{0},职业:{1}".format(self.name,self.prof))
print("我的国籍是{},目前在{}".format(Person.country,Person.city))
p1 = Person("刘威达","教师")
p1.prt()
print("即:30 岁的我,5 年后年龄是:",Person.add(30,5))
p2 = Person("何丽丽","学生")
p2.prt()
print("即:21 岁的我,5 年后年龄是:",Person.add(21,5))
```

运行结果为

```
我的国籍是中国,目前在深圳
姓名:刘威达,职业:教师
这是第 1 人
30 + 5 = 35
即:30 岁的我,5 年后年龄是: 35
姓名:何丽丽,职业:学生
这是第 2 人
21 + 5 = 26
即:21 岁的我,5 年后年龄是: 26
```

## 5.3.3　类方法调用及应用案例

类方法是将类本身作为对象进行操作的方法，它和静态方法的区别在于：不管是从实例调用还是从类调用，类方法都用第 1 个参数把类传递过来。类方法需要一个关键词@classmethod 来装饰，它可以通过实例对象和类对象进行调用，其调用在实例对象初始化之前进行，若需要在初始化前做一些工作，可以考虑使用类方法。

【例 5-7】 使用类方法计算年龄。

```
from datetime import date
class Student(object):                                    #定义 Student 类
  def __init__(self, name, age):                          #初始化
    self.name = name
    self.age = age
  @classmethod                                            #定义类方法
  def birth(cls, name, birth_year):                       #类方法的形参为姓名和生日年份
    return cls(name, date.today().year - birth_year)      #返回年龄值
  def prt(self):                                          #输出方法
    print("姓名:{0},年龄:{1}".format(self.name, self.age))
student1 = Student("王五常", 20)                            #实例化 1
student2 = Student.birth("李三朵", 2001)                    #实例化 2
student1.prt()
student2.prt()
```

运行结果为

```
姓名:王五常,年龄:20
姓名:李三朵,年龄:21
```

## 5.3.4　类变量及应用案例

在类中可以使用类名或类对象名重新赋值,其输出结果及顺序如下。

```
class Test:                              #创建类
    action = '我在类中'                   #在类中直接赋值
print ("1", Test.action)                 #输出类初始值
t = Test()                               #建立类对象调用
print("2", t.action)                     #使用类对象输出类对象值
Test.action = '类值变化了'                 #引用类名重新赋值覆盖了原类对象值
print("3", Test.action)                  #使用类名输出类对象值
print("4", t.action)                     #使用类对象输出类对象值
t.action = '又重新赋值啦'                   #引用类对象重新赋值
print("5", Test.action)                  #使用类名输出类对象值
print("6", t.action)                     #使用类对象输出类对象值
```

运行结果为

```
1 我在类中
2 我在类中
3 类值变化了
4 类值变化了
5 类值变化了
6 又重新赋值啦
```

## 5.3.5　使用 self 参数维护对象状态及应用案例

【例 5-8】 使用类方法编写简单计算器。

```
class calculate(object):                 #定义类
```

```
    def __init__(self,x,y):              ♯初始化变量
        self.x = x
        self.y = y
        self.result = 0                   ♯保存结果的变量
    def add(self,x,y):                    ♯加法运算方法
        self.result = x + y
    def sub(self,x,y):                    ♯减法运算方法
        self.result = x − y
    def mul(self,x,y):                    ♯乘法运算方法
        self.result = x * y
    def div(self,x,y):                    ♯除法运算方法
        self.result = x/y
s = calculate()                           ♯类实例化
s.add(5,8)                                ♯实例调用
print(s.result)
s.sub(5,8)
print(s.result)
s.mul(5,8)
print(s.result)
s.div(5,8)
print(s.result)
```

运行结果为

```
13
 − 3
40
0.625
```

## 5.3.6 __del__(self)与__str__(self)结构应用案例

Python 中__str__用于 class 类中,在主函数中使用 print()函数打印一个实例时会运行该函数;__del__也用于 class 类中,在该实例被删除时运行。

【例 5-9】 __del__(self)与__str__(self)的使用。

```
class Cat:                               ♯定义类
    def __init__(self, new_name):
        self.name = new_name
        print('%s 来了' % self.name)
    def __del__(self):
        print('%s 走了' % self.name)
    def __str__(self):
        return '我是 %s' % self.name
if __name__ == '__main__':
    hua = Cat('小花花')
    print(hua)                            ♯自动执行__str__()方法
    meng = Cat('小萌萌')
    print(meng)
    del(hua)                              ♯自动执行__del__()方法
    print('测试程序完成啦')
```

运行结果为

```
小花花 来了
我是 小花花
小萌萌 来了
我是 小萌萌
小花花 走了
测试程序完成啦
小萌萌 走了
```

# 5.4 类调用案例

【例 5-10】 类的常规使用。

```
class House:
    purpose = '存储地址:'
    region = '属于中国西部地区'
w1 = House()
print(w1.purpose, w1.region)
w2 = House()
w2.region = '属于中国东部地区'
print(w2.purpose, w2.region)
```

运行结果为

```
存储地址:属于中国西部地区
存储地址:属于中国东部地区
```

【例 5-11】 定义一个动物类,添加两个类方法,输出各自的特征。

```
class Animal:                                      #定义类
    def __init__(self,color,weight,legs,mouth):    #初始化类参数
        self.color = color
        self.weight = weight
        self.legs = legs
        self.mouth = mouth
    def cat(self,name):                            #类方法1
        self.name = name        #实例变量:定义在方法中的变量,只作用于当前实例的类
        print('我是',name)
        print("我的任务是讨主人喜欢!")
    def hen(self,name):                            #类方法2
        self.name = name        #实例变量:定义在方法中的变量,只作用于当前实例的类
        print('我是',name)
        print("我的任务是给主人产蛋!")
    def __str__(self):                             #print()函数自动调用格式
        return '我的颜色是:%s,重量是:%.2f 千克,有:%d 只脚,嘴巴会 %s'% (self.color,
self.weight,self.legs, self.mouth)
t1 = Animal('黄色',2.2,4,'叫')                      #类的实例化1
t1.cat("波斯猫")
```

```
print(t1)
t2 = Animal('黑色',1.5,2,'叫')          #类的实例化 2
t2.hen("小黑")
print(t2)
```

运行结果为

```
我是 波斯猫
我的任务是讨主人喜欢!
我的颜色是:黄色,重量是:2.20 千克,有:4 只脚,嘴巴会 叫
我是 小黑
我的任务是给主人产蛋!
我的颜色是:黑色,重量是:1.50 千克,有:2 只脚,嘴巴会 叫
```

【例 5-12】　self 的使用(1)。

```
class People(object):
    def __init__(self,name,age,gender, money):          #初始化方法
        self.name = name
        self.age = age
        self.gender = gender
        self.money = money
    def play(self):                                      #创建类方法
        print("使用 Python 编写代码中")
p1 = People('用户 1', 30, '女', 10000)                    #实例对象
print("用户名:%s,年龄:%d,性别:%s,工资:%d" % (p1.name, p1.age, p1.gender,p1.money))
                                                         #输出
p1.play()
```

运行结果为

```
用户名:用户 1,年龄:30,性别:女,工资:10000
使用 Python 编写代码中
```

【例 5-13】　已知:张三,女,体重 55 千克,喜欢跑步,每次跑步体重减少 1 千克;李四,男,体重 75 千克,喜欢打羽毛球,每次打球体重减少 0.5 千克。编写类方法实现。

```
class Person:
    def __init__(self, name,sex,weight):
        self.name = name
        self.sex = sex
        self.weight = weight
    def __str__(self):
        return '我的名字叫%s,性别是 %s,体重现在是%.1f'%(self.name, self.sex,self.weight)
    def run(self):
        print('%s 喜欢跑步' % self.name)
        self.weight -= 1
    def ball(self):
        print('%s 喜欢打羽毛球'% self.name)
        self.weight -= 0.5
xx = Person('张三','女',55)
```

```
xm = Person('李四','男',75.5)
xx.run()
xm.ball()
print(xx)
print(xm)
```

运行结果为

```
张三 喜欢跑步
李四 喜欢打羽毛球
我的名字叫张三,性别是 女,体重现在是 54.0
我的名字叫李四,性别是 男,体重现在是 75.0
```

【例 5-14】 self 的使用(2)。

```
class People(object):                        #创建一个 People 类
    def __init__(self,name,age,gender):
        self.name = name
        self.age = age
        self.gender = gender
    def gohome(self):                        #类方法 1
        print("{},{},{}放学回家".format(self.name,self.age,self.gender))
    def travel(self):                        #类方法 2
        print("{},{},{}和家人开车去旅游".format(self.name,self.age,self.gender))
    def work(self):                          #类方法 3
        print("{},{},{}大学毕业准备去工作".format(self.name,self.age,self.gender))
Liuming = People("刘明",18,"男")               #实例对象
zhangfan = People("张帆",22,"男")
Lisisi = People("李思思",10,"女")
Liuming.travel()                             #调用
zhangfan.work()
Lisisi.gohome()
```

运行结果为

```
刘明,18,男,和家人开车去旅游
张帆,22,男,大学毕业准备去工作
李思思,10,女,放学回家
```

【例 5-15】 使用 append()函数添加属性。

```
class Dog:
    def __init__(self, name):
        self.name = name
        self.tricks = []                     #为 Dog 类创建一个空列表
    def add_trick(self, trick):
        self.tricks.append(trick)
d = Dog('泰迪')
e = Dog('松狮')
d.add_trick('在翻跟头')
e.add_trick('在玩球')
print(d.name,d.tricks)
print(e.name,e.tricks)
```

运行结果为

```
泰迪 ['在翻跟头']
松狮 ['在玩球']
```

【例 5-16】 类变量与实例变量的使用。

```
class A:                               #定义 A 类
    object_a = 1                       #定义类变量
    def __init__(self, x, y):          #x 和 y 是实例变量
        self.x = x
        self.y = y
if __name__ == '__main__':
    print(A.object_a)                  #输出类变量
    a = A(2, 3)
    print(a.x, a.y, a.object_a)        #输出实例变量和类变量
    A.object_a = 10                    #在实例中对类变量重新赋值
    print(a.object_a, A.object_a)      #输出修改后的值
```

运行结果为

```
1
2 3 1
10 10
```

【例 5-17】 定义一个 Home 类,其中摆放的家具有床(占 6m$^2$)、衣柜(占 4m$^2$)、写字台(占 3m$^2$),将 3 件家具添加到两居室房子中,要求输出户型、总面积、剩余面积、家具名称列表。

```
class Home:
    def __init__(self, name, area):
        self.name = name
        self.area = area
    def __str__(self):
        return '[%s] 占地 %.2f' % (self.name, self.area)
class House:
    def __init__(self, house_type, area):
        self.house_type = house_type
        self.area = area
        self.free_area = area
        self.item_list = []
    def __str__(self):
        return '户型:%s\n总面积:%.2f[剩余:%.2f]\n家具:%s' % (self.house_type, self.
area, self.free_area, self.item_list)
    def add_item(self, item):
        print('要添加 %s' % item)
        if item.area > self.free_area:
            print('%s 的面积太大了,无法添加' % item.name)
            return
        self.item_list.append(item.name)
```

```
            self.free_area -= item.area
bed = Home('床', 6)
print(bed)
chest = Home('衣柜', 4)
print(chest)
table = Home('写字台', 3)
print(table)
my_home = House('两居室', 60)
my_home.add_item(bed)
my_home.add_item(chest)
my_home.add_item(table)
print(my_home)
```

运行结果为

```
[床] 占地 6.00
[衣柜] 占地 4.00
[写字台] 占地 3.00
要添加 [床] 占地 6.00
要添加 [衣柜] 占地 4.00
要添加 [写字台] 占地 3.00
户型:两居室
总面积:60.00[剩余:47.00]
家具:['床', '衣柜', '写字台']
```

【例 5-18】 建立一个学生成绩管理系统,内有 4 个菜单,通过选择菜单完成相应的操作。

```
class Student(object):
    def __init__(self, name, num, score, cname):
        self.name = name
        self.num = num
        self.score = score
        self.cname = cname
    def __str__(self):
        return "姓名:%s, 学号: %s 成绩: %d 课程名: %s " % (self.name, self.num, self.
score, self.cname)
class StudentManage(object):
    Stu = []
    def start(self):
        self.Stu.append(Student('张三', '2022101', 100, "Python 程序设计"))
        self.Stu.append(Student('李四', '2022102', 82, "Python 程序设计"))
        self.Stu.append(Student('王五', '2022103', 91, "Python 程序设计"))
        self.Stu.append(Student('赵六', '2022103', 81, "Python 程序设计"))
    def menu(self):
        self.start()
        while True:
            print("""\t\t\t\t ***********************
                学生成绩管理系统
                    1. 成绩查询
```

```
                    2. 增加记录
                    3. 删除记录
                    4. 退出
                    ************************ """)
            choice = input("请选择:")
            if choice == '1':
                num = input("学号:")
                self.checkStu(num)
            elif choice == '2':
                self.addStu()
            elif choice == '3':
                self.delstu()
            elif choice == '4':
                return
            else:
                print("请输入正确的选择!")
    def addStu(self):
        num = input("学号:")
        self.Stu.append(Student(input("姓名:"),num,eval(input("成绩:")), input("课程名称")))
        print("添加学生学号 %s 成功!" % (num))
        for i in range(len(self.Stu)):
            print(self.Stu[i].name,self.Stu[i].num,self.Stu[i].score,self.Stu[i].cname)
    def delstu(self):
        num = input("输入删除的学号:")
        ret = self.checkStu(num)
        if ret != None:
            #self.Stu.pop()
            self.Stu.remove(num)
            print("删除 %s 成功" % (num))
        else:
            print("该学号 %s 不存在!" % (num))
    def checkStu(self,num):
        for Student in self.Stu:
            if Student.num == num:
                print(Student.num,Student.name,Student.score,Student.cname)
                return Student
        else:
            return None
StudentManage = StudentManage()
StudentManage.menu()
```

运行结果为

```
************************
学生成绩管理系统
  1. 成绩查询
  2. 增加记录
  3. 删除记录
  4. 退出
************************
```

```
请选择:1
学号: 2022101
2022101 张三 100 Python 程序设计
           ************************
               学生成绩管理系统
               1. 成绩查询
               2. 增加记录
               3. 删除记录
               4. 退出
           ************************
请选择:2
学号: 2022108
姓名:合适
成绩:99
课程名称 Python 程序设计
添加学生学号 2022108 成功!
张三 2022101 100 Python 程序设计
李四 2022102 82 Python 程序设计
王五 2022103 91 Python 程序设计
赵六 2022103 81 Python 程序设计
合适 2022108 99 Python 程序设计
           ************************
               学生成绩管理系统
               1. 成绩查询
               2. 增加记录
               3. 删除记录
               4. 退出
           ************************
请选择:3
输入删除的学号:2022103
删除 2022103 成功
```

## 5.5  类的封装、继承和多态

封装机制保证了类内部数据结构的完整性,使用户无法看到类中的数据结构,避免了外部对内部数据的影响,提高了程序的可维护性。继承是一种层次模型,对象的新类可从现有类派生,这个过程称为类的继承。新类继承原类的属性,新类称为原类的派生类(子类),原类称为新类的基类(父类),它是允许类重用的一种方法。多态允许不同类的对象响应相同的消息。多态使程序更具灵活性、抽象性,它较好地解决了应用程序中函数、变量的同名问题。

### 5.5.1  封装及应用案例

封装使用户只能借助类方法访问数据,避免用户对类中属性或方法的不合理操作。对类进行封装还可提高代码的复用性。

【**例 5-19**】　计算三角形面积,对外界来说不需要知道中间的计算过程,把这些对外界无关紧要的内容封装起来,只需要输入名称,如"三角形",以及 3 条边长度,即可得到面积。

```
import math
class triangle:
    def __init__(self,name,a,b,c):
        self.name = name                    #名称
        self.__a = a                        #a,b,c 为三角形边长
        self.__b = b
        self.__c = c
    @property
    def area (self):                        #对外提供的接口,封装了内部实现
        s = (self.__a + self.__b + self.__c)/2
        return math.sqrt(s * (s - self.__a) * (s - self.__b) * (s - self.__c))
S1 = triangle("三角形",3,4,5)               #加入三角形 3 条边
print(S1.name,S1.area)                      #通过接口调用 area()函数,得到三角形面积
```

运行结果为

```
三角形 6.0
```

**说明**：@property 是 Python 的一种装饰器,用来修饰方法。使用@property 装饰器创建只读属性,@property 装饰器会将方法转换为相同名称的只读属性,可以与所定义的属性配合使用,这样可以防止属性被修改。

【**例 5-20**】　在 School 类中,对学校名称长度小于 4 和地址开头不包含 http:// 的输入进行检验,这些判断封装到类方法中。

```
class School:
    def webset(self, name):
        if len(name) < 4:
            raise ValueError('名称长度必须大于 4!')
        self.__name = name
    def getname(self):
        return self.__name                  #定义私有属性,封装属性 name
    name = property(getname, webset)
    def setadd(self, add):
        if add.startswith("http://"):
            self.__add = add
        else:
            raise ValueError('地址必须以 http:// 开头')
    def getadd(self):
        return self.__add                   #定义私有属性,封装 add
    add = property(getadd, setadd)
    def __display(self):                    #定义私有方法
        print(self.__name, self.__add)
sch = School()
sch.name = input("输入学校的名称:")
sch.add = input("输入学校的网址:")
```

```
print(sch.name)
print(sch.add)
```

运行结果如下。

（1）输入学校名称长度小于 4。

```
输入学校的名称:北京
Traceback (most recent call last):
  File "F:\tools\PythonProject\test1.py", line 22, in < module >
    sch.name = input("输入学校的名称:")
  File "F:\tools\PythonProject\test1.py", line 4, in university
    raise ValueError('名称长度必须大于 4!')
ValueError: 名称长度必须大于 4!
```

（2）输入网址未以"http://"开头。

```
输入学校的名称:北京大学
输入学校的网址:beijing
Traceback (most recent call last):
  File "F:\tools\PythonProject\test1.py", line 23, in < module >
    sch.add = input("输入学校的网址:")
  File "F:\tools\PythonProject\test1.py", line 14, in website
    raise ValueError('地址必须以 http:// 开头')
ValueError: 地址必须以 http:// 开头
```

（3）输入正确显示结果。

```
输入学校的名称: 深圳北理莫斯科大学
输入学校的网址: http://www.smbu.edu.cn
深圳北理莫斯科大学
http://www.smbu.edu.cn
```

**说明:**

（1）将对学校名称长度小于 4 或地址未以"http://"开头的输入判断封装到了类方法中。

（2）School 类中将 name 和 add 属性都隐藏起来,通过 webset()方法判断 name 的长度,调用 startswith()方法(见 3.2.1 节),控制用户输入的地址必须以"http://"开头,否则程序将会抛出异常。

（3）通过对 webset()和 setadd()方法进行适当的设计,可以避免用户对类中属性不合理操作,从而提高了类的可维护性和安全性。

## 5.5.2 继承及应用案例

继承的作用是实现代码重用,相同的代码不用重复编写。

### 1. 继承的描述

子类(派生类)拥有父类(基类)的所有方法和属性,即一个派生类(Derived Class)继承基类(Base Class)的字段和方法。继承也允许把一个派生类的对象作为一个基类对象对待。

例如,Dog 类的对象派生自 Animal 类,Student 类的对象派生自 Person 类,它们都继承 Object 类。继承的表示如图 5-3 所示。

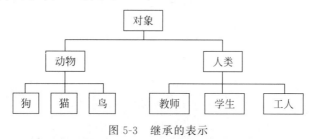

图 5-3　继承的表示

Python 完全支持继承、重载、派生、多重继承,有益于增强源代码的复用性。

**2．继承的特点**

(1) 在继承中基类的构造函数(__init__()方法)不会被自动调用,它需要在其派生类的构造函数中专门调用。

(2) 在调用基类的方法时,需要加上基类的类名前缀,且需要带上 self 参数变量。在类中调用普通函数时并不需要带上 self 参数。

(3) Python 总是首先查找对应类型的方法,如果系统不能在派生类中找到对应的方法,才开始到基类中逐个查找。也就是说,系统顺序是先在本类中查找调用的方法,如果找不到才去基类中查找。

(4) 如果一个类不继承其他类,就显式地从 Object 类(基类)继承。嵌套类也一样。

**3．继承类定义**

继承类的语法格式为

```
class 继承类名(基类名):
    <语句 1>
    <语句 2>
    …
    <语句 N>
```

其中,基类名必须定义于包含派生类定义的作用域中,也允许用其他任意表达式代替基类名称所在的位置。当基类定义在另一个模块中时,方法是

```
class 派生类名称(方法名. 基类名):
```

派生类定义的执行过程与基类相同。当构造类对象时,基类会被记住。此信息将被用来解析属性引用:如果请求的属性在类中找不到,搜索将转往基类中进行查找。如果基类本身也派生自其他某个类,则此规则将被递归地应用。

派生类名是创建该类的一个新实例。派生类可能会重写其基类的方法,所以调用同一基类中定义的另一个基类方法,最终可能会调用覆盖它的派生类方法。在派生类中的重载方法是使用父类的同名方法扩展内容。

直接调用基类方法,语法格式为

```
基类名.方法名(self, 数值序列)
```

仅当此基类在全局作用域中以基类的名称被访问时方可使用此方式。

### 4. 父类与子类的关系

子类与父类对象是继承关系,判断对象之间的关系,可以通过 isinstance(变量,类型)函数进行判断。例如:

```
class Person(object):
    pass
class Student(Person):
    pass
per1 = Person()
per2 = Student()
```

其中,子类(Student)与父类(Person)的关系是 is 的关系,即 Student 继承于 Person 类,则 per1 是 Person 类的实例,但它不是 Student 类的实例;per2 是 Person 类的实例,per2 也是 Student 类的实例。

判断方法为

```
print("per1 is Person",isinstance(per1,Person))
print("per1 is Student",isinstance(per1,Student))
print("per2 is Person",isinstance(per2,Person))
print("per2 is Student",isinstance(per2,Student))
```

运行结果为

```
per1 is Person True
per1 is Student False
per2 is Person True
per2 is Student True
```

### 5. 继承调用规则

【例 5-21】 父类和子类的调用顺序。

```
class Parent:                              #定义父类
    parentAttr = 100                       #父类变量
    def __init__(self):                    #父类初始化
        print("调用父类构造函数")
    def parentMethod(self):                #父类方法
        print('调用父类方法')
    def setAttr(self, attr):
        Parent.parentAttr = attr
    def getAttr(self):
        print("父类属性 :", Parent.parentAttr)
class Child(Parent):                       #定义子类
    def __init__(self):                    #子类初始化
        print("调用子类构造方法")
    def childMethod(self):                 #子类方法
        print('调用子类方法')
c = Child()                                #实例化子类
```

```
c.childMethod()          ♯调用子类的方法
c.parentMethod()         ♯调用父类方法
c.setAttr(200)           ♯再次调用父类的方法,设置属性值
c.getAttr()              ♯再次调用父类的方法,获取属性值
```

运行结果为

```
调用子类构造方法
调用子类方法
调用父类方法
父类属性:200
```

#### 6. 继承的应用案例

Python 中常使用 super()函数继承父类的函数,它是一个内置函数,用于调用父类中的方法,语法格式为

```
super(类型[, self])
```

self 会首先调用自己的方法或属性,当自身没有目标属性或方法时,再去父类中寻找;super()函数会直接去父类中寻找目标属性或方法,多用来处理多重继承问题中直接用类名调用父类方法时的查找顺序问题。

【例 5-22】　继承的简单应用。

```
class Father(object):
    def __init__(self,profession):
        profession = '教师'
        print(profession)
class Son(Father):
    def __init__(self):
        print('儿子职业是:')
        super().__init__(self)
a = Son()
```

运行结果为

```
儿子职业是:
教师
```

【例 5-23】　继承函数的使用。

```
class Animal(object):
  def run(self):
    print('动物正在跑呢...')
class Dog(Animal):
    print('这只狗正在跑呢...')
class Cat(Animal):
    print('这只猫正在跑呢...')
dog = Dog()
dog.run()
cat = Cat()
cat.run()
```

运行结果为

```
这只狗正在跑呢…
这只猫正在跑呢…
动物正在跑呢…
动物正在跑呢…
```

**说明**：继承的好处是子类获得了父类的全部功能。由于 Animal 类实现了 run()方法，因此，Dog 和 Cat 类自动拥有了 run()方法。

【**例 5-24**】 对例 5-23 进行修改，当子类和父类都存在相同的 run()方法时，子类的 run()方法覆盖了父类的 run()方法，代码运行时，总是会调用子类的 run()方法。

```python
class Animal(object):
  def run(self):
    print('动物正在跑呢…')
class Dog(Animal):
  def run(self):
    print('狗在快速追赶呢…')
  print('这只狗正在跑呢…')
class Cat(Animal):
  def run(self):
    print('猫在快速逃跑呢…')
  print('这只猫正在跑呢…')
dog = Dog()
dog.run()
cat = Cat()
cat.run()
```

运行结果为

```
这只狗正在跑呢…
这只猫正在跑呢…
狗在快速追赶呢…
猫在快速逃跑呢…
```

【**例 5-25**】 使用父类与子类的继承。

```python
class Person(object):
    def __init__(self, name, gender):
        self.name = name
        self.gender = gender
        print(self.name, self.gender)
class Student(Person):
    def __init__(self, name, gender, score):
        super(Student, self).__init__(name, gender)
        self.score = score
        print(self.name, self.gender, self.score)
stu = Student('张三,','男,',85)
```

运行结果为

```
张三,男,
张三,男,85
```

Student 类需要有 name 和 gender 属性,若 Person 类中有该属性,直接继承即可。另外,需要新增 score 属性,继承类时一定要使用 super(子类名,self).\_\_init\_\_(子类需要继承父类的参数)初始化父类,否则继承父类的子类将没有 name 和 gender 属性。当调用父类时,即

```
super(子类名,self)
```

将返回当前类继承的父类。然后再调用\_\_init\_\_()方法。此时\_\_init\_\_()方法已经不需再传入 self 参数,在 super()函数中已经传入。

### 7. 父类与子类的类型及应用案例

子类类型可以向上转型看作父类类型(子类是父类);父类类型不可以向下转型看作子类类型,因为子类类型多了一些自己的属性和方法。

【例 5-26】 父类和子类的使用。

```
class Person(object):
    def __init__(self, name, gender):
        self.name = name
        self.gender = gender
class Student(Person):
    def __init__(self, name, gender, score):
        super(Student, self).__init__(name, gender)
        self.score = score
class Teacher(Person):
    def __init__(self, name, gender, course):
        super(Teacher, self).__init__(name, gender)
        self.course = course
t = Teacher('姜增如', '女', 'Python 语言')
s = Student('玛丽', '女', 98)
p = Person('陶木', '男')
print('姓名:{},性别:{},教授课程:{},正在上课'.format(t.name, t.gender, t.course))
print('姓名:{},性别:{},成绩:{},放学回家了'.format(s.name, s.gender, s.score))
print('姓名:{},性别:{} '.format(p.name, p.gender))
print(isinstance(t, Person))        # True
print(isinstance(t, Student))       # False
print(isinstance(t, Teacher))       # True
print(isinstance(t, object))        # True
print(isinstance(p, Student))       # False
print(isinstance(p, Teacher))       # False
```

运行结果为

```
姓名:姜增如,性别:女,教授课程:Python 语言,正在上课
姓名:玛丽,性别:女,成绩:98,放学回家了
姓名:陶木,性别:男
```

```
True
False
True
True
False
False
```

### 8. 方法重写及应用案例

方法的重写一般用于在继承父类的基础上,添加了新的属性,其特点如下。

(1) 如果从父类继承的方法不能满足子类的需求,可以对其进行改写,这个过程叫方法的覆盖(Override),也称为方法的重写。

(2) 如果在子类定义的方法中,其名称、返回类型及参数列表正好与父类中的相匹配,则子类的方法重写了父类的方法。

(3) 方法重写在不同类中是实现多态的必要条件,即子类重写父类的方法,使子类具有不同的方法实现。Python 可从一个父类派生出多个子类,可以使子类之间有不同的行为,这种行为称为多态。子类与父类拥有同一个方法,子类的方法优先级高于父类,即子类覆盖父类。

【例 5-27】 方法重写。

```python
class Person(object):
    def __init__(self, name, sex):
        self.name = name
        self.sex = sex
    def whoAmI(self):
        return '我是外国人, 我的名字是 %s,我是%s生' % (self.name,self.sex)
class Student(Person):
    def __init__(self, name, sex, score):
        super(Student, self).__init__(name, sex)
        self.score = score
    def whoAmI(self):
        return'我是一个学生,我的名字是%s,我是%s生,Python 成绩是%d' % (self.name,self.sex,self.score)
p = Person('杰克', '男')
s = Student('玛利亚', '女',88)
print(p.whoAmI())
print(s.whoAmI())
```

运行结果为

```
我是外国人, 我的名字是 杰克 ,我是男生
我是一个学生,我的名字是 玛利亚,我是女生,Python 成绩是 88
```

说明:方法调用将作用在对象的实际类型上,对于 Student 类,它实际上拥有自己的 whoAmI()方法以及从 Person 类继承的 whoAmI()方法,但调用 s.whoAmI()方法时总是先查找自身的定义,如果没有定义,则顺着继承链向上查找,直到在某个父类中找到为止。这种方法调用就称为多态。

【例 5-28】 继承与方法的重写。

```
class A():
    def __init__(self):
      print('这是 A 类的初始化属性')
    def fun1(self):
      print('这是 A 类的方法')
class B(A):
    def __init__(self):
      print('这是 B 类的初始化属性')
      super().__init__()              #super()函数引入 A 类的初始化属性
    def fun2(self):
      print('这是 B 类的方法')
b = B()
b.fun1()                             #B 继承 A 的 fun1 方法
b.fun2()
print("B 继承 A 类吗?",issubclass(B, A))
```

运行结果为

```
这是 B 类的初始化属性
这是 A 类的初始化属性
这是 A 类的方法
这是 B 类的方法
B 继承 A 类吗? True
```

### 5.5.3 多重继承及应用案例

多重继承是一个子类同时拥有多个父类,使用时在类名的括号中添加多个类,实现多重继承。

#### 1. 多重继承的规则

Python 支持多重继承,一个类的方法和属性可以定义在当前类,也可以定义在基类,当调用类方法或类属性时,就需要对当前类和基类进行搜索,以确定方法或属性的位置,而搜索的顺序就称为方法解析顺序(Method Resolution Order,MRO)。单继承 MRO 很简单,就是从当前类开始,逐个搜索它的父类;而对于多重继承,MRO 相对会复杂一些,它的规则顺序如下。

(1) 子类永远在父类的前面。

(2) 如果有多个父类,会根据它们在列表中的顺序检查。

(3) 如果对下一个类存在两种不同的合法选择,那么选择第 1 个父类。

#### 2. 多重继承语法及使用

多重继承语法格式为

```
class 父类名
    def __init__(self):
        ...
class 子类名(父类名 1, 父类名 2, 父类名 3):
    def __init__(self):
      super(B,self).__init__()
```

（1）使用 super()函数可以逐一调用所有父类方法，并且只执行一次。调用顺序遵循 MRO 类属性的顺序，其写法包括：

```
super(子类名, self).父类方法(参数列表)
super(子类名, self).__init__()              #执行父类的 __init__()方法
super().父类方法(参数列表)                    #执行父类的实例方法
super().__init__()                          #执行父类的 __init__()方法
```

（2）如果多个父类中有同名的属性和方法，则默认使用第 1 个父类的属性和方法。

（3）指定执行父类的方法，无论何时何地，self 都表示子类的对象。在调用父类方法时，通过传递 self 参数控制方法和属性的访问修改。

（4）当父类方法不能满足子类的需求时，可以对方法进行重写或覆盖父类的方法。

【例 5-29】 多重继承的使用顺序。

```
class A(object):
    def __init__(self, a):
        print('这里初始化 A 类');
        self.a = a
class B(A):
    def __init__(self, a):
        super(B, self).__init__(a);
        print('这里初始化 B 类 ')
class C(A):
    def __init__(self, a):
        super(C, self).__init__(a);
        print('这里初始化 C 类')
class D(B, C):
    def __init__(self, a):
        super(D, self).__init__(a);
        print('这里初始化 D 类')
x = A("输出 A 类的内容");print(x.a)
y = B("输出 B 类的内容");print(y.a)
z = C("输出 C 类的内容");print(z.a)
k = D("输出 D 类的内容");print(k.a)
```

运行结果为

```
这里初始化 A 类
输出 A 类的内容
这里初始化 A 类
这里初始化 B 类
输出 B 类的内容
这里初始化 A 类
这里初始化 C 类
输出 C 类的内容
这里初始化 A 类
这里初始化 C 类
这里初始化 B 类
这里初始化 D 类
输出 D 类的内容
```

说明：D类同时继承自B类和C类，B类和C类又继承自A类，因此D类拥有了A、B和C类的全部功能。如果没有多重继承，就需要在D类中写入A、B、C类的所有功能。

【例5-30】 多重继承的使用。

```
class Father(object):                          #父类1
  def __init__(self,name):
    self.name = name
  def play(self):
    print("喜欢踢足球")
  def prof(self):
    print("职业是教师")
class Mother(object):                          #父类2
  def __init__(self,name):
    self.name = name
  def eat(self):
    print("喜欢吃甜食")
  def frof(self):
    print("职业是会计")
class Children(Father,Mother):                 #继承父类1和父类2
  def __init__(self,name):
    Father.__init__(self,name)                 #多重继承时调用父类的属性
    Mother.__init__(self,name)                 #多重继承时调用父类的属性
sp = Children('李子')
print(sp.name)
sp.play()
sp.eat()
sp.prof()                                      #继承第1个父类的值
```

运行结果为

```
李子
喜欢踢足球
喜欢吃甜食
职业是教师
```

【例5-31】 若有 Person、Child 和 Baby 3 个类，使用 Baby 类继承 Child 类，再将 Child 类继承 Person 类的递推方式实现多重继承。

```
class Person(object):                          #父类 Person
    def __init__(self, name, sex):
        self.name = name
        self.sex = sex
class Child(Person):                           #继承 Person 类
  def prt(self):
    if self.sex == 'male':
      print("这个孩子是个男孩")
    else:
      print("这个孩子是个女孩")
class Baby(Child):                             #继承 Child 类
    pass
```

```
may = Baby('马丽亚', '女孩')
print(may.name, may.sex)
may.prt()
```

运行结果为

```
马丽亚 女孩
这个孩子是个女孩
```

【例5-32】 多重继承中MRO的使用。

```
class A:
    def __init__(self):
        print("在A类中输出!")
class B(A):
    def __init__(self):
        super(B,self).__init__()
        print("在B类中输出!")
class C(A):
    def __init__(self):
        super(C,self).__init__()
        print("在C类中输出!")
class D(B,C):
    def __init__(self):
        super(D,self).__init__()
        print("在D类中输出!")
print(D())
```

运行结果为

```
在A类中输出!
在C类中输出!
在B类中输出!
在D类中输出!
<__main__.D object at 0x000001F02BA9BDC0>
```

(1) 实例化D类以后,运行__init__()方法,然后运行super()方法,由于super()方法的特性,传入参数D时,super()方法会通过MRO寻找到下一个索引值作为D类的父类,即B类。

(2) D类中的super()方法会执行B类中的__init__()方法,可以看到B类中也有一个super()方法,通过D类的MRO列表,可以看到B类的下一个索引值是C类。

(3) B类中的super()方法会执行C类中的__init__()方法,C类中也有super()方法,C类的下一个索引值是A类。

(4) C类中的super()方法会执行A类中的__init__()方法,A类中没有super()方法,程序执行A类中的print()函数,然后执行C类中的print()函数,再执行B类中的print()函数,最后执行D类中的print()函数。因此,程序输出结果为A、C、B、D类的输出顺序。

(5) 子类永远在父类的前面,若有多个父类,会根据它们在列表中的顺序检查,例5-32

中的 D 类实例化,D 类继承了 B 类和 C 类,根据上述规则,D 类的父类就是 B,B 类的父类是 A,但由于子类永远在父类前面,因为 C 类的父类也是 A。因此,正确的 MRO 顺序是 D-B-C-A-对象(对象是所有类的父类)。

### 3. 重写与覆盖

多个父类有同名属性和方法,子类的方法属性 MRO 决定了属性和方法的查找顺序。当子类重写父类的属性和方法时,若子类和父类的方法名和属性名相同,则默认使用子类重写父类,称为子类重写父类的同名方法和属性。使用重写的目的是当子类发现父类的大部分功能都能满足需求,但是有一些功能不满足,则子类可以重写父类方法。若重写之后发现仍然需要父类方法,则可以强制调用父类方法。

【例 5-33】　覆盖与重写的使用。

```
class Animal():
    def eat(self):
        print('吃')
    def drink(self):
        print('喝')
    def run(self):
        print('跑')
    def sleep(self):
        print('睡')
class Cat(Animal):
    def shout(self):
        print('喵')
class Hellokitty(Cat):
    def speak(self):
        print('可以说外语')
    def shout(self):
        print('喊叫出多种声音')
kt = Hellokitty()
kt.shout()
```

运行结果为

```
喊叫出多种声音
```

(1) 如果子类中重写了父类的方法,在运行时只会调用在子类中重写的方法。

(2) 多重继承的目的是从两种继承树中分别选择并继承出子类,以便组合功能使用。如果继承了多个父类,且父类都有同名方法,则默认只执行第 1 个父类的同名方法且只执行一次。

## 5.5.4　多态及应用案例

多态是一种机制,它在类的继承中得以实现,在类的方法调用中得以体现。

### 1. 多态的概念

多态是一种使用对象的方式,子类重写父类方法,调用不同子类对象的相同父类方法,可以产生不同的执行结果,即不同对象调用同一个方法,实现的功能不同。多态的好处是调用灵活,有了多态,更容易编写出通用的代码程序,以适应不断变化的需求,增强程序的复用性。

例如,Python 中的＋运算符,作用在数字上时表示数值相加,如 $1+2=3$；作用在字符串上时表示字符串的拼接,如'a' + 'b' = 'ab'；作用在列表上时表示列表的拼接,如[1]＋[2]＝[1,2]。

说明:多态如同加号一样,同样的方法用在不同对象上,实现的功能完全不一样。

### 2．多态应用案例

【例 5-34】 多态的简单应用,输出不同对象的行进速度。

```python
class Car(object):
  def speed(self):
    print("汽车行进速度可达到每小时 120 千米")
class Person(object):
  def speed(self):
    print("步行行进速度可达到每小时 6 千米")
class Bike(object):
  def speed(self):
    print("自行车行进速度可达到每小时 30 千米")
def speed(obj):
  obj.speed()
car = Car()
speed(car)
bike = Bike()
speed(bike)
per = Person()
speed(per)
```

运行结果为

```
汽车行进速度可达到每小时 120 千米
自行车行进速度可达到每小时 30 千米
步行行进速度可达到每小时 6 千米
```

【例 5-35】 针对同一方法 say(),根据人群的不同职业,输出其职责。

```python
class Person(object):
  def __init__(self,name):
    self.name = name
  def say(self):
    print(f"{self.name}需要做好自己的本职工作!")
class people(Person):
    pass
class Teacher(Person):
  def say(self):
    print(f"{self.name}要认真备课,组织好课堂教学!")
class Student(Person):
  def say(self):
```

```
      print(f"{self.name}需要认真听课,做到课前预习和课后复习!")
p = people("任何人")
p1 = Teacher("李老师")
p2 = Student("华仔")
p.say()
p1.say()
p2.say()
```

运行结果为

```
任何人需要做好自己的本职工作!
李老师要认真备课,组织好课堂教学!
华仔需要认真听课,做到课前预习和课后复习!
```

【例 5-36】 针对同一方法 printest(),输出不同人的爱好。

```
class base(object):
  def __init__(self, name):
    self.name = name
  def printest(self):
    print("业余时间喜欢跳舞,我的名字是:", self.name)
class subclass1(base):
  def printest(self):
    print("业余时间喜欢画画,我的名字是:", self.name)
class subclass2(base):
  def printest(self):
    print("业余时间喜欢旅游,我的名字是:", self.name)
class subclass3(base):
    pass
def testFunc(test):
  test.printest()
testFunc(subclass1("王明敏"))
testFunc(subclass2("马出生"))
testFunc(subclass3("张熙睿"))
```

运行结果为

```
业余时间喜欢画画,我的名字是:王明敏
业余时间喜欢旅游,我的名字是:马出生
业余时间喜欢跳舞,我的名字是:张熙睿
```

【例 5-37】 多态的使用,不同对象产生不同的运行结果。

```
class Dog(object):              #定义 Dog 类
    def work(self):             #父类提供统一的方法,哪怕是空方法
        pass
class ArmyDog(Dog):             #继承 Dog 类
    def work(self):             #子类重写方法,并且处理自己的行为
        print('追击敌人')
class DrugDog(Dog):
    def work(self):
        print('追查毒品')
```

```
class Person(object):              #建立 Person 类
    def work_with_dog(self, dog):
        dog.work()                 #对象不同,产生不同的运行结果
dog = Dog()                        #子类对象可以当作父类来使用
print(isinstance(dog, Dog))        #输出
ad = ArmyDog()                     #建立子类对象
print(isinstance(ad, Dog))         #输出
dd = DrugDog()                     #建立子类对象
print(isinstance(dd, Dog))         #输出
p = Person()                       #建立 Person 类对象
p.work_with_dog(dog)
p.work_with_dog(ad)                #同一个方法,只要是 Dog 类的子类就可以传递
p.work_with_dog(dd)                #传递不同对象,最终 work_with_dog()方法产生了不同的运行结果
```

运行结果为

```
True
True
True
追击敌人
追查毒品
```

最终运行结果中,Person 类中只需要调用 Dog 对象的 work()方法,而不关心具体是什么狗。work()方法是在 Dog 父类中定义的,子类重写并处理不同方式的实现,在程序执行时,传入不同的 Dog 对象作为实参,就会产生不同的运行结果。

**【例 5-38】** 继承和多态的联合使用。

```
class Car(object):                             #定义一个汽车类
    def __init__(self,type,No):                #初始化属性,汽车品牌、车牌号
        self.type = type
        self.No = No
    def start(self):
        print('汽车准备出发了!')
    def stop(self):
        print('乘客到站请下车!')
class Taxi(Car):                               #定义出租车类调用父类 Car
    def __init__(self,type,No,company,name):   #继承父类方法,并且补充自己的类属性
        super().__init__(type,No)              #继承调用父类属性
        self.company = company
        self.name = name
    def start(self):                           #重写类方法
        print('乘客您好,欢迎!')
        print(f'我是{self.name},欢迎乘坐出租车')
        print(f'我是{self.company}出租车公司的,我的车牌号是{self.No},请问您要去哪里?')
    def stop(self):
        print('目的地到了,请您付款下车,欢迎再次乘坐!')
class MyCar(Car):                              #定义一个私家车子类
    def __init__(self,type,No,name):
        super().__init__(type,No)
        self.name = name
```

```
        def stop(self):                    #重写类方法
            print('我们已经到了深圳湾公园,这里很不错')
        def start(self):                    #重写类方法
            print(f'我是{self.name},我的私家车是{self.type},车牌号是{self.No}')
TaxiCar = Taxi('特斯拉 A5','粤 B6828','深圳神马传奇','出租司机')
TaxiCar.start()
TaxiCar.stop()
print(" ----- " * 10)
MyCar = MyCar('比亚迪 S8','粤 B6862','公司职员')
MyCar.start()
MyCar.stop()
```

运行结果为

```
乘客您好,欢迎!
我是出租司机,欢迎乘坐出租车
我是深圳神马传奇出租车公司的,我的车牌号是粤 B6828,请问您要去哪里?
目的地到了,请您付款下车,欢迎再次乘坐!
--------------------------------------
我是公司职员,我的私家车是比亚迪 S8,车牌号是粤 B6862
我们已经到了深圳湾公园,这里很不错
```

结论：面向对象中所建立的对象,注重描述一个事物在整个问题要实现的功能。而面向过程注重的是过程的逐步实现,为完成某个步骤对函数逐步分析解决功能问题。

# 第6章

# 文件操作与异常处理

## 6.1　文件操作

Python 的文件操作主要是读写操作，文件是保存在磁盘上的，对文件进行读写通过系统函数来完成。文件操作都必须首先打开文件，通过打开文件获取接口描述符，再对文件对象进行读、写操作。文件基本操作流程可概括为打开文件→读/写文件→关闭文件。

### 6.1.1　打开文件

打开文件的语法格式为

```
file object = open(name [, mode][, buffering])
```

参数说明如下。

（1）name：要访问的文件名称字符串。

（2）mode：打开文件的模式：只读、写入、追加等。所有 mode 参数取值如表 6-1 所示。默认文件访问模式为只读(r)。

表 6-1　mode 参数取值

| 取　　值 | 功　能　描　述 |
| --- | --- |
| t | 文本模式（默认） |
| x | 写模式，新建一个文件，如果该文件已存在，则会报错 |
| b | 二进制模式 |
| ＋ | 打开一个文件进行更新(可读可写) |
| r | 以只读方式打开文件。文件的指针将会放在文件的开头。这是默认模式 |
| rb | 以二进制格式打开一个文件用于只读。文件指针将会放在文件的开头。这是默认模式。一般用于非文本文件，如图片等 |
| r＋ | 打开一个文件用于读写。文件指针将会放在文件的开头 |
| rb＋ | 以二进制格式打开一个文件用于读写。文件指针将会放在文件的开头。用于非文本文件，如图片等 |
| w | 打开一个文件只用于写入。如果该文件已存在，则打开文件，并从头开始编辑，即原有内容会被删除。如果该文件不存在，则创建新文件 |

续表

| 取　值 | 功　能　描　述 |
|---|---|
| wb | 用于打开一个文件并写入二进制格式,若文件存在,则打开文件从头编辑,原有内容会被删除。若文件不存在,则创建新文件。一般用于非文本文件,如图片等 |
| w+ | 打开一个文件用于读写。若文件存在,则打开文件从头编辑,原有内容会被删除。若文件不存在,则创建新文件 |
| wb+ | 用于读写二进制格式文件。若文件存在,则打开文件从头编辑,原有内容会被删除。若文件不存在,则创建新文件。一般用于非文本文件,如图片等 |
| a | 用于追加文件。若文件存在,文件指针将放在文件结尾,将新的内容写入已有内容之后。若文件不存在,则创建新文件进行写入 |
| ab | 用于追加二进制格式文件。若文件存在,文件指针将会放在文件的结尾。新的内容将会追加到已有内容之后。若文件不存在,则创建新文件进行写入 |
| a+ | 打开一个文件用于读写,如果该文件已存在,文件指针将会放在文件的结尾。打开时会是追加模式,若文件不存在,创建新文件用于读写 |
| ab+ | 用于追加二进制格式文件,若文件存在,文件指针将会放在文件的结尾。如果文件不存在,创建新文件用于读写 |

（3）buffering：设置缓冲区。若 buffering＝0,则不寄存；若 buffering＝1,则访问文件时会寄存行；若 buffering 为大于 1 的整数,表明该值即为缓冲区大小；若 buffering 取负值（或省略）,缓冲区大小则为系统默认。若该文件无法打开,会抛出系统错误信息。

例如,对打开的文件写入中文,代码如下。

```
FileObject = open("文件名", "w+");
```

说明：

（1）使用 open()方法一定要保证关闭文件对象,即调用 close()方法。

（2）如果读写的文件中有中文,必须加入 encoding＝'utf-8'（国际编码字符）。

## 6.1.2　文件操作函数、方法及应用案例

文件操作包括移动读写指针,对文件操作至少要满足 3 个条件：文件名（文件名通过文件路径获取,有相对路径和绝对路径）、文件打开方式（读、写、追加等）和编码方式,一般 Windows 系统使用 GBK 编码。

### 1. 常用文件操作函数

常用文件操作函数如表 6-2 所示。

表 6-2　常用文件操作函数

| 函　数 | 功　能　描　述 |
|---|---|
| FileObject. read(size) | 读取 size 指定的字节数 |
| FileObject. readline() | 读取指针所在行 |
| FileObject. readlines() | 读取文件列表,每项是以\n 结尾的字符串 |
| FileObject. write("字符串") | 把文本或二进制数据写入文件中 |

续表

| 函　　数 | 功 能 描 述 |
|---|---|
| FileObject. writelines() | 针对列表操作,把字符串列表写入文件中 |
| FileObject. tell() | 输出文件当前位置 |
| FileObject. seek(os. SEEK_SET) | 输出当前指针 |
| FileObject. seek(n) | n=0为回到文件的开头;n=1为回到当前位置;n=2为到文件尾 |

### 2. 常用文件操作方法

常用文件操作方法如表 6-3 所示。

表 6-3　常用文件操作方法

| 方　　法 | 功 能 描 述 |
|---|---|
| file. close() | 关闭文件。关闭后文件不能再进行读写操作 |
| file. flush() | 刷新文件内部缓存,直接把内部缓冲区的数据立刻写入文件 |
| file. fileno() | 返回一个整型的文件描述符,用于如 os 模块的 read() 底层操作 |
| file. isatty() | 如果文件连接到一个终端设备,则返回 True,否则返回 False |
| file. next() | 返回文件下一行 |
| file. read([size]) | 从文件读取指定的字节数,如果未给定或为负,则读取所有 |
| file. readline([size]) | 读取整行,包括"\n" 字符 |
| file. readlines([sizeint]) | 读取所有行并返回列表,若 sizeint>0,则设置一次读多少字节 |
| file. seek(offset[, whence]) | 设置文件当前位置 |
| file. tell() | 返回文件当前位置 |
| file. truncate([size]) | 截取文件,截取的字节数通过 size 指定,默认为当前文件位置 |
| file. write(str) | 将字符串写入文件,返回的是写入的字符长度 |
| file. writelines(sequence) | 向文件写入一个序列字符串,若需要换行,则要自己加入每行的换行符 |

例如,打开一个包括中文的文本文件,并读取一行,代码如下。

```
f = open(r'c:\users\jiang\desktop\role.txt', 'r', encoding = 'utf - 8')
content = f.readline()
print(content)
f.close
```

【例 6-1】　读取 role. txt 文本文件的前 5 行内容。

```
f = open(r'c:\users\jiang\desktop\role.txt', 'r', encoding = 'utf - 8')
for i in range(5):
    content = f.readline()
    print(f'第{i}行:{content}')
f.close
```

运行结果为

```
第 0 行:#这是一个画图的案例
第 1 行:import random as r
第 2 行:import turtle as t
第 3 行:def rect(h, c, x, y):
第 4 行: t.goto(x, y)
```

### 3. 文件夹操作的 os 模块常用方法

使用 os 模块时需要执行 import os 语句导入,它对文件及文件夹的常用操作方法如表 6-4 所示。

表 6-4　常用 os 模块文件操作方法

| 方　　法 | 功 能 描 述 |
| --- | --- |
| os. getcwd() | 得到当前工作路径 |
| os. listdir() | 返回指定目录下的所有文件和目录名 |
| os. remove() | 删除一个文件 |
| os. removedirs(r"c:\Python") | 删除多个目录 |
| os. path. isfile() | 检验给出的路径是否是一个文件 |
| os. path. isdir() | 检验给出的路径是否是一个目录 |
| os. path. isabs() | 判断是否是绝对路径 |
| os. path. exists() | 检验给出的路径是否存在 |
| os. mkdir("file") / os. rmdir("file") | 创建文件夹 / 删除文件夹 |
| os. rename(old, new) | 重命名 |
| os. exit() | 终止当前进程 |
| os. path. getsize(filename) | 获取文件大小 |
| os. stat(file) | 获取文件属性 |

### 4. 文件及文件夹的 shutil 模块

shutil 模块是对 os 模块的补充,主要针对文件的复制、删除、移动、压缩和解压操作,使用前需要导入,语句为 import shutil,常用方法如表 6-5 所示。

表 6-5　常用 shutil 模块方法

| 方　　法 | 功 能 描 述 |
| --- | --- |
| shutil. copyfile("源文件","新文件") | 复制文件 |
| shutil. copy('源文件','目标地址') | 复制文件,返回复制后的路径 |
| shutil. move("源地址","目标地址") | 移动文件或文件夹 |
| shutil. copytree("源文件夹","新文件夹") | 复制文件夹 |
| shutil. rmtree("文件目录") | 移除整个文件夹,无论是否为空 |
| shutil. copyfileobj(open('源文件','r'),open('目标文件','w')) | 将文件复制到另一个文件中 |
| shutil. make_archive('目标文件路径','归档文件后缀','需归档文件夹') | 归档操作,返回归档文件最终路径 |
| shutil. unpack_archive('归档文件路径','解包目标文件夹') | 解包操作,若文件夹不存在,则新建文件夹 |

例如,复制文件 role. txt 到 r1. txt 的方法如下。

```
import shutil
r1 = r'c:\users\jiang\desktop\role.txt'
r2 = r'c:\users\jiang\desktop\r1.txt'    #该文件可以不存在
shutil.copy(r1,r2)                        #复制文件
shutil.move(r1,r2)                        #移动文件,如果目标目录存在同名文件,则报错:already exists
```

若在当前文件夹中复制文件,可使用 shutil. copyfile()方法。例如:

```
shutil.copyfile ('test1.py','test2.py')          #test2.py 文件可以不存在
```

**【例 6-2】** 读取 test.py 文件,并添加一段文字,写到该文件中。

```
import os
op = open("test.py", "w + ");
print("文件名: ", op.name)
op.write("www.smbu.edu.cn\n I began to learn to write documents \nwelcome!");
print("文件当前位置是:",op.tell())
op.seek(os.SEEK_SET)                        #输出当前指针
context = op.read()                         # 设置指针回到文件最初
print("读取写入的字符串是\n",context)
print("是否已关闭: ", op.closed)
print("访问模式: ", op.mode)
op.close();
print("是否已关闭: ", op.closed)
```

运行结果为

```
文件名: test.py
文件当前位置是:63
读取写入的字符串是
www.smbu.edu.cn
I began to learn to write documents
welcome!
是否已关闭: False
访问模式: w +
是否已关闭: True
```

**【例 6-3】** 文件的读写方式选择。

```
op = open("test1.py", "w + ");
print("文件名: ", op.name)
op.write("深圳北理莫斯科大学\n 网址地址:\nwww.smbu.edu.cn");
position = op.seek(0);                      #指针移动到开始位置
str = op.read(60);                          #指定读取的字节数
print(str)
position = op.seek(0)                       #注意移动指针
str1 = op.readline()                        #读一行
print(str1)
position = op.seek(0)
str2 = op.readlines()                       #读所有行
print(str2)
```

运行结果为

```
文件名: test1.py
深圳北理莫斯科大学
网址地址:
www.smbu.edu.cn
深圳北理莫斯科大学
['深圳北理莫斯科大学\n', '网址地址:\n', 'www.smbu.edu.cn']
```

【例 6-4】 使用两种读文件方式读取文件。

```
f = open("test2.txt",'r',encoding = 'utf8')        #返回一个文件对象
position = f.seek(0)                               #注意移动指针
line = f.readline()                                #读第 1 行
print(line)
while line:                                        #读所有行
    print(line, end = '')
    line = f.readline()
f.close()
```

运行结果为(已经存在 test2.txt 文本文件)

深圳北理莫斯科大学是一所中外合作大学,由深圳、北京理工大学和莫斯科大学联合创办.
深圳北理莫斯科大学是一所中外合作大学,由深圳、北京理工大学和莫斯科大学联合创办.

【例 6-5】 在原有 test2.txt 文件中追加数据。

```
op = open('test2.txt','a',encoding = 'utf8')
op.write("欢迎进入深圳北理莫斯科大学学习")
strs = [',本学期学习的计算机语言包括:','Python、','C++']
op.writelines(strs)                                #写入字符列表内容
op.close()
op = open("test2.txt", "r + ",encoding = 'utf8');
str3 = op.readlines()                              #读所有文件
print(str3)
op.close()
```

运行结果为

['深圳北理莫斯科大学是一所中外合作大学,由深圳、北京理工大学和莫斯科大学联合创办.欢迎进入深圳北理莫斯科大学学习,本学期学习的计算机语言包括: 'Python、C++']

【例 6-6】 shutil 及 os 模块的文件及文件夹操作。

```
import shutil
import os
shutil.copyfile("test2.txt","test3.txt")          # 复制 test2.txt 到 test3.txt
os.rename( "test3.txt", "test5.txt" )             # 重命名文件 test3.txt 为 test5.txt
os.path.exists("test2.txt")                        # 判断 text2.txt 文件是否存在
os.remove("test2.txt")                             # 删除一个已经存在的文件 test2.txt
os.mkdir("dirtest")                                # 创建 test 目录
os.chdir("/newdir2")                               # 将当前目录改为"newdir2"
os.getcwd()                                        # 显示当前目录
os.rmdir( "/test" )                                # 删除 test 文件夹
```

## 6.2 异常处理机制

正常情况下,代码流程从上到下顺序执行,遇到问题会中断执行,添加异常处理器就是解决中断问题。一般系统方法中有多个处理器,发生异常时,系统将通过遍历异常表,查找

合适的异常处理器进行处理,如被零除、数据类型不匹配等。

## 6.2.1　异常处理

在 Python 中,将异常作为对象,可随时对其进行操作,所有异常类都是从 Exception 类继承来的,且均在 exceptions 模块中定义。

### 1. 异常的描述

异常是一个事件,该事件会在程序执行过程中发生,影响程序的正常执行。一般情况下,在 Python 无法正常处理程序时就会抛出一个异常。异常也是 Python 对象,当程序运行发生异常时,需要捕获处理,以避免程序中止执行。

### 2. 内置异常类的层次结构

BaseException 是所有内置异常的基类,程序运行时,系统自动将所有异常名称放在内建命名空间中,不必导入异常模块即可使用。异常类的层次结构如图 6-1 所示。其中,非系统退出的异常(用户定义的异常)都是从 Exception 类派生出来的。

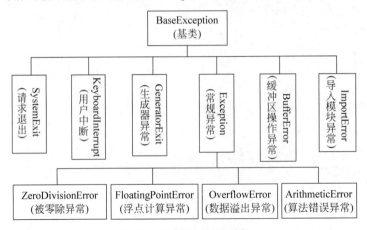

图 6-1　异常类的层次结构

### 3. Python 标准异常

常用异常如表 6-6 所示。

表 6-6　常用异常

| 异　　　常 | 功 能 描 述 |
| --- | --- |
| IOError | 输入/输出操作失败 |
| OSError | 操作系统错误 |
| WindowsError | 系统调用失败 |
| ImportError | 导入模块/对象失败 |
| LookupError | 无效数据查询的基类 |
| IndexError | 序列中没有此索引(index) |
| KeyError | 映射中没有这个键 |

续表

| 异　　常 | 功　能　描　述 |
|---|---|
| MemoryError | 内存溢出错误（对于 Python 解释器不致命） |
| NameError | 未声明/初始化对象（没有属性） |
| UnboundLocalError | 访问未初始化的本地变量 |
| ReferenceError | 弱引用（Weak Reference）试图访问已经被垃圾回收了的对象 |
| RuntimeError | 一般的运行时错误 |
| NotImplementedError | 尚未实现的方法 |
| BaseException | 所有异常的基类 |
| SystemExit | 解释器请求退出 |
| KeyboardInterrupt | 用户中断执行（通常是输入 Ctrl＋C） |
| Exception | 常规错误的基类 |
| StopIteration | 迭代器没有更多的值 |
| GeneratorExit | 生成器（Generator）发生异常来通知退出 |
| StandardError | 所有内建标准异常的基类 |
| ArithmeticError | 所有数值计算错误的基类 |
| FloatingPointError | 浮点计算错误 |
| OverflowError | 数值运算超出最大限制 |
| ZeroDivisionError | 除（或取模）零（所有数据类型） |
| AssertionError | 断言语句失败 |
| AttributeError | 对象没有这个属性 |
| EOFError | 超出文件结尾，到达 EOF 标记 |
| EnvironmentError | 操作系统错误的基类 |
| SyntaxError | Python 语法错误 |
| IndentationError | 缩进错误 |
| TabError | Tab 和空格混用 |
| SystemError | 一般的解释器系统错误 |
| TypeError | 对类型无效的操作 |
| ValueError | 传入无效的参数 |
| UnicodeError | Unicode 相关的错误 |
| UnicodeDecodeError | Unicode 解码时的错误 |
| UnicodeEncodeError | Unicode 编码时错误 |
| UnicodeTranslateError | Unicode 转换时错误 |
| Warning | 警告的基类 |
| DeprecationWarning | 关于被弃用的特征的警告 |
| FutureWarning | 关于构造将来语义会有改变的警告 |
| OverflowWarning | 旧的关于自动提升为长整型（long）的警告 |
| PendingDeprecationWarning | 关于特性将会被废弃的警告 |
| RuntimeWarning | 可疑的运行时行为（Runtime Behavior）的警告 |
| SyntaxWarning | 可疑的语法的警告 |
| UserWarning | 用户代码生成的警告 |

### 6.2.2 异常处理结构及应用案例

异常处理又称为错误处理,它提供了在程序运行时出现错误进行处理的功能。Python异常处理使用 try、except 和 finally 关键字组成处理结构,当程序出现异常时使用 except 进行捕捉处理,保证程序正常运行。

**1. 简单异常处理结构(try…except…finally)**

简单异常处理结构语法格式为

```
try:
    可能发生异常的语句块
except Exception1:
    处理 Exception1 错误
finally:
    语句块
```

其中,try 块包含可能引发异常的代码,except 块则用来捕捉和处理发生的异常,如果 try 块中没有抛出异常,则不执行 except 块中的内容,finally 块无论是否发生异常都会被执行。

例如,运行下面的程序代码,结果为[1,3,5,7,9],程序没有错误。若将 str 变为字符串数据,即第 1 行语句变为 str = " ",则运行时出现使用 append 的属性错误"AttributeError: 'str' object has no attribute 'append'",此时,程序异常中断。

```
str = [ ]                    #换成 str = " "时出错
for i in range(1, 10, 2):
    str.append(i)
print(str)
```

**【例 6-7】** append 属性的异常处理。

```
str = " "
try:
    for i in range(1, 10, 2):
        str.append(i)
except:
    print('使用 append 错误!')
print(str)
print("程序正常运行!")
```

运行结果为

```
使用 append 错误!
程序正常运行!
```

**【例 6-8】** 简单异常处理。

```
try:
    num1 = eval(input('请输入整数:'))
    num = num1/2
```

```
    print(num)
except:
    print('请输入整数')
finally:
  print('这里是 Finally 语句部分')
```

运行结果为

```
请输入整数:18
9
这里是 Finally 语句部分
请输入整数:Python
请输入整数
这里是 Finally 语句部分
```

若输入任意一个整数,如输入 18,结果为 9,没有出现异常,则不执行 except 块。若输入一个字符串"Python",则无法执行,因为 eval()函数不能转换为数值,就无法执行除法运算,当不加 try 块时,执行到第 2 句将出现"IndexError：string index out of range"错误,程序异常中断,加入 try 块后,发生异常则查找 except 语句,找到会自动调用异常处理器 except 后面的语句,异常处理完毕程序继续运行。except 块为空表示捕获任何类型的异常。

**【例 6-9】** 字符串索引异常处理。

```
str = '中国深圳北理莫斯科大学 '           ♯定义字符串
try:
    print(str[100])                    ♯超出定义范围,出错
except IndexError:                     ♯捕捉索引错误
    print('出现了索引错误')
finally:
    print('输出定义范围内的字符串',str[10])   ♯这里可正常索引
print('程序继续运行')
```

运行结果为

```
出现了索引错误
输出定义范围内的字符串 学
程序继续运行
```

若不添加 try…except…finally 结构,程序将出现"IndexError：string index out of range"错误,使程序异常中断。

**2. 标准异常处理结构**

标准异常处理结构语法格式为

```
try:
被监控可能引发异常的语句块
except BaseException[as e]:
    处理所有系统错误
except Exception1:
    处理 Exception1 语句块
```

```
except Exception2:
    处理 Exception2 语句块
finally
    语句块
```

【例 6-10】 添加 finally 异常处理。

```
s = 'Hello girl!'
try:
    print(s[100])
finally:
    print('出现错误')
print('继续运行')
```

运行结果为

```
出现错误
Traceback (most recent call last):
    File "F:\tools\PythonProject\test1.py", line 3, in < module >
        print(s[100])
IndexError: string index out of range
```

无论异常发生与否,finally 块中的语句都要执行。该程序由于没有 except 处理器,finally 块执行完毕后程序便中断了。若 try 块中没有异常,3 个 print 输出都会执行。

**3. 多异常处理结构**

多异常处理结构语法格式为

```
try:
被监控可能引发异常的语句块
except Exception1:
    处理 Exception1 语句块
except Exception2:
    处理 Exception2 语句块
...
except BaseException[as e]:
    处理所有系统错误
else:
finally
    语句块
```

(1) 当开始一个 try 语句后发生异常时,程序跳到第 1 个匹配该异常的 except 子句,异常处理完毕,控制流就通过了整个 try 语句,除非在处理异常时又引发新的异常。

(2) 当 try 块后的语句中发生了异常,却没有匹配的 except 子句时,异常将被递交到上层的 try 块,或者到程序的最上层,此时将结束程序,并打印默认的出错信息。

(3) 若 try 块没有发生异常,不执行 except 块,控制流顺利通过整个 try 块。

(4) 不要在 try 块中写 return 返回值,否则 except 块不能被执行。

(5) 若在多个 except 块后加 else 块,表明程序不出现异常时继续执行 else 块。

【例 6-11】 编写一个函数,当调用一个数值列表参数时输出偶数列表,当出现非数值时捕捉错误使程序正常运算。

```
def func(list1):
    for x in list1:
        try:
            result = list(filter(lambda k: k < 100 and k % 2 == 0, list1))    #滤出列表中的偶数
        except Exception as a:                                               #a 为异常别名
            return a                                                         #返回异常
        else:                                                                #若不出现异常
            return result                                                    #返回偶数列表
print(func([23, 38, 24, 53, 12, '44', 19, 48]))
print("程序正常运行!")
```

运行结果为

```
'<' not supported between instances of 'str' and 'int'
程序正常运行!
```

【例 6-12】 分别输入 0、数值和字符,查看异常处理结果。

```
try:
    num = int(input("请输入一个数值:"))         #输入一个数据
    result = 10/num
except ValueError:                              #捕捉输入非数值错误
    print("需要输入数值")
except Exception as error:                       #捕捉被 0 除错误
    print("错误 % s" % error)
else:
    print("没有错误出现!")                        #没有错误
finally:
    print("这是必然执行的语句")                    #出现错误与否均输出的语言
```

运行结果为

```
请输入一个数值: 0
错误 division by zero
这是必然执行的语句
请输入一个数值: 12
没有错误出现!
这是必然执行的语句
请输入一个数值: Python
需要输入数值
这是必然执行的语句
```

#### 4. 其他异常

1) raise 主动触发异常

语法格式为

```
raise [Exception [, args [, traceback]]]
```

其中,Exception 是异常的类型(如 ValueError);args 是一个异常参数值,该参数是可选的,如果不提供,异常的参数是"None";traceback 参数是跟踪异常对象,也是可选的(很少使用)。

**【例6-13】** raise 的异常处理使用。

```
def not_zero(num):
    try:
        if num == 0:
            raise ValueError('不能输入0')
        return num
    except Exception as e:            ♯e为捕捉的错误名称
        print(e)
in = input("请输入一个除数")
not_zero(in)
```

运行结果为

参数错误

**【例6-14】** 设置初始密码,要求长度大于或等于8位,且为数字和字母的组合,否则主动抛出异常。

```
def password():
    psd = input("请设置初始密码")
    if len(psd)>= 8 and not psd.isdigit() and not psd.isalpha():
        return psd
    print("主动抛出异常")
    error = Exception("密码长度要大于或等于8,且密码不能全是数字或字符")
    raise error
try:
    print(password())                ♯调用设置密码的函数
except Exception as result:          ♯捕捉异常
    print("错误%s" % result)
else:
    print("密码符合要求!")            ♯不出现异常
```

运行结果为

```
请设置初始密码 123456789
主动抛出异常
错误密码长度要大于或等于8,且密码不能全是数字或字符
请设置初始密码 jiang
主动抛出异常
错误密码长度要大于或等于8,且密码不能全是数字或字符
请设置初始密码 admin123456
admin123456
密码符合要求!
```

2) with...as...管理器异常

**【例6-15】** 处理 with...as...管理器出现的异常。

```
with open("test1.py",'r') as f:
f.read()
print (2/0)
print('继续执行')
```

运行结果为

```
Traceback (most recent call last):
  File "F:\tools\PythonProject\test1.py", line 3, in <module>
    print (2/0)
ZeroDivisionError: division by zero
```

（1）由于 with…as…自动关闭打开的文件，只要在 with 中打开文件都会自动关闭，使用文件对象操作，完毕后要调用 close()方法关闭。

（2）with…as…语句提供了一个非常方便的替代方法，即 open()方法打开文件后将返回文件流对象赋值给 f，使 with 语句块执行后会自动关闭文件。

（3）若 with 语句块中发生异常，会调用默认的异常处理器处理，但文件还是会正常关闭，此时会抛出异常使最后的 print()函数不执行。

# 6.3　Python 的包

Python 使用包将模块相似功能的代码整合到一起，方便统一管理，以提升代码可读性和代码质量，方便在项目中进行协同开发。

## 6.3.1　包的含义

包（Package）是含有多个 Python 文件/模块的文件夹，并且文件夹中必须包含一个名称为__init__.py 的特殊声明文件，用于标识当前文件夹是一个包（模块包）。包可将大量功能相关的 Python 模块包含起来统一组织、管理，使其他模块通过 import 关键字导入重复使用封装的模块和代码。

包是一个分层次的文件目录结构，它定义了一个由模块、子包，以及子包下的子包等组成的应用环境。

例如，在工作目录 workspace 文件夹中创建了文件 test.py 工具模块；在 demo 文件夹中，又创建了一个 modules 文件夹，里面包含__init__.py、User1.py、User2.py 3 个模块文件，则 modules 文件夹就形成了程序包，目录结构如下。

```
test.py
    demo
      |-- modules
        |-- __init__.py
        |-- User1.py
        |-- User2.py
```

当 test.py 文件中没有被解释器导入 modules 时，被叫作包，一旦被导入都称作模块。包由多个模块组成，用于实现某种功能，模块由函数和类组成。

常见的包结构如下。

```
package_package1
├── __init__.py
├── module_a1.py
└── module_a2.py
package_ package2
├── __init__.py
├── module_b1.py
└── module_b2.py
...
```

## 6.3.2　包的导入及应用案例

包的导入语法格式为

```
import 包/模块
```

或

```
from 包/模块 import 具体对象
```

（1）import 导入的包或模块会自动导入当前文件夹中，通过系统环境变量 PYTHONPATH 及系统的 sys.path 路径,可查询是否存在该名称的包或模块,若不存在, 就会出现错误信息。

（2）导入模块后,即可使用模块中的数据、函数和变量。其中,from xx import 语法方 式是包和模块的相对引入,执行路径是相对于引入的最外层文件夹。

（3）模块中包含局部变量和全局变量,被其他模块导入时,仅能使用当前模块中的全局 变量。

【例 6-16】　包的使用。

在 package_1 文件夹下存在 user1.py、user2.py、__init__.py 和 test.py 共 4 个模块 文件。

（1）user1.py 内容如下。

```
def user1():
    print("我在 user1 中")
```

（2）user2.py 内容如下。

```
def user2():
    print("我在 user2 中")
```

（3）__init__.py 内容如下。

```
if __name__ == '__main__':
    print( '作为主程序运行')
else:
    print( '包 package_1 的初始化')
```

（4）test.py 内容如下（调用 package_1 包）。

```
from package_1.user1 import user1
from package_1.user2 import user2
user1()
user2()
```

运行结果为

```
包 package_1 的初始化
我在 user1 中
我在 user2 中
```

### 6.3.3　main 函数的作用及应用案例

Python 程序是从上向下逐行运行的，在.py 文件中，除了 def 定义函数外的代码都会被认为是 main 函数中的内容。__ name__ == '__ main__'语句是 Python 的 main 函数入口，用于判断下面的模块是否直接调用执行，若需要编写测试函数，可在文件中写入 if __name__ == "__main__"，再调用测试函数。

代码在执行主程序前总是检查 if __name__ == '__main__'，这样当模块被导入时主程序就不会被执行，__name__ 这个属性目的是判断函数名字，当前执行为 main，引入的即使有 __name__ 这个属性，其中的语句也不会被执行。

【例 6-17】　main 函数的使用（1）。

建立 hello.py 文件，内容如下。

```
def Hello():
    str = "嗨,你好"
    print(str)
    print(__name__ + 'from hello()')
    if __name__ == "__main__":
        print("这是 main 下的"Hello.py" ")
Hello()
print(__name__ + 'from main')
```

运行结果为

```
嗨,你好
__main__from hello()
这是 main 下的"Hello.py"
__main__from main
```

这里执行了 if __name__=="__main__"的输出语句，test.py 内容如下。

```
import hello                    #导入 hello.py 模块
hello.Hello()                   #调用 hello.py 下的 Hello()函数
print(__name__)
```

运行结果为

```
嗨,你好
hellofrom hello()
hellofrom main
嗨,你好
hellofrom hello()
__main__
```

若将 hello.py 文件作为模块导入 test.py 中,则 print("这是 main 下的"Hello.py" ")
语句未执行。

【例 6-18】　main 函数的使用(2)。

test_fun.py 文件内容如下。

```
def fun():
    print(__name__)
    print('这是函数')
if __name__ == '__main__':
    fun()
    print('这是 main 函数')
```

直接运行时,运行结果为

```
__main__
这是函数
这是 main 函数
```

若使用引入执行,即

```
import test_fun
test_fun.fun()
```

运行结果为

```
这是函数
```

当直接运行包含 main 函数的程序时,main 函数会被执行,同时程序的 name 变量值为
'main'。当含有 main 函数的程序被作为模块导入时,模块 name = 'main'下面的代码并未
执行,即 main 函数没有执行:

一个 Python 文件中,加入 if __name__ ==__ 'main'__语句下的代码,其作用是控制两
种情况执行代码的过程。

(1) 文件作为脚本直接执行。

例如,建立 test.py 文件。

```
print("第 1 次测试 if __name__ == 'main'语句")
if __name__ == '__main__':
    print("第 2 次测试 if __name__ == 'main'语句")
```

运行结果为

```
第 1 次测试 if __name__ == 'main'语句
第 2 次测试 if __name__ == 'main'语句
```

（2）使用 import 导入其他的 Python 脚本不会执行。

```
import test.py
```

运行结果为

```
第 1 次测试 if __name__ == 'main'语句
```

只输出了第 1 行字符串，即 if __name__ == "__main__"之前的语句被执行，之后的没有被执行。因为 if __name__ == '__main__'在 Python 文件 test.py 和 import_test.py 中都包含内置的__name__变量，当该模块被直接执行时，__name__ 等于文件名（包含后缀 .py）；当该模块导入其他模块中，则该模块的 __name__ 等于模块名称（不包含后缀.py）。

# 第 7 章

# Python 的 GUI 设计

App 应用的出现使人们的日常生活变得更加便利,图形用户界面(Graphical User Interface,GUI)如同一个 App,它由窗口、下拉菜单、对话框及其相应的标签、图片、文本框、按钮、列表框、单选按钮、复选框等组件构成。GUI 窗口是信息交互的功能载体,常通过鼠标和键盘对菜单、按钮等图形化组件发送指令,获取标签、对话框等人机对话信息。一个好的 GUI 设计不仅要有精美的视觉表现,而且在完成信息采集与反馈、输入与输出的同时,还要体现符合人们认知行为习惯的操作逻辑,设计功能一目了然,让用户在使用中清晰易懂。

## 7.1 图形化界面设计的基本理解

Python 自带了 tkinter 模块,该模块是一个面向对象的 GUI 工具包,提供了快速创建 GUI 应用程序的接口方法。导入 tkinter 模块,即可实现编写窗体组件布局、人机交互组件窗口、用户触发事件响应、窗口绘图等相应的程序。

### 7.1.1 图形化界面的特点

(1) GUI 是指采用图形方式显示计算机操作界面,它具有较好的人机交互功能,使操作更人性化,更符合用户的操作需求。它结合了计算机科学、美学、心理学、行为学及各商业领域的需求,更强调人、机、环境三者为一体的设计原则。

(2) GUI 的本质是一种工业外观设计,通过界面内容展示与其方法的内在联系,包含常用的标签、文本框、按钮、列表、菜单、对话框等要素,使用户通过触动相应的组件即可调取相关程序进行数据处理。

(3) Python 自带的图形库支持多种操作系统,可以在 Windows、Linux 或 macOS 系统下运行,编写代码时,只需要调用 tkinter 模块的 Tk()接口函数,即可显示人机交互界面的 GUI 窗口。

(4) 在 GUI 中,每个按钮(Button)、标签(Label)、输入框(Entry)、列表框等,都属于一个组件,框架(Frame)则是可以容纳其他组件的组件,所有组件组合起来就是一个树形结构。

## 7.1.2　图形用户界面设计原则

图形界面充当着人机交互的信息交流平台,首先要对图形用户界面进行一致性设计,即相互链接的界面主体颜色、图像风格、字体一致,遵循逻辑性、启发性和习惯用法等设计原则,不但要符合设计的审美原则,更要遵循用户的认知心理和行为方式,体现用户界面设计具有多学科交叉的显著特点。

# 7.2　常用组件及属性

学习 Python GUI 编程的过程中,不仅要学会如何摆放组件,还要掌握各种组件的功能、属性,这样才能完成一个设计优雅、功能完善的 GUI 程序。

## 7.2.1　常用组件

Python 中提供了各种组件,如按钮,标签和文本框,用于设计 GUI 应用界面。常用组件如表 7-1 所示。

表 7-1　常用组件

| 组 件 名 称 | 功 能 描 述 |
| --- | --- |
| Button | 按钮组件,在程序中显示按钮 |
| Canvas | 画布组件,构建绘图类,如椭圆、矩形框、线条、多边形、文本等 |
| Checkbutton | 复选框组件,用于在程序中提供多项选择框 |
| Entry | 输入组件,用于显示简单的文本内容 |
| Frame | 框架组件,在屏幕上显示一个矩形区域,多用来作为容器 |
| Label | 标签组件,可以显示文本和位图 |
| Listbox | 列表框组件,在列表框窗口显示一个字符串列表 |
| Menubutton | 菜单按钮组件,用来显示菜单项 |
| Menu | 菜单组件,显示菜单栏、下拉菜单和弹出菜单 |
| Message | 消息组件,用来显示多行文本,与标签类似,用于提示 |
| Radiobutton | 单选按钮组件,显示一个单选的按钮状态 |
| Scale | 范围组件,显示一个数值刻度,为输出限定范围的数字区间 |
| Scrollbar | 滚动条组件,当内容超过可视化区域时使用,如列表框 |
| Text | 文本组件,用于显示多行文本 |
| Toplevel | 容器组件,用来提供一个单独的对话框,和 Frame 类似 |
| Spinbox | 输入组件,与 Entry 类似,但是可以指定输入范围值 |
| Panedroot | 包含一个或多个子组件的窗口布局管理插件 |
| LabelFrame | 一个简单的容器组件,常用于复杂的窗口布局 |
| tkMessageBox | 用于显示应用程序的消息框 |

**说明:**

(1) 所有组件中,文本组件(Text)显得异常强大和灵活,适用于多种任务。虽然该组件的主要目的是显示多行文本,但它常常也作为简单的文本编辑器和网页浏览器使用。

（2）框架组件（Frame）是一个容器窗口部件,该窗口可以有边框和背景,当创建一个应用程序或 Dialog（对话）界面时,框架可被用来组织其他的窗口组件。

（3）各组件可使用公共属性,如:width 设置水平宽度,height 设置高度像素值,font＝（'隶书', 16）表示设置字体为 16 号字、隶书,bg＝'blue'表示设置背景为蓝色,fg＝'yellow'表示设置前景（字体）为黄色。这些属性均可用在标签、输入框、文本、按钮等组件中。此外,组件还有独立属性,如在输入框中加入 show＝'＊',输入的内容隐藏为 ＊ 号,常用于密码登录框。字符属性值及字符变量值均需要使用双引号（或单引号）括起来。

## 7.2.2　组件标准属性

窗体上组件具有尺寸、颜色、字体、相对位置、浮雕样式、图标样式和悬停光标形状等属性,在初始化根窗体时可实例化窗体组件,并设置属性。父容器可为根窗体或其他容器组件实例。组件标准属性和常用窗体属性分别如表 7-2 和表 7-3 所示。

表 7-2　组件标准属性

| 属 性 名 称 | 功 能 描 述 |
| --- | --- |
| dimension | 组件大小 |
| color | 组件颜色 |
| bg/fg | 设置背景颜色/设置前景颜色 |
| font | 组件字体 |
| bd | 边框宽度大小,默认为 2 像素 |
| anchor | 锚点,文本起始位置 |
| padx/pady | 水平/垂直扩展像素 |
| relief | 边框样式,包括 FLAT（平）、RAISED（凸起）、SUNKEN（凹陷）、GROOVE（沟槽状）和 RIDGE（脊状）,默认为 FLAT |
| bitmap | 指定位图图像 |
| cursor | 鼠标指针移动时形状,默认为 arrow（箭头）,可以设置为 arrow、circle、cross、plus 等 |
| justify | 对齐方式,可选项包括 LEFT、RIGHT、CENTER |
| image | 显示图片（必须是 GIF 格式）,变量赋值给 image |
| underline | 下画线。取值就是带下画线的字符串索引。取值为 0 时,第 1 个字符带下画线;取值为 1 时,第 2 个字符带下画线,以此类推 |

表 7-3　常用窗体属性

| 属 性 名 称 | 功 能 描 述 | 取 值 |
| --- | --- | --- |
| color | 组件颜色 | 颜色或颜色代码如'red'或'＃ff0000' |
| font | 组件字体 | '华文行楷''黑体''隶书'等 |
| anchor | 文本起始位置 | |
| relief | 边框样式 | 边框样式,包括 FLAT（平）、RAISED（凸起）、SUNKEN（凹陷）、GROOVE（沟槽状）和 RIDGE（脊状）,默认为 FLAT |
| height、width | 高、宽像素值 | |

续表

| 属 性 名 称 | 功 能 描 述 | 取　　值 |
|---|---|---|
| cursor | 几何图形光标 | |
| boderwith | 边框的宽度 | |
| disabledforeground | 无效时的颜色 | |
| highlightthickness | 焦点所在的边框的宽度 | 默认值通常为 1 或 2 像素 |

## 7.2.3　tkinter 编程

Python 安装包中内置了 tkinter 模块,该模块的 Tk()函数负责窗体创建以及相关的属性定义,其图像化编程的基本步骤如下。

### 1. 导入 tkinter 模块

```
from tkinter import *                                    # 导入窗体建立模块
from tkinter.tix import Tk, Control, ComboBox            # 升级的组合组件包
from tkinter.messagebox import showinfo, showwarning, showerror   # 导入信息对话框组件库
```

### 2. 创建 GUI 根窗体

根窗体是图像化应用程序的主控制器,也是 tkinter 模块的底层组件实例。当导入 tkinter 模块后,调用 Tk()函数可初始化一个根窗体实例 root,使用 title()方法可设置其标题文字,使用 geometry()方法可以设置窗体的大小(以像素为单位)。一般将根窗体置于主循环中(root.mainloop()),除非用户关闭,否则程序始终处于运行状态。根窗体上可持续呈现其他可视化组件实例,监测事件的发生并执行相应的处理程序。

### 3. 窗体背景设置

若调用 Tk()函数初始化的根窗体实例为 root,则 root.config(bg='颜色')可设置窗体颜色,颜色可使用英文或♯RGB进行设置。设置背景图片代码如下。

```
img = PhotoImage(file = "图片文件")
lb = Label(root, image = img)                            # 引入标签
lb.place(x = 0, y = 0, relwidth = 1, relheight = 1)      # 图片尺寸为铺满整个窗体
```

图片文件只支持.png 和.gif 格式,其他格式需要使用 PIL(Python Imaging Library)库进行转换(若当前安装目录为 C:\Python\Python310\,在命令行中执行 pip install pillow 命令即可安装这个库)。

### 4. 添加人机交互组件并编写相应的方法

用组件编写相应的方法属于集成化的子程序,它是用来实现某些运算和完成各种特定操作的重要手段。在程序设计中,灵活运用函数库,不仅能体现程序设计的智能化和程序可读性,还能充分体现算法设计的正确性、健壮性及高效存储的需求。

### 5. 在主事件循环中等待用户触发事件响应

事件是指系统中任意活动的发生。事件的响应是指对系统中任意发生的事件调用有关程序或例程进行处理的过程,以保证系统正常运行。

## 7.2.4 对象调用及设置

### 1. 对象调用

bind()函数用来绑定回调函数,可以被绝大多数组件类所使用。界面对象调用规则为

```
对象.bind(事件类型,回调函数)
```

例如:

```
t = Label(root, text = '标签')              #t为标签对象
t.bind(<Button-1>, 函数名)                  #单击时调用函数
unbind([type],[data],Handler)              #bind()函数的反向操作
```

unbind()函数是从每个匹配的元素中删除绑定事件,若未指定参数,则删除所有绑定的事件,若提供了事件类型作为参数,则只删除该类型的绑定事件。因此,它可以对bind()函数注册的自定义事件取消绑定。如果将绑定时传递的处理函数作为第2个参数,则只有这个特定的事件处理函数会被删除。

### 2. tkinter 基本设置

(1) 窗体标题。在导入 tkinter 模块后,若使用 root = Tk()建立父窗体类实例对象 root,设置窗体标题的方法为 root.title(" "),若不设定,窗体标题默认为 tk。

(2) 窗体大小。若 root 为父窗体类实例对象,则通过 root.geometry("宽度像素值 x 高度像素值")设置窗体大小。若设置宽度像素值为 width,高度像素值为 height,则通过 root.geometry("{}x{}".format(width, height))进行设置。若不设定,则窗体按照组件大小自动设定。

例如:

```
root.geometry ("400 x 300")                    #设置宽度为400,高度为300的窗体
root.resizable(width = False, height = False)  #设置窗体大小不可变(True为可变)
root.winfo_screenwidth()                       #获取屏幕宽度参数
root.winfo_screenheight()                      #获取屏幕高度参数
```

(3) 颜色设置。tkinter 包括一个颜色数据库,它将颜色名映射为相应的 RGB 值。在 Windows 系统中,颜色名表内建于 Tk()函数中。颜色数据库包括了通常的颜色名称,如 red、green、blue、yellow 和 lightblue 等,也可以使用颜色的 RGB 十六进制值表示,如 #ffffff 代表白色、#ff0000 代表红色、#00ff00 代表绿色、#0000ff 代表蓝色、#cccccc 代表灰色等。

【例 7-1】 tkinter 的窗体基本设置。

```
from tkinter import *              #导入库
root = Tk()                        #初始化
width = 300                        #窗体宽度
height = 200                       #窗体高度
root.title('tkinter 的窗体设置')    #设置标题
```

```
root.geometry("{}x{}".format(width, height))        #设置窗体大小
root.resizable(width = False, height = False)        #设置窗体大小不可变
root.config(bg = '#FFFF00')                          #设置背景颜色
root.mainloop()                                      #进入消息循环,显示界面
```

运行结果如图 7-1 所示。

图 7-1　窗体基本设置

## 7.3　tkinter 布局方式

tkinter 组件有特定的几何状态布局方法,用于整个组件区域组织和管理。常用布局方法如表 7-4 所示。

表 7-4　常用布局方法

| 布 局 方 法 | 功 能 描 述 | 参　　数 |
|---|---|---|
| pack() | 简单布局 | fill,side |
| grid() | 网络布局 | column,ipadx,… |
| place() | 相对位置布局 | x,y,relx,rely |

pack()方法是最简单的布局方式,它把组件加入父容器中;grid()方法可以实现按照行、列的形式进行表格布局;place()方法是一种"绝对布局"方式,它要求每个组件按照绝对位置或相对于其他组件位置布局,如果要使用 place 布局,调用相应 place()方法中的坐标,即可确定在窗口上的位置。

### 7.3.1　简单布局及应用案例

按布局语句以最小占用空间的方式,自上而下、从左到右排列组件,并且保持组件本身的最小尺寸。参数 fill="x"、fill="y" 或 fill="both"分别表示允许组件向水平方向、垂直方向或二维伸展方式填充组件。参数 side = "left"、side = "right"、side = "top"(默认)、side = "bottom"分别表示相对于下一个实例的左、右、上、下方位。pack()布局的常用属性和方法如表 7-5 和表 7-6 所示。

表 7-5　pack()布局常用属性

| 属 性 名 称 | 功 能 描 述 | 取 值 范 围 |
|---|---|---|
| expand | 取值为"yes"时,side 参数无效,组件显示在父配件中心位置;若 fill="both",则填充父组件剩余空间 | "yes",自然数,"no",0(默认值为"no"或 0) |
| fill | 填充 $x/y$ 方向上的空间,当属性 side="top"或"bottom"时,填充 $x$ 方向;当属性 side="left"或"right"时,填充 $y$ 方向;当 expand="yes"时,填充父组件的剩余空间 | "$x$" "$y$" "both"(默认值为待选) |
| ipadx, ipady | 组件内部在 $x/y$ 方向上填充的空间大小,默认单位为像素,可选单位为 c(厘米)、m(毫米)、i(英寸)、p(打印机的点,即 1/27 英寸),用法为在值后加以上一个后缀即可 | 非负浮点数(默认值为0.0) |
| padx, pady | 组件外部在 $x/y$ 方向上填充的空间大小,默认单位为像素,可选单位为 c(厘米)、m(毫米)、i(英寸)、p(1/27 英寸),用法为在值后加以上后缀即可 | 非负浮点数(默认值为0.0) |
| side | 定义停靠在父组件的哪一边上 | "top" "bottom" "left" "right"(默认为"top") |
| before | 将本组件于所选组建对象之前布局,类似于先创建本组件再创建选定组件 | 已经布局的组件对象 |
| after | 将本组件于所选组建对象之后布局,类似于先创建选定组件再用于本组件 | 已经布局的组件对象 |
| in | 将本组件作为所选组建对象的子组件,类似于指定本组件的master 为选定组件 | 已经布局的组件对象 |
| anchor | 相对于摆放组件的位置的对齐方式,左对齐为"w",右对齐为"e",顶对齐为"n",底对齐为"s" | "n" "s" "w" "e" "nw" "sw" "se" "ne" "center"(默认) |

表 7-6　pack()布局常用方法

| 方　　法 | 功 能 描 述 |
|---|---|
| slaves() | 以列表方式返回本组件的所有子组件对象 |
| propagate(boolean) | 参数设置为 True 表示父组件的几何大小由子组件决定(默认值),反之则无关 |
| info() | 返回 pack 提供选项所对应的值 |
| forget() | 将组件隐藏并且忽略原有设置,若该对象依旧存在,可以用 pack(option, …)将其显示 |
| location(x, y) | x, y 为以像素为单位的点坐标,函数返回此点本单元格中的行列坐标,(-1,-1)表示不在其中 |
| size() | 返回组件所包含的单元格,揭示组件大小 |

【例 7-2】　使用简单布局创建用户界面(User Interface,UI)。

```
from tkinter import *                                          ＃导入库
root = Tk()                                                    ＃初始化
root.title('Python 简单布局')
lb = Label(root, text = 'Python 的简单布局', bg = '＃f1ff1c', fg = 'blue', \
      font = ('华文新魏',32), width = 20, height = 2, relief = SUNKEN)    ＃加入标签1
```

```
lb1 = Label(root,text = '添加标签 1',fg = 'blue',\
        font = ('华文新魏',24),width = 20,height = 2)          # 加入标签 2
lb2 = Label(root,text = '添加标签 2',bg = 'pink',fg = 'blue',\
        font = ('华文新魏',24),width = 20,height = 2)          # 加入标签 3
lb.pack()                                                     # 把标签布置上去
lb1.pack()
lb2.pack()
root.mainloop()                                               # 显示界面
```

运行结果如图 7-2 所示。

图 7-2　简单布局方式

## 7.3.2　表格布局及应用案例

表格布局是以虚拟二维表格方式布局各种组件的方法,由于表格单元中所布局的组件实例、单元格大小不同,因此,该方式仅用于布局定位。grid()布局常用属性如表 7-7 所示。

表 7-7　grid()布局常用属性

| 属 性 名 称 | 功 能 描 述 | 取 值 |
|---|---|---|
| row/column | 组件起始行/起始列 | $0 \sim N$ |
| columnspan | 组件所跨越的列数 | 默认为 1 列 |
| rowspan | 组件的起始行数 | 默认为 1 行 |
| ipadx/ipady | 组件区域内部扩充的横向/纵向像素数 | $1 \sim M$ |
| padx/pady | 组件单元格外部扩充的横向/纵向像素数 | $1 \sim M$ |
| sticky | 指定内容在单元格的位置 | NW,N,NE,E W,SW,S,SE |
| in | 将本组件作为所选组建对象的子组件,类似于指定本组件的 master 为选定组件 | 已经布局的组件对象 |

说明:

(1) pack()方法与 grid()方法不能混合使用。

(2) sticky 取值也可以组合使用,如 E W 的效果就是水平拉伸空间:

```
root.grid(row = 2, column = 1,sticky = E W)
```

grid()布局常用方法如表 7-8 所示。

表 7-8　grid()布局常用方法

| 方　　法 | 功　能　描　述 |
| --- | --- |
| slaves() | 以列表方式返回本组件的所有子组件对象 |
| propagate(boolean) | 参数设置为 True 表示父组件的几何大小由子组件决定(默认值),反之则无关 |
| info() | 返回 pack 提供的选项所对应的值 |
| forget() | 将组件隐藏并且忽略原有设置,对象依旧存在,可以用 pack(option,…)将其显示 |
| grid_remove() | 从网格管理器中删除此小部件。小部件不会被销毁,并且可以由网格或任何其他管理器重新显示 |

【例 7-3】　使用 grid()布局标签。

```
from tkinter import *
root = Tk()
lbr = Label(root,text = "编写教材名称",fg = "Red",font = ('华文新魏',28))
lbr.grid(column = 1,row = 0)
lb1 = Label(root,text = "Python 入门与实践",fg = "blue",relief = GROOVE,font = ('华文新魏',16))
lb1.grid(column = 0,row = 1)
lb2 = Label(root,text = "MATLAB 基础应用案例教程",fg = "blue",relief = GROOVE,font = ('华文新魏',16))
lb2.grid(column = 1,columnspan = 1,row = 1,ipadx = 20)
lb3 = Label(root,text = "Python 高级编程",fg = "blue",relief = GROOVE,font = ('华文新魏',16))
lb3.grid(column = 2,columnspan = 1,row = 1,ipadx = 20)
root.mainloop()
```

运行结果如图 7-3 所示。

图 7-3　表格布局

## 7.3.3　绝对位置布局及应用案例

绝对位置布局方式要求程序显式指定每个组件的绝对位置或相对于其他组件的位置参数进行布局。

绝对位置布局中每个取值在单元格中的位置参数如图 7-4 所示。

place()布局的常用属性如表 7-9 所示。

图 7-4　绝对位置布局位置参数

表 7-9　place()布局常用属性

| 属 性 名 称 | 功　能　描　述 | 取　　值 |
| --- | --- | --- |
| anchor | 相对于摆放组件的坐标的位置 | N、E、S、W |
| x,y | 组件在根窗体中水平和垂直方向上的位置 | 按照分辨率取像素值 |

续表

| 属 性 名 称 | 功 能 描 述 | 取 值 |
|---|---|---|
| relx,rely | 组件在根窗体中水平和垂直方向上相对于根窗体宽和高的比例位置 | 0.0~1.0 |
| height,width | 组件本身的高度和宽度 | 按照分辨率取像素值 |
| relheight,relwidth | 组件相对于根窗体的高度和宽度比例 | 0.0~1.0 |
| bordermode | 指定是否计算该组件的边框宽度 | "inside"或"outside" |

当使用绝对位置布局组件时,需要设置组件的 x、y 位置或 relx、rely 选项,tkinter 容器内的坐标原点$(0,0)$在左上角,其中 $x$ 轴向右延伸,$y$ 轴向下延伸,如图 7-5 所示。

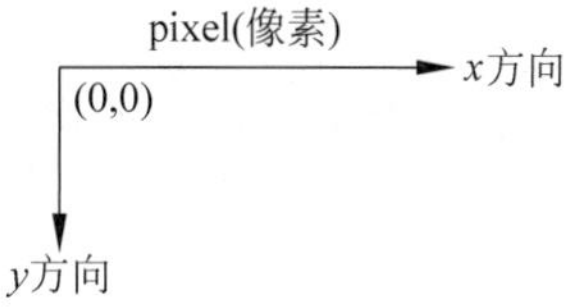

place()布局常用方法如表 7-10 所示。

图 7-5　取值坐标

表 7-10　place()布局常用方法

| 方 　 法 | 功 能 描 述 |
|---|---|
| place_slaves() | 以列表方式返回本组件的所有子组件对象 |
| place_configure(option=value) | 给 pack 布局管理器设置属性,使用属性(option)= 取值(value)方式设置 |
| propagate(boolean) | 参数设置为 True 表示父组件的几何大小由子组件决定(默认值),反之则无关 |
| place_info() | 返回 pack 提供的选项所对应的值 |
| grid_forget() | 将组件隐藏并且忽略原有设置,对象依旧存在,可以用 pack(option,…)将其显示 |
| location(x, y) | x,y 为像素点坐标,函数返回此点是否在单元格中,若在单元格中,返回单元格行列坐标,$(-1,-1)$表示不在其中 |
| size() | 返回组件所包含的单元格,揭示组件大小 |

**【例 7-4】** 使用 place()布局多行文本。

```python
from tkinter import *
import random
root = Tk()
root.title("Place 布局")
root.geometry("240x240")
li = Label(root,text = '本学期课程安排',font = ('隶书',14))
li.place(x = 36,y = 10,height = 16,width = 140)      #加入标题
books = ('高等数学', '计算机科学导论', 'Python 语言程序设计','大学物理','线性代数')
                                                     #元组
for i in range(len(books)):
    ct = [random.randrange(256) for x in range(3)]   #产生 3 个颜色随机数
    bg_color = "#%02x%02x%02x" % tuple(ct)           #将元组中 3 个数随机数转换为
                                                     #十六进制颜色值
    lb = Label(root,text = books[i],fg = 'white',bg = bg_color,font = ('隶书',14))
                                                     #变换背景色
    lb.place(x = 20, y = 36 + i * 36, width = 180, height = 30)   #循环加入元组数据
root.mainloop()
```

运行结果如图 7-6 所示。

图 7-6　绝对位置布局

**说明**：利用 place()方法配合 relx、rely 和 relheight、relwidth 参数，所得到的界面可自适应根窗体尺寸的大小。place()方法与 grid()方法混合使用，可利用 place()方法排列消息（多行文本）的布局优势。

## 7.4　组件的使用

Python 不仅包括标签、文本框、按钮、单选按钮、复选框、框架、列表、组合框和滑块等组件，还提供了各组件的属性设置和方法函数，使编写界面时能够节省大量时间。

### 7.4.1　标签组件及应用案例

标签组件(Label)用来显示指定窗口中不允许用户修改的文本和图像。若需要显示一行或多行文本且不允许用户修改，可以使用 Label 组件。语法格式为

```
L1 = Label(根对象,[属性列表])
```

标签属性选项是可选项，可以用键-值的形式设置，并以逗号分隔。

标签常用属性如表 7-11 所示。

表 7-11　标签常用属性

| 属 性 名 称 | 功 能 描 述 |
| --- | --- |
| anchor | 文本或图像在背景内容区的位置，默认为 center，可选值为 e、s、w、n、ne、nw、sw、se、center(e、s、w、n 分别为东、南、西、北英文的首字母) |
| height | 标签的高度，默认值为 0 |
| image | 设置标签中显示的图像 |
| justify | 定义对齐方式，可选值有 LEFT、RIGHT、CENTER，默认为 CENTER |
| padx | $x$ 轴间距(横向)，单位为像素，默认为 1 |
| pady | $y$ 轴间距(纵向)，单位为像素，默认为 1 |

续表

| 属 性 名 称 | 功 能 描 述 |
| --- | --- |
| text | 设置文本,可以包含换行符(\n) |
| textvariable | 标签显示变量,如果变量被修改,标签文本将自动更新 |
| underline | 设置下画线,默认值为−1。如果设置为1,则是从第2个字符开始画下画线 |
| width | 设置标签宽度,默认值为0,自动计算,单位为像素 |
| wraplength | 设置标签文本为多少行显示,默认值为0 |

**说明**：边框样式FLAT、SUNKEN、RAISED、GROOVE、RIDGE为不同的三维显示效果。

【**例 7-5**】　标签的使用。

```
from tkinter import *
root = Tk()
L1 = Label(root, text = "学习 Python 界面设计", font = ('华文新魏', 20))
L2 = Label(root, text = "今天我们学习标签的使用")
L1.pack()
L2.pack()
root.mainloop()
```

运行结果如图 7-7 所示。

图 7-7　标签的使用

## 7.4.2　编辑和输入文本框组件及应用案例

文本框组件包括编辑(Text)和输入(Entry)两种。若需要编辑一行或多行文本,使用Text 组件；若需要人机交互,使用 Entry 组件。

语法格式为

```
T1 = Text(根对象,[属性列表])        # 用户编辑文本框
T2 = Entry(根对象,[属性列表])        # 人机交互文本框
```

文本框属性选项是可选项,可以用键-值的形式设置,并以逗号分隔。

文本框常用属性如表 7-12 所示。

表 7-12　文本框常用属性

| 属 性 名 称 | 功 能 描 述 |
| --- | --- |
| width/height | 文本框宽度/文本框高度 |
| highlightcolor | 文本框高亮边框颜色,当文本框获取焦点时显示 |
| justify | 多行文本对齐方式,可选项包括 LEFT、RIGHT、CENTER |
| cursor | 鼠标指针的形状设定,如 arrow、circle、cross、plus 等 |
| selectforeground | 选择文本的颜色 |

续表

| 属 性 名 称 | 功 能 描 述 |
|---|---|
| selectbackground | 选择文字的背景颜色 |
| show | 显示文本框字符,密码设为 show=" * " |
| textvariable | 文本框变量值,是一个 StringVar()对象 |
| xscrollcommand | 水平向滚动条,当文本框宽度大于文本框显示的宽度时使用 |
| exportselection | 在输入框中选中文本默认会复制到剪贴板,若需设置该功能,令 exportselection=0 |

文本框常用方法如表 7-13 所示。

表 7-13　文本框常用方法

| 方　法 | 功 能 描 述 |
|---|---|
| delete(起始位置,[,终止位置]) | 删除指定区域文本(取值可为整数、浮点数或 END) |
| get(起始位置,[,终止位置]) | 获取指定区域文本(取值可为整数、浮点数或 END) |
| insert(位置,[,字符串]…) | 将文本插入指定位置 |
| see(位置) | 在指定位置是否可见文本,返回布尔值 |
| index(标记) | 返回标记所在的行和列 |
| select_adjust(index) | 选中指定索引和光标所在位置之前的值 |
| select_clear() | 清空文本框 |
| select_from(index) | 设置光标的位置,通过索引值 index 来设置 |
| select_present() | 如果有选中,返回 True,否则返回 False |
| mark_names() | 返回所有标记名称 |
| mark_set(标记,位置) | 在指定位置设置标记 |
| select_range(start, end) | 选中指定索引位置,start 包含,end 不包含 |
| select_to(index) | 选中指定索引与光标之间的值 |
| icursor(index) | 将光标移动到指定索引位置,当文本框获取焦点后成立 |
| xview(index) | 查看文本框的水平方向滚动 |
| view_scroll(number, what) | 用于水平滚动文本框。what 参数为 UNITS 按字符宽度或 PAGES 按文本框组件块滚动；number 参数为正数表示由左向右滚动,为负数表示由右向左滚动 |
| mark_unset(标记) | 去除标记 |

其中,文本框可使用标准属性。例如:

```
text.insert(1.0, 'hello\n')              ♯插入一个字符串
text.insert(END, 'hello000000\n')        ♯换行插入一个字符串
text.delete(10)                          ♯删除索引值为 10 的值
text.delete(10, 20)                      ♯删除索引值为 10~20 的值
text.delete(0, END)                      ♯删除所有值
```

【例 7-6】 简单编辑文本框的使用。

```
from tkinter import *
root = Tk()
```

```
root.title("hello world")
root.geometry('300x200')
t = Text(root)
t.pack()
root.mainloop()
```

运行结果如图 7-8 所示。

图 7-8　简单编辑文本框的使用

【例 7-7】　插入文本的 UI 设计。

```
from tkinter import *
root = Tk()
root.title("编辑文本框的使用")
root.geometry('360x160')
text = Text(root,width = 50,height = 10)        ♯ 设置编辑文本框的大小
text.pack()                                      ♯ 添加文本框
text.insert(INSERT,"我现在开始学习 \n")          ♯ INSERT 表示在光标所在位置插入
text.insert(END,"Python 界面设计!")              ♯ END 表示在末尾处插入
mainloop()
```

运行结果如图 7-9 所示。

图 7-9　插入文本

【例 7-8】　使用人机交互文本框输入摄氏温度,转换为华氏温度。

```
from tkinter import *
def convert():
    cd = float(inputC.get())
    lb2.config(text = "%.2f°C = %.2f°F" % (cd, cd * 1.8 + 32))
root = Tk()
root.geometry('460x200')
root.title("摄氏转华氏温度")
lb1 = Label(root, text = "摄氏温度转换为华氏温度", fg = "blue",font = ('隶书',22))
lb1.pack()
```

```
lb2 = Label(root,text = "",fg = "blue",font = ('隶书',16))
lb2.pack()
Label(root, text = "请输入摄氏温度", fg = "blue",font = ('隶书',16)).pack(side = 'left')
inputC = Entry(root, text = "0",font = ('隶书',16))
inputC.pack(side = 'right')
btnCal = Button(root, text = "开始计算", command = convert)
btnCal.pack(side = 'bottom')
root.mainloop()
```

运行结果如图 7-10 所示。

**【例 7-9】** 使用文本框循环获取时间和日期。

```
from tkinter import *
import time
import datetime
def gettime():
    s = str(datetime.datetime.now()) + '\n'
    txt.insert(END,s)
    root.after(1000,gettime)          # 每隔 1s 调用 gettime()函数自身获取时间
root = Tk()
root.geometry('320x240')
txt = Text(root)
txt.pack()
gettime()
root.mainloop()
```

运行结果如图 7-11 所示。

图 7-10　摄氏温度转换为华氏温度

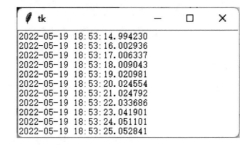

图 7-11　日期和时间显示界面

## 7.4.3　按钮组件及应用案例

按钮(Button)组件常用于单击事件调用 Python 函数或方法,当按钮被按下时,会自动调用编写的函数或方法处理相应的事件。在按钮上可以放置文本或图像,在文本上可加下画线标记快捷键,默认按 Tab 键可移动到下一个按钮组件。

语法格式为

```
b1 = Button(根对象,[属性列表])
```

按钮属性选项是可选项,可以用键-值的形式设置,并以逗号分隔。

按钮常用方法如表 7-14 所示。

表 7-14 按钮常用方法

| 方　　法 | 描　　述 |
|---|---|
| deselect( ) | 清除单选按钮的状态 |
| flash( ) | 在激活状态颜色和正常颜色之间闪烁几次后保持开始时状态 |
| invoke( ) | 获得用户选择单选按钮更改其状态时发生的操作 |
| select( ) | 设置单选按钮为选中 |

按钮常用属性如表 7-15 所示。

表 7-15 按钮常用属性

| 属　　性 | 功 能 描 述 | 取　　值 |
|---|---|---|
| activeforeground | 单击时按钮上字的颜色 | 'blue'或'♯0000ff' |
| activebackground | 单击时按钮背景的颜色 | 'red'或'♯ff0000' |
| command | 单击调用的方法 | command＝函数名,函数名后面不要加括号,如 command＝run1 |
| image | 显示图像(只能显示 GIF 图片文件) | file＝图片文件名 |
| underline | 字符下画线 | |
| state | 按钮状态选项 | 不可用、正常、活动 |
| wraplength | 限制按钮每行显示的字符的数量,超出限制数量后则换行显示 | |

【例 7-10】 单击事件的使用。

```python
from tkinter import *
root = Tk()
root.title('按钮事件的使用')
root.geometry("400x150")
def say():
    lb1 = Label(root,text = "我们正在学习按钮单击事件!",font = ("楷体", 20))
    lb1.pack()
B1 = Button(root, text = "按钮提交",bg = "yellow" ,fg = "blue", font = ("楷体", 16), command = say)
B1.pack(side = BOTTOM)
root.mainloop()
```

运行结果如图 7-12 所示。

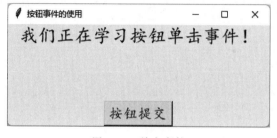

图 7-12　单击事件

【例 7-11】 使用 UI 设计输入圆的半径并求圆的面积。

```
from tkinter import *
def printInfo():
    entry2.delete(0, END)                    ＃清理 entry2
    R = float(entry1.get())
    S = 3.1415926 * R * R
    entry2.insert(20, S)
root = Tk()
root.title('学习 Python GUI 设计')
root.geometry('300x120')
Label(root, text = "输入圆的半径计算圆的面积", font = ('隶书', 16)).grid(row = 0, columnspan = 2)
Label(root, text = "输入圆的半径:").grid(row = 1)
Label(root, text = "输出圆的面积:").grid(row = 2)
entry1 = Entry(root)
entry2 = Entry(root)
entry1.grid(row = 1, column = 1)
entry2.grid(row = 2, column = 1)
b1 = Button(root, text = '退出', command = root.quit)
b1.grid(row = 3, column = 0, sticky = W, padx = 5, pady = 5)
b2 = Button(root, text = '计算', command = printInfo)
b2.grid(row = 3, column = 1, sticky = W, padx = 5, pady = 5)
root.mainloop()
```

运行结果如图 7-13 所示。

图 7-13　计算圆的面积

【例 7-12】 背景图片与时间的显示。

```
from tkinter import *
import time
root = Tk()
root.title('时钟')
def gettime():
    var.set(time.strftime("%H:%M:%S"))          ＃获取当前时间
    root.after(1000, gettime)                    ＃每隔 1s 调用 gettime()函数自身获取时间
var = StringVar()
img = PhotoImage(file = "pho11.png")
lb = Label(root, image = img)
lb.place(x = 0, y = 0, relwidth = 1, relheight = 1)
root.geometry("500x200")
lb1 = Label(root, text = '电子时钟', fg = 'blue', font = ("黑体", 16))
lb1.place(x = 0, y = 0, height = 40, width = 100)
```

```
lb2 = Button(root, text = '打开时钟显示', bg = 'yellow', fg = 'green', font = ("黑体", 26), command =
gettime)
lb2.pack()
lb3 = Label(root, textvariable = var, fg = 'blue', font = ("黑体", 40))
lb3.pack()
lb.photo = 'background'
root.mainloop()
```

运行结果如图 7-14 所示。

图 7-14　背景图片与时钟显示

【例 7-13】　使用图片按钮提交信息。

```
from tkinter import *
root = Tk()
root.title("图片按钮及单击事件响应")
root.geometry('300x150')
def hello():                ♯单击按钮弹出消息框
    b1 = Message(root, text = "Python 图片按钮使用及单击事件响应", font = ('华文新魏', 16),
width = 200)
    b1.pack()
photo = PhotoImage(file = 'i.gif')
Button(root, image = photo, padx = 5, pady = 5, command = hello).pack()
root.mainloop()
```

运行结果如图 7-15 所示。

图 7-15　图片按钮

【例 7-14】　标签、文本框及按钮的综合使用。

```
from tkinter import *
root = Tk()                                   ♯初始化
label = Label(root, text = "学习 Python 界面设计", bg = "yellow", bd = 10, font = ("隶书",24),
width = 18)
label.grid(column = 1, row = 0)              ♯标签的位置
```

```
root.title("界面设计")
root.geometry("460x240")
root.resizable(False,False)                              #不可修改窗口大小
root["background"] = "yellow"                            #设置背景色
name0 = Label(root, text = "用户名",font = ("黑体",16),bg = "yellow")
name0.grid(column = 0,row = 1,pady = 10)                 #布置标签组件
name1 = Entry(root, bd = 5,width = 25)
name1.grid(column = 1,row = 1,pady = 10,ipady = 5)       #布置文本框组件
pass0 = Label(root, text = "密  码",font = ("黑体",16),bg = "yellow")
pass0.grid(column = 0,row = 2,pady = 10)
pass1 = Entry(root,bd = 5,width = 25,show = " * ")
pass1.grid(column = 1,row = 2,pady = 10,ipady = 5)
b1 = Button(root,text = "提交",bd = 2,width = 10,padx = 10)
b1.grid(column = 0,row = 3,pady = 10)                     #布置按钮组件
b2 = Button(root,text = "重置",bd = 2,width = 10)
b2.grid(column = 1,row = 3,pady = 10)
root.mainloop()
```

运行结果如图 7-16 所示。

图 7-16　标签、文本框及按钮的综合使用

【例 7-15】　设计一个登录界面,并添加用户验证信息。

```
from tkinter import *
import tkinter.messagebox
root = Tk()                          #父窗口类实例
root.geometry("400x300")
root.title("用户登录")
def tj():
    name12 = name2.get()
    pass12 = pass2.get()
    if (name12 == "jiang" and pass12 == "jiang123456"):
        tkinter.messagebox.showinfo('提示信息','用户名和密码正确')
    else:
        tkinter.messagebox.showinfo('提示信息','用户名或密码错误!')
def cz():
    name2 = ""
    pass2 = ""
canvas = Canvas(root, width = 400, height = 100, bg = '#00ff20')
image_file = PhotoImage(file = 'pic.gif')
image = canvas.create_image(200, 0, anchor = 'n', image = image_file)
canvas.pack(side = "top")
l1 = Label(root, text = '用户登录',font = ('隶书', 24))
```

```
l1.place(x = 130,y = 120)
name1 = Label(root,text = "用户名",font = ('隶书', 16))
name1.place(x = 40,y = 170)
name2 = Entry(root,bd = 3)
name2.place(x = 130,y = 170)
pass1 = Label(root,text = "密　码",font = ('隶书', 16))
pass1.place(x = 40,y = 210)
pass2 = Entry(root,bd = 3,show = " * ")
pass2.place(x = 130,y = 210)
submit = Button(root, text = "提交", font = ('隶书',16),padx = 5,pady = 5,command = tj)
reset = Button(root, text = "重置", font = ('隶书',16),padx = 5,pady = 5,command = cz)
submit.place(x = 100,y = 250)
reset.place(x = 200,y = 250)
root.mainloop()
```

运行结果如图 7-17 所示。

图 7-17　用户登录界面

【例 7-16】　使用按钮传递参数,要求:

(1) 从两个文本框输入文本后转换为浮点数值进行加法和乘法运算,要求每次单击按钮产生的运算结果以文本的形式追加到下方结果文本框中,并同时将原文本框清空;

(2) "加法运算"按钮不传参数,调用 run1()函数实现;"乘法运算"按钮用 lambda 调用函数 run2(x,y)同时传递参数实现。

```
from tkinter import *
def run1():
    a = float(inp1.get()); b = float(inp2.get());s = '%0.2f + %0.2f = %0.2f\n' % (a, b, a + b)
    txt.insert(END, s)                          #追加显示运算结果
    inp1.delete(0, END) ; inp2.delete(0, END)   #清空输入
def run2(x, y):
    a = float(x); b = float(y);s = '%0.2f * %0.2f = %0.2f\n' % (a, b, a * b)
    txt.insert(END, s)                          #追加显示运算结果
root = Tk()
root.geometry('460x240'); root.title('加法与乘法运算')
lb1 = Label(root, text = '请输入两个数,按下面两个按钮进行相应计算')
lb1.place(relx = 0.1, rely = 0.1, relwidth = 0.8, relheight = 0.1)
inp1 = Entry(root);inp1.place(relx = 0.1, rely = 0.2, relwidth = 0.3, relheight = 0.1)
inp2 = Entry(root);inp2.place(relx = 0.6, rely = 0.2, relwidth = 0.3, relheight = 0.1)
btn1 = Button(root, text = '加法计算', command = run1)      #方法 1
```

```
btn1.place(relx = 0.1, rely = 0.4, relwidth = 0.3, relheight = 0.1)
btn2 = Button(root, text = '乘法计算', command = lambda: run2(inp1.get(), inp2.get()))    #方法2
btn2.place(relx = 0.6, rely = 0.4, relwidth = 0.3, relheight = 0.1)
txt = Text(root)
txt.place(relx = 0.1, rely = 0.6, relwidth = 0.8, relheight = 0.3)
root.mainloop()
```

运行结果如图 7-18 所示。

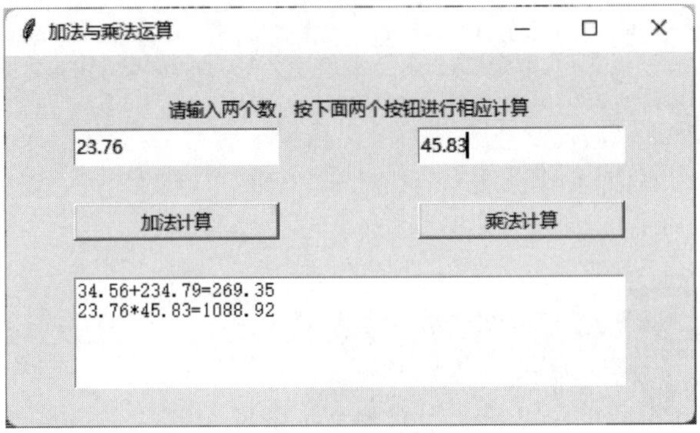

图 7-18　使用按钮传递参数

## 7.4.4　单选按钮组件及应用案例

单选按钮（Radiobutton）组件允许用户在一组选项中只选择其中一个。此外，该组件还具有显示文本（text）、返回变量（variable）、返回值（value）、响应函数名（command）等重要属性。响应函数名"command＝函数名"的用法与 Button 相同，函数名必须加括号。返回变量 variable＝var 通常应预先声明变量的类型，如 var＝IntVar() 或 var＝StringVar()，在所调用的函数中可用 var.get() 方法获取被选中实例的 value 值。

语法格式为

```
R1 = Radiobutton(根对象,[属性列表])
```

单选按钮属性选项是可选项，可以用键-值的形式设置，并以逗号分隔。

单选按钮常用属性如表 7-16 所示。

表 7-16　单选按钮常用属性

| 属 性 名 称 | 功 能 描 述 |
| --- | --- |
| text | 单选按钮文本显示 |
| variable | 关联单选按钮执行的函数 |
| value | 根据值不同确定选中的单选按钮 |
| set(value) | 默认选中指定的单选按钮 |
| height | 单选按钮的高度，需要结合单选按钮的边框样式才能展示出效果 |
| width | 单选按钮的宽度，需要结合单选按钮的边框样式才能展示出效果 |
| activebackground | 单击单选按钮时显示的前景色 |

续表

| 属 性 名 称 | 功 能 描 述 |
|---|---|
| activeforeground | 单击单选按钮时显示的背景色 |
| config(state=) | 单选按钮的状态,可选项有 DISABLED、NORMAL、ACTIVE |
| wraplength | 限制每行的文字,单选按钮文字达到限制的字符后,自动换行 |

【例 7-17】　根据单选按钮选择计算机等级考试语言。

```
from tkinter import *
root = Tk()
root.title('计算机等级考试语言选择')
root.geometry('300x200')
Label(root, text = '选择一门你喜欢的编程语言', font = ('楷体',16)).pack()        ♯标题标签
v = IntVar()
language = [('Python 语言',0),('C++语言',1),('Visual Basic 语言',2),('Java 语言',3)]
def select():                          ♯输出选择的语言
  for i in range(4):
   if (v.get() == i):
     root1 = Tk()
     Label(root1,text = '你的选择是' + language[i][0] + '!',fg = 'red',width = 30, height = 10).pack()
     Button(root1,text = '确定',width = 3,height = 1,command = root1.destroy).pack(side = 'bottom')
for lan,num in language:                ♯展示单选按钮的内容
  Radiobutton(root, text = lan, value = num, command = select, variable = v).pack(anchor = W)
root.mainloop()
```

运行结果如图 7-19 所示。

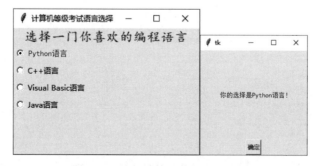

图 7-19　选择计算机等级考试语言

【例 7-18】　单选按钮交互的使用。

```
from tkinter import *
root = Tk()
root.title('理工科专业选择')
root.geometry('360x240')
title1 = Label(root,text = '选择您心仪的专业',fg = 'blue',font = ('华文新魏',20),width = 20,
height = 2)
title1.pack()
def Mysel():
```

```
        dic = {0: '计算机科学', 1: '自动化', 2: '电子工程'}
        s = "您选了" + dic.get(var.get()) + "专业"
        lb.config(text = s, font = ('华文新魏', 16), fg = "blue")
lb = Label(root)
lb.pack(side = BOTTOM)
var = IntVar()
rd1 = Radiobutton(root, text = "计算机科学", variable = var, value = 0, command = Mysel)
rd1.pack()
rd2 = Radiobutton(root, text = "自动化", variable = var, value = 1, command = Mysel)
rd2.pack()
rd3 = Radiobutton(root, text = "电子工程", variable = var, value = 2, command = Mysel)
rd3.pack()
root.mainloop()
```

运行结果如图 7-20 所示。

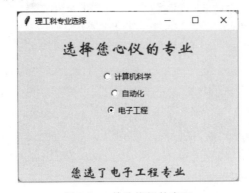

图 7-20　单选按钮的交互

【例 7-19】　设计一个 UI, 通过单选按钮选择不同背景颜色。

```
from tkinter import *
root = Tk()
root.title('颜色选择')
root.geometry('360x240')
title1 = Label(root, text = '选择背景颜色', fg = 'blue', font = ('华文新魏', 28), width = 20, height = 2)
title1.pack()
def red():
    root.configure(bg = 'red')
def green():
        root.configure(bg = 'green')
def blue():
    root.configure(bg = 'blue')
def yellow():
    root.configure(bg = 'yellow')
lb = Label(root)
lb.pack(side = BOTTOM)
var = IntVar()
rd1 = Radiobutton(root, text = "设置红色背景", variable = var, value = 0, command = red)
rd1.pack()
```

```
rd2 = Radiobutton(root,text = "设置绿色背景",variable = var,value = 1,command = green)
rd2.pack()
rd3 = Radiobutton(root,text = "设置蓝色背景",variable = var,value = 1,command = blue)
rd3.pack()
rd4 = Radiobutton(root,text = "设置黄色背景",variable = var,value = 2,command = yellow)
rd4.pack()
root.mainloop()
```

运行结果如图 7-21 所示。

图 7-21　选择不同背景颜色

## 7.4.5　复选框组件及应用案例

复选框(Checkbutton)是为了返回多个选项值的交互组件,通常不直接触发函数的执行。该组件除具有共有属性外,还具有显示文本、返回变量、选中返回值和未选中默认返回值等重要属性。返回变量通常可以预先逐项分别声明变量的类型,如 var＝IntVar()(默认)或 var＝StringVar()。在所调用的函数中可分别调用 var.get()方法获取选中实例的选中或未选中值,分别利用 select()、deselect()和 toggle()方法对其进行选中、清除选中和反选操作。

语法格式为

```
C1 = Checkbutton( 根对象,[属性列表] )
```

复选框属性选项是可选项,可以用键-值的形式设置,并以逗号分隔。

复选框常用属性如表 7-17 所示。

表 7-17　复选框常用属性

| 属 性 名 称 | 功 能 描 述 |
| --- | --- |
| command | 关联的函数,当按钮被单击时,执行该函数 |
| disabledforeground | 禁用选项的前景色 |
| highlightcolor | 聚焦的高亮颜色 |
| padx/pady | 复选框在 $x/y$ 轴上的内边距(padding),是指复选框的内容与复选框边缘的距离,默认为 1 像素 |
| selectcolor | 选中后的颜色,默认为 selectcolor＝"red" |

续表

| 属 性 名 称 | 功 能 描 述 |
|---|---|
| selectimage | 选中后的图片 |
| variable | 变量,variable 的值为 1 或 0,代表选中或不选中 |
| state | 状态,默认为 state=NORMAL |
| offvalue/onvalue | Checkbutton 的值不仅可以是 1 或 0,还可以是其他类型的数值,可以通过 onvalue 和 offvalue 属性设置 Checkbutton 的状态值 |

复选框常用方法如表 7-18 所示。

**表 7-18　复选框常用方法**

| 方　　法 | 功 能 描 述 |
|---|---|
| deselect() | 清除复选框选中选项 |
| flash() | 在激活状态颜色和正常颜色之间闪烁几次,但保持它开始时的状态 |
| invoke() | 获得与用户单击更改状态时发生相同的操作 |
| select() | 设置为选中 |
| toggle() | 选中与没有选中的选项互相切换 |

【例 7-20】　复选框的交互使用。

```python
from tkinter import *
import tkinter
def run():
    if(CheckVar1.get() == 0 and CheckVar2.get() == 0 and CheckVar3.get() == 0 and CheckVar4.get() == 0):
        s = '您还没选择任何爱好的球类项目:'
    else:
        s1 = "足球" if CheckVar1.get() == 1 else ""; s2 = "篮球" if CheckVar2.get() == 1 else ""
        s3 = "排球" if CheckVar3.get() == 1 else "";s4 = "乒乓球" if CheckVar4.get() == 1 else ""
        s = "您选择了%s %s %s %s" % (s1,s2,s3,s4);lb2.config(text = s)
def reset():
    s = '重新选择爱好的球类项目!'
    ch1.deselect()
    ch2.deselect()
    ch3.deselect()
    ch4.deselect()
root = Tk()
root.geometry("320x240")
root.title('复选框的使用'); lb1 = Label(root,text = '请选择您的爱好球类项目:')
lb1.pack()
CheckVar1 = IntVar();CheckVar2 = IntVar();CheckVar3 = IntVar();CheckVar4 = IntVar()
ch1 = Checkbutton(root,text = '足球',variable = CheckVar1,onvalue = 1,offvalue = 0)
ch2 = Checkbutton(root,text = '篮球',variable = CheckVar2,onvalue = 1,offvalue = 0)
ch3 = Checkbutton(root,text = '排球',variable = CheckVar3,onvalue = 1,offvalue = 0)
ch4 = Checkbutton(root,text = '乒乓球',variable = CheckVar4,onvalue = 1,offvalue = 0)
ch1.pack();ch2.pack();ch3.pack();ch4.pack()
btn1 = Button(root,text = "提交",command = run); btn1.pack(side = LEFT)
Btn2 = Button(root,text = "重置",command = reset); Btn2.pack(side = RIGHT)
lb2 = Label(root,text = ''); lb2.pack();root.mainloop()
```

运行结果如图 7-22 所示。

图 7-22　复选框的交互使用

【例 7-21】　单选按钮和复选框的使用。

```python
from tkinter import *
def colorChecked():
    word.config(fg = color.get())
def typeChecked():
    textType = typeBlod.get() + typeItalic.get()
    if textType == 1:
        word.config(font = ("Arial", 12, "bold"))
    elif textType == 2:
        word.config(font = ("Arial", 12, "italic"))
    elif textType == 3:
        word.config(font = ("Arial", 12, "bold italic"))
    else:
        word.config(font = ("隶书", 12))
root = Tk()
root.geometry('300x150')
root.title("选择字体颜色和字体")
word = Label(root, text = "字体颜色和字体的改变", height = 3, font = ("隶书", 16))
word.pack()
color = StringVar()
Radiobutton(root, text = "红色", variable = color, value = "red", command = colorChecked).pack
(side = 'left')
Radiobutton(root, text = "蓝色", variable = color, value = "blue", command = colorChecked).pack
(side = 'left')
Radiobutton(root, text = "绿色", variable = color, value = "green", command = colorChecked).
pack(side = 'left')
typeBlod = IntVar()
typeItalic = IntVar()
Checkbutton(root, text = "正文", variable = typeBlod, onvalue = 1, offvalue = 0, command =
typeChecked).pack(side = 'left')
Checkbutton(root, text = "斜体", variable = typeItalic, onvalue = 2, offvalue = 0, command =
typeChecked).pack(side = 'left')
root.mainloop()
```

运行结果如图 7-23 所示。

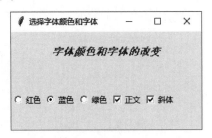

图 7-23　单选按钮和复选框的使用

## 7.4.6　框架组件及应用案例

框架(Frame)组件在屏幕上显示一个矩形区域,多用作包含组件的容器。

语法格式为

```
F1 = Frame ( 根对象,[属性列表] )
```

框架属性选项是可选项,可以用键-值的形式设置,并以逗号分隔。

框架常用属性如表 7-19 所示。

表 7-19　框架常用属性

| 属 性 名 称 | 功 能 描 述 |
| --- | --- |
| cursor | 鼠标指针移动到框架时的形状,取值为 arrow、circle、cross、plus |
| highlightbackground | 框架没有获得焦点时,高亮边框的颜色,默认由系统指定 |
| highlightcolor | 框架获得焦点时,高亮边框的颜色 |
| highlightthickness | 指定高亮边框的宽度,默认值为 0,不带高亮边框 |
| relief | 边框三维样式,取值有 FLAT、SUNKEN、RAISED、GROOVE、RIDGE |
| takefocus | 指定该组件是否接受输入焦点(通过 Tab 键将焦点转移上来),默认为 False |

【例 7-22】　框架组件的使用。

```
from tkinter import *
def say():
    print("选项内容")
root = Tk();root.geometry("200x260")
frame1 = Frame(root)
frame1.pack()
group = LabelFrame(frame1,text = '选择喜欢的球类项目',padx = 10,pady = 10)
group.pack()
ch1 = Checkbutton(group,text = '足球')
ch2 = Checkbutton(group,text = '篮球')
ch3 = Checkbutton(group,text = '排球')
ch4 = Checkbutton(group,text = '乒乓球')
ch1.pack();ch2.pack();ch3.pack();ch4.pack()
b1 = Button(root,text = "提交",command = say);b1.pack(side = LEFT)
b2 = Button(root,text = "重置",command = say);b2.pack(side = RIGHT)
root.mainloop()
```

运行结果如图 7-24 所示。

图 7-24 框架的使用

【例 7-23】 框架与图片按钮的配合使用。

```python
from tkinter import *
root = Tk()
root.title("使用框架设计文本编辑界面")
frm = Frame(root)
frm.grid(padx = '10', pady = '10')
frm_left = Frame(frm)
frm_left.grid(row = 0, column = 0, padx = '20', pady = '10')
frm_right = Frame(frm)
frm_right.grid(row = 0, column = 1, padx = '20', pady = '10')
photo5 = PhotoImage(file = 'w5.gif')            #图片插入按钮
#Button(root, image = photo, padx = 5, pady = 5, command = hello).pack()
btn_left1 = Button(frm_left, image = photo5)
btn_left1.grid(row = 0, pady = '20', ipadx = '2', ipady = '2')
photo1 = PhotoImage(file = 'w1.gif')
btn_left2 = Button(frm_left, image = photo1)
btn_left2.grid(row = 1, pady = '20', ipadx = '2', ipady = '2')
photo6 = PhotoImage(file = 'w6.gif')
btn_left3 = Button(frm_left, image = photo6)
btn_left3.grid(row = 2, pady = '20', ipadx = '2', ipady = '2')
photo2 = PhotoImage(file = 'w2.gif')
btn_left4 = Button(frm_left, image = photo2)
btn_left4.grid(row = 3, pady = '20', ipadx = '2', ipady = '2')
photo3 = PhotoImage(file = 'w3.gif')
btn_right1 = Button(frm_right, image = photo3)
btn_right1.grid(row = 0, column = 0, ipadx = '2', ipady = '2')
photo4 = PhotoImage(file = 'w4.gif')
btn_right2 = Button(frm_right, image = photo4)
btn_right2.grid(row = 0, column = 1, ipadx = '2', ipady = '2')
txt_right = Text(frm_right, width = '45', height = '15')
txt_right.grid(row = 1, column = 0, columnspan = 2, pady = '20')
root.mainloop()
```

运行结果如图 7-25 所示。

图 7-25　框架与图片按钮的配合使用

## 7.4.7　列表框组件及应用案例

列表框(Listbox)组件可供用户在所列项目中单选或多选使用,一般与框架结合使用,将列表数据以循环的形式插入框架中。语法格式为

```
li = Listbox( 根对象,[属性列表] )
```

列表框属性选项是可选项,可以用键-值的形式设置,并以逗号分隔。

列表框组件常用方法如表 7-20 所示。

**表 7-20　列表框组件常用方法**

| 方　　法 | 功　能　描　述 |
| --- | --- |
| curselection() | 返回选中项目编号的元组,注意并不是单个的整数 |
| delete(起始值,终止值) | 删除项目,终止值可省略,全部清空为 delete(0,END) |
| get(起始值,终止值) | 返回范围所含项目文本的元组,终止值可省略 |
| insert(位置,项目元素) | 插入项目元素(若有多项,可用列表或元组类型赋值),若位置为 END(尾部),则将项目元素添加在最后 |
| size() | 返回列表框行数 |

【例 7-24】　列表界面的设计(1)。

```
from tkinter import *
root = Tk()              #初始化
root.geometry("350x300")
```

```
root.title("列表框的使用")
frame1 = Frame(root)
label1 = Label(frame1,text = '请选择你喜欢的专业',font = ('隶书',18))
label1.grid(row = 0,column = 0,padx = 30)
frame1.pack(fill = X)
listbox = Listbox(frame1,width = 25, bg = "yellow",font = ('隶书',14))
listbox.grid(row = 1,column = 0)
for item in ["计算机科学技术","航空航天飞行技术","机械与车辆工程","生物工程","工业自动
化","计算数学","材料工程","土木工程"]:
    listbox.insert(END,item)
delete = Button(frame1,text = "删除",command = lambda listbox = listbox:listbox.delete(ANCHOR))
delete.grid(row = 2,column = 0)
submit = Button(frame1,text = "确定")
submit.grid(row = 2,column = 1)
root.mainloop()
```

运行结果如图 7-26 所示。

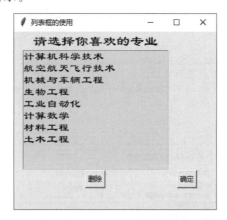

图 7-26　列表界面的设计(1)

说明：运行自定义函数时，通常使用 selected 参数获取选中项的位置索引，列表框实质上是将 Python 的列表类型数据可视化，在程序实现时，也可直接对相关列表数据进行操作，然后再通过列表框展示出来。

【例 7-25】　实现列表框的初始化、添加、插入、修改、删除和清空操作。

```
from tkinter import *
def ini():
    Lstbox1.delete(0,END);list_items = ["输入/输出操作","组合数据运算","单条件与多条件选
择","循环与嵌套","类与对象操作","UI 设计"]
    for item in list_items:
        Lstbox1.insert(END,item)
def clear():
    Lstbox1.delete(0,END)
def ins():
    if entry.get() != '':
        if Lstbox1.curselection() == ():
```

```
                Lstbox1.insert(Lstbox1.size(),entry.get())
            else:
               Lstbox1.insert(Lstbox1.curselection(),entry.get())
def updt():
    if entry.get() != '' and Lstbox1.curselection() != ():
        selected = Lstbox1.curselection()[0]
        Lstbox1.delete(selected); Lstbox1.insert(selected,entry.get())
def delt():
    if Lstbox1.curselection() != ():
        Lstbox1.delete(Lstbox1.curselection())
root = Tk()
root.title('Python上机实验安排');root.geometry('320x240')
frame1 = Frame(root,relief = RAISED);frame1.place(relx = 0.0)
frame2 = Frame(root,relief = GROOVE);frame2.place(relx = 0.5)
Lstbox1 = Listbox(frame1);Lstbox1.pack()
entry = Entry(frame2);entry.pack()
btn1 = Button(frame2,text = '初始化',command = ini);btn1.pack(fill = X)
btn2 = Button(frame2,text = '添加',command = ins);btn2.pack(fill = X)
btn3 = Button(frame2,text = '插入',command = ins)        #添加和插入实质一样
btn3.pack(fill = X)
btn4 = Button(frame2,text = '修改',command = updt);btn4.pack(fill = X)
btn5 = Button(frame2,text = '删除',command = delt);btn5.pack(fill = X)
btn6 = Button(frame2,text = '清空',command = clear);btn6.pack(fill = X)
root.mainloop()
```

运行结果如图 7-27 所示。

图 7-27　列表框的常用操作

【例 7-26】　列表界面的设计(2)。

```
from tkinter import *
root = Tk()
root.title("选择报考大学")
root.geometry("400x300")
def print_item(event):
    sele = lb.get(lb.curselection())
    l1 = Label(root,text = sele)
    l1.pack()
```

```
var = StringVar()
Lab = Label(root,text = "选择您喜欢的大学名称");Lab.pack()
lb = Listbox(root, height = 10, selectmode = BROWSE, listvariable = var)
lb.bind('< ButtonRelease - 1>', print_item)
list_item = ['清华大学', '北京大学', '北京理工大学', '北京航空航天大学', '上海交通大学',
'西安交通大学', '复旦大学','天津大学', '南京大学', '浙江大学']
for item in list_item:
    lb.insert(END, item)
lb.pack(side = LEFT,fill = Y)
root.mainloop()
```

运行结果如图 7-28 所示。

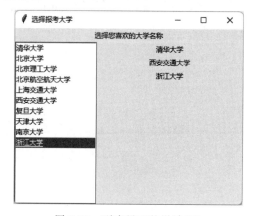

图 7-28　列表界面的设计(2)

## 7.4.8　组合框组件及应用案例

组合框(Combobox)是带文本框的列表组件,其功能是将列表类型数据可视化呈现,并提供用户单选或多选的人机交互功能。在图形化界面设计时,要使用组合框组件,需要导入 tkinter 模块的子模块 ttk。语法格式为

```
from tkinter import ttk
col = ttk.Combobox(根对象,[属性列表])
```

组合框属性选项是可选项,可以用键-值的形式设置,并以逗号分隔。

组合框组件常用方法如表 7-21 所示。

表 7-21　组合框组件常用方法

| 方　　法 | 功　能　描　述 |
| --- | --- |
| value() | 插入下拉选项 |
| current() | 默认显示选中的下拉列表 |
| get() | 获取选中的下拉列表选项的值 |
| insert() | 下拉列表中插入文本 |
| delete() | 删除下拉列表中的文本 |

续表

| 方　　法 | 功 能 描 述 |
|---|---|
| state | 下拉列表的状态,包括 DISABLED、NORMAL、ACTIVE |
| width | 下拉列表宽度 |
| foreground | 前景色 |
| selectbackground | 选择后的背景颜色 |
| fieldbackground | 下拉列表颜色 |
| background | 下拉按钮颜色 |

【例 7-27】 组合框设计。

```
from tkinter import *
from tkinter import ttk
root = Tk()
root.title("组合框设计")
root.geometry("300x200")
label = Label(root, text = '请选择你目前居住的城市: ')
label.pack()
cmb = ttk.Combobox(root)
cmb.pack()
cmb['value'] = ('北京','上海','杭州','广州','深圳','天津')
cmb.current(2)                  #默认项数
root.mainloop()
```

运行结果如图 7-29 所示。

图 7-29　组合框设计

【例 7-28】 实现简单计算器,将两个操作数分别输入两个文本框后,通过选择组合框中的算法触发运算。

```
from tkinter import *
from tkinter import ttk
root = Tk()
root.title('四则运算')
root.geometry('400x220')
def cal(event):
  d1 = float(t1.get())
  d2 = float(t2.get())
  if d1 == '' or d2 == '':
```

```
    return
  dic = {0: d1 + d2, 1: d1 - d2, 2: d1 * d2, 3: d1 / d2}
  result = dic[comb.current()]
  lbl.config(text = str(result))
L1 = Label(root, text = "使用组合框实现四则运算", font = ('华文新魏', 20))
L1.place(relx = 0, rely = 0, relwidth = 0.9, relheight = 0.2)
p1 = Label(root, text = "参数1", font = ('华文新魏', 12))
p1.place(relx = 0.1, rely = 0.3, relwidth = 0.2, relheight = 0.1)
p2 = Label(root, text = "参数2", font = ('华文新魏', 12))
p2.place(relx = 0.5, rely = 0.3, relwidth = 0.2, relheight = 0.1)
p3 = Label(root, text = "选择运算", font = ('华文新魏', 12))
p3.place(relx = 0.1, rely = 0.5, relwidth = 0.2, relheight = 0.1)
t1 = Entry(root)
t1.place(relx = 0.3, rely = 0.3, relwidth = 0.2, relheight = 0.1)
t2 = Entry(root)
t2.place(relx = 0.7, rely = 0.3, relwidth = 0.2, relheight = 0.1)
var = StringVar()
comb = ttk.Combobox(root, textvariable = var, values = ['加', '减', '乘', '除', ])
comb.place(relx = 0.3, rely = 0.5, relwidth = 0.2)
comb.bind('<<ComboboxSelected>>', cal)
lbl = Label(root, text = '结果', font = ('华文新魏', 12))
lbl.place(relx = 0.5, rely = 0.5, relwidth = 0.5, relheight = 0.3)
root.mainloop()
```

运行结果如图 7-30 所示。

图 7-30 简单计算器

## 7.4.9 滑块组件及应用案例

滑块(Scale)是一种直观进行数值输入的交互组件,组件实例的主要方法比较简单,有 get()和 set(),作用分别为取值和将滑块设在某特定值上。滑块实例也可绑定鼠标左键释放事件< ButtonRelease-1 >,并在执行函数中添加参数实现事件(Event)响应。

滑块常用属性如表 7-22 所示。

表 7-22 滑块常用属性

| 属 性 名 称 | 功 能 描 述 |
| --- | --- |
| from_ | 起始值(最小可取值) |
| label | 标签文字,默认为无 |

续表

| 属 性 名 称 | 功 能 描 述 |
|---|---|
| length | 滑块组件实例宽(水平方向)或高(垂直方向),默认为 100 像素 |
| orient | 滑块组件实例呈现方向,取值为 VERTICAL 或 HORIZONTAL(默认) |
| repeatdelay | 鼠标响应延时,默认为 300ms |
| resolution | 分辨精度,即最小值间隔 |
| sliderlength | 滑块宽度,默认为 30 像素 |
| state | 状态,若设置 state＝DISABLED,则滑块组件实例不可用 |
| tickinterval | 标尺间隔,默认为 0,若设置过小,则会重叠 |
| to | 终止值(最大可取值) |
| variable | 返回数值类型,可为 IntVar(整数)、DoubleVar(浮点数)或 StringVar(字符串) |
| width | 组件实例本身的宽度,默认为 15 像素 |

【例 7-29】 在一个窗体上设计一个 200 像素宽的水平滑块,取值范围为 1.0～5.0,分辨精度为 0.05,刻度间隔为 1,拖动滑块后释放鼠标可读取滑块值并显示在标签上。

```
from tkinter import *
def show(event):
    s = '滑块的取值为' + str(var.get())
    lb.config(text = s)
root = Tk()
root.title('滑块实验');root.geometry('320x180')
var = DoubleVar()
scl = Scale(root,orient = HORIZONTAL,length = 200,from_ = 1.0,to = 5.0,label = '请拖动滑块',
tickinterval = 1,resolution = 0.05,variable = var)
scl.bind('< ButtonRelease - 1 >',show);scl.pack()
lb = Label(root,text = '');lb.pack()
root.mainloop()
```

运行结果如图 7-31 所示。

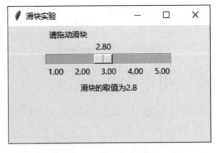

图 7-31　滑块的使用

## 7.4.10　载入图片应用案例

【例 7-30】 任选一幅图片,使用 tkinter 模块将其绘制到 UI 上,并添加相应的文字效果。

```
from tkinter import *
root = Tk()
root.minsize(500,500)                        #设置最小窗口尺寸
Label(root,text = "深圳北理莫斯科大学校园",font = ("隶书",24)).pack()
photo = PhotoImage(file = 'p3.png')  #添加图片
Label(root,image = photo,width = 300,height = 420).pack()
root.mainloop()
```

运行结果如图 7-32 所示。

图 7-32 载入图片

【例 7-31】 使用 GUI 编写一个猜数字小游戏。

```
from tkinter import *
import random
import tkinter.messagebox
root = Tk()
root.title("欢迎来到猜数字小游戏")
root.geometry('400x260')
answer = random.randint(1,100)
label1 = Label(root,text = "请输入 1～100 的整数",wraplength = 280,justify = 'center',font =
('微软雅黑',20))
label1.grid(row = 0,padx = 20, pady = 8,columnspan = 2,rowspan = 2)
label2 = Label(root, text = '请输入你猜测的数字:',font = ('微软雅黑',14))
label2.grid(row = 2,column = 0,sticky = 'w',padx = 5)
text = Entry(root, width = 20)
text.grid(row = 2,column = 1,sticky = 'w')
tkImage = PhotoImage(file = "q.gif",width = 150,height = 100)    #插入图片
label3 = Label(image = tkImage)
label3.grid(row = 4,columnspan = 1,column = 0, pady = 1)
def hit():                                   #定义一个按钮触发函数
  num = text.get()                           #通过 get()函数获取文本框中的内容
  if num == '':
     tkinter.messagebox.showerror("警告","输入不能为空")
  else:
```

```
        if not num.isdecimal():
            tkinter.messagebox.showerror("警告", "只能输入数字")
        else:
            num = int(num)
    if num > answer:
        tkinter.messagebox.showinfo("错误", "你猜的数字太大啦")
    if num < answer:
        tkinter.messagebox.showinfo("错误", "你猜的数字太小啦")
    if num == answer:
        tkinter.messagebox.showinfo("正确", "恭喜你,猜对啦!")
button2 = tkinter.Button(root, text = '确定', command = hit, width = 10, font = ('微软雅黑', 14))
button2.grid(row = 3, column = 1, sticky = 's', padx = 8, pady = 8)
root.mainloop()
```

运行结果如图 7-33 所示。

图 7-33　猜数字小游戏

# 7.5　菜单及对话框的使用

菜单是用于可视化的一系列命令分组,其目的是使用户快速找到和触发要执行的命令。

## 7.5.1　创建菜单的方法

创建菜单的语法格式为

```
菜单对象 = Menu(根窗体)
菜单分组 1 = Menu(菜单实例名)
```

创建菜单步骤如下。

(1) 使用 from tkinter import * 语句导入 tkinter 模块,再使用 Tk() 函数建立窗体对象。

(2) 使用 Menu() 函数可创建顶级菜单、下拉菜单和弹出菜单对象。创建菜单时,需要

先创建一个菜单对象,再使用 add()方法将其他子菜单和命令添加进去,方法为

> 菜单对象.add_cascade(< label = 菜单分组 1 显示文本>,< menu = 菜单分组 1>)
> 菜单分组 1.add_command(< label = 命令 1 文本>,< command = 命令 1 函数名>)

（3）使用"窗体对象.config(menu＝菜单对象)"语句在窗体中显示主菜单或菜单栏。

（4）若建立下级菜单,使用"菜单分组名.add_command(label＝'子菜单 1…',command＝函数名)"语句,函数名为子菜单 1 下的操作函数。

（5）使用"窗体名称.mainloop()"语句循环显示菜单。

例如,创建一个顶级菜单,显示"复制""粘贴""剪切"菜单项。

```
from tkinter import *
root = Tk()                                      ＃创建窗体对象
menubar = Menu(root)                             ＃创建菜单对象
def copy():                                      ＃单击"复制"菜单项的函数
    print('复制')
def paste():                                     ＃单击"粘贴"菜单项的函数
    print('粘贴')
def cut():                                       ＃单击"剪切"菜单项的函数
    print('剪切')
menubar.add_command(label = '复制', command = copy)   ＃添加"复制"菜单
menubar.add_command(label = '粘贴', command = paste)   ＃添加"粘贴"菜单
menubar.add_command(label = '剪切', command = cut)     ＃添加"剪切"菜单
root.config(menu = menubar)                      ＃在窗体中显示主菜单或菜单栏
root.mainloop()
```

运行结果如图 7-34 所示。

说明：单击"复制"菜单,调用 copy()函数输出"复制"；单击"粘贴"菜单,调用 paste()函数输出"粘贴"。

图 7-34 创建菜单

## 7.5.2 主菜单及应用案例

菜单常用属性如表 7-23 所示。

表 7-23 菜单常用属性

| 属 性 名 称 | 功 能 描 述 |
|---|---|
| activebackground | 鼠标经过时的背景颜色 |
| activeborderwidth | 鼠标经过时的边框宽度,默认为 1 像素 |
| activeforeground | 鼠标经过时的前景色 |
| bg/fg | 设置背景颜色/设置前景颜色 |
| font | 设计文本字体 |
| borderwidth(bd) | 边框宽度,默认值为 1 |
| cursor | 当鼠标在选项上方时出现的指针样式,但仅当菜单已被关闭时显示 |
| disabledforeground | 状态为 DISABLED 的项目的文本颜色 |
| postcommand | 设置过程选项,当启动菜单时,自动调用该过程 |
| relief | 菜单的默认三维效果为 relief = RAISED |

续表

| 属 性 名 称 | 功 能 描 述 |
|---|---|
| image | 在菜单按钮上显示一幅图像 |
| selectcolor | 指定在复选框和单选按钮中显示的颜色 |
| tearoff | 菜单可以被拆除,如果设置 tearoff = 0,菜单将不会有拆除功能,并且从 0 位置开始添加选择 |
| title | 设置窗口标题的字符串 |

菜单常用方法如表 7-24 所示。

表 7-24    菜单常用方法

| 方      法 | 功 能 描 述 |
|---|---|
| add_command(选项) | 在菜单中添加一个菜单项 |
| add_radiobutton(选项) | 创建单选按钮菜单项 |
| add_checkbutton(选项) | 创建一个复选框菜单项 |
| add_cascade(选项) | 通过将给定的菜单与父菜单相关联创建新的分层菜单 |
| add_separator() | 在菜单中添加分隔线 |
| add(类型,选项) | 在菜单中添加一个特定类型的菜单项 |
| delete(startindex [,endindex]) | 删除从 startindex 到 endindex 的菜单项 |
| entryconfig(index,options) | 允许修改由索引标识的菜单项,并更改其选项 |
| index(item) | 返回给定菜单项标签的索引号 |
| insert_separator(index) | 在 index 指定的位置插入一个新的分隔符 |
| invoke(index) | 调用与位置索引选择相关联的命令。若为复选框,其状态在设置和清除之间切换;若为单选按钮,设置已选项 |
| type(index) | 返回由 index 指定的选项的类型:"cascade" "checkbutton" "command" "radiobutton" "separator"或"tearoff" |

【例 7-32】    二级菜单设计。

```
from tkinter import *
root = Tk()
root.title("学习二级菜单设计")
root.geometry("300x160")
menubar = Menu(root)                                    # 创建菜单对象
root.config(menu = menubar)                             # 在窗体中显示菜单
fmenu1 = Menu(root)                                     # 创建子菜单项 1
menubar.add_cascade(label = "文件", menu = fmenu1)      # 添加一级菜单的第 1 项
for item in ['新建','打开','保存','另存为']:            # 第 1 项下的级联菜单
    fmenu1.add_command(label = item, command = "")      # 添加第 1 项的下拉菜单
fmenu2 = Menu(root)                                     # 创建子菜单项 2
menubar.add_cascade(label = "编辑", menu = fmenu2)      # 添加一级菜单的第 2 项
for item in ['复制','粘贴','剪切','删除']:              # 第 2 项的级联菜单
    fmenu2.add_command(label = item)                    # 添加第 2 项的下拉菜单
fmenu3 = Menu(root)
menubar.add_cascade(label = "视图", menu = fmenu3)
for item in ['大纲视图','页面视图','Web 视图']:
```

```
    fmenu3.add_command(label = item)
fmenu4 = Menu(root)
menubar.add_cascade(label = "工具",menu = fmenu4)
for item in ["帮助信息","窗口选择"]:
    fmenu4.add_command(label = item)
root.mainloop()
```

运行结果如图 7-35 所示。

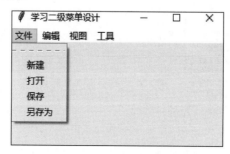

图 7-35　二级菜单设计

【例 7-33】　仿照 Word 窗体,设计一个文件操作菜单。

```
from tkinter import *
root = Tk()                                            #初始化
root.geometry('400x200')
root.title('二级菜单设计')
def click():
    print("单击次数统计 ")
menubar = Menu(root)
root.config(menu = menubar)
filemenu = Menu(menubar,tearoff = 0)                   #第1级菜单第1项
menubar.add_cascade(label = '文件',menu = filemenu)    #添加第1级菜单第1项
filemenu.add_command(label = '新建...',command = click())    #添加第1项下拉菜单1
filemenu.add_command(label = '打开...',command = click())    #添加第1项下拉菜单2
filemenu.add_command(label = '保存',command = click())       #添加第1项下拉菜单3
filemenu.add_command(label = '另存为...',command = click())  #添加第1项下拉菜单4
filemenu.add_command(label = '关闭系统',command = root.quit) #添加第1项下拉菜单5
filemenu = Menu(menubar,tearoff = 2)                   #第1级菜单第2项
menubar.add_cascade(label = '编辑',menu = filemenu)    #添加第2项下拉菜单
filemenu.add_command(label = '复制...',command = click())
filemenu.add_command(label = '剪切...',command = click())
filemenu.add_command(label = '粘贴',command = click())
filemenu = Menu(menubar,tearoff = 3)
menubar.add_cascade(label = '查看',menu = filemenu)
filemenu = Menu(menubar,tearoff = 4)
menubar.add_cascade(label = '工具选项',menu = filemenu)
filemenu = Menu(menubar,tearoff = 5)
menubar.add_cascade(label = '设计布局',menu = filemenu)
filemenu = Menu(menubar,tearoff = 6)
menubar.add_cascade(label = '审阅',menu = filemenu)
```

```
filemenu = Menu(menubar,tearoff = 7)
menubar.add_cascade(label = '邮件发送',menu = filemenu)
root.mainloop()
```

运行结果如图 7-36 所示。

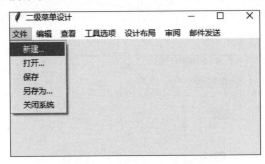

图 7-36　文件操作菜单设计

【例 7-34】　仿照"记事本"工具中的"文件"和"编辑"菜单,通过在主菜单的快捷菜单上触发菜单命令,实现改变窗体上标签相应的文本内容。

```
from tkinter import *
def new():
    s = '新建'; lb1.config(text = s)
def ope():
    s = '打开'; lb1.config(text = s)
def sav():
    s = '保存'; lb1.config(text = s)
def cut():
    s = '剪切'; lb1.config(text = s)
def cop():
    s = '复制'; lb1.config(text = s)
def pas():
    s = '粘贴'; lb1.config(text = s)
def popupmenu(event):
    mainmenu.post(event.x_root,event.y_root)
root = Tk()
root.title('菜单实验'); root.geometry('320x240')
lb1 = Label(root,text = '显示信息',font = ('黑体',32,'bold'))
lb1.place(relx = 0.2,rely = 0.2)
mainmenu = Menu(root)
menuFile = Menu(mainmenu)                          #菜单分组 menuFile
mainmenu.add_cascade(label = "文件",menu = menuFile)
menuFile.add_command(label = "新建",command = new)
menuFile.add_command(label = "打开",command = ope)
menuFile.add_command(label = "保存",command = sav)
menuFile.add_separator()                           #分隔线
menuFile.add_command(label = "退出",command = root.destroy)
menuEdit = Menu(mainmenu)                          #菜单分组 menuEdit
mainmenu.add_cascade(label = "编辑",menu = menuEdit)
```

```
menuEdit.add_command(label = "剪切",command = cut)
menuEdit.add_command(label = "复制",command = cop())
menuEdit.add_command(label = "粘贴",command = pas())
root.config(menu = mainmenu)
root.bind('Button - 3',popupmenu)          #根窗体绑定右击响应事件
root.mainloop()
```

运行结果如图 7-37 所示。

图 7-37 菜单的交互

### 7.5.3 子窗体及应用案例

子窗体是指在一个窗体中插入的窗体,将多个窗体合并时,其中一个窗体作为主窗体,其余作为子窗体。Python 可以使用 Toplevel()函数新建一个显示在最前面的子窗体。

#### 1. 语法格式

字体实例名 = Toplevel(根窗体)

(1) 子窗体与根窗体类似,也可设置标题(title)、界面尺寸(geometry)等属性,并在画布上布局组件。

(2) 用 Toplevel()函数创建的子窗体是非模式(Modeless)的窗体,虽然初建时子窗体在最前面,但根窗体上的组件实例也是可以被操作的。

(3) 关闭窗体程序的方法通常是使用 destory()函数(不建议用 quit()函数)。

#### 2. 建立子窗体的步骤

(1) 导入 tkinter 库,建立主窗体。

(2) 建立子窗体函数,添加子窗体组件。

(3) 一般使用按钮单击进入子窗体函数,打开子窗体。

【例 7-35】 建立一个简单子窗体。

```
from tkinter import *
root = Tk()
def sub():
    root1 = Toplevel(root)
```

```
        Label(root1,text = '这是子窗体',font = ("隶书",16)).pack()
        root1.geometry('300x200')
root.title('弹出子窗体')                                    #标题
root.geometry('400x300')                                  #设置窗体大小
root.resizable(False, False)                              #固定窗体
f = Button(root,text = '进入子窗体',command = sub).pack()   #通过按钮调用子窗体
root.mainloop()
```

运行结果如图 7-38 所示。

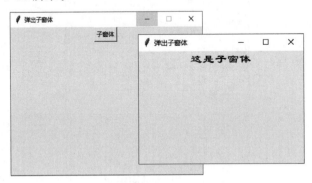

图 7-38    建立一个简单子窗体

【例 7-36】    子窗体的使用: 在根窗体上创建菜单,触发创建一个子窗体。

```
from tkinter import *
def newwind():
        winNew = Toplevel(root); winNew.geometry('320x240')
        winNew.title('新窗体');lb2 = Label(winNew,text = '我在新窗体上')
        lb2.place(relx = 0.2,rely = 0.2)
        btClose = Button(winNew,text = '关闭',command = winNew.destroy)
        btClose.place(relx = 0.7,rely = 0.5)
root = Tk()
root.title('新建窗体实验');root.geometry('320x240')
lb1 = Label(root,text = '主窗体',font = ('黑体',32,'bold')); lb1.place(relx = 0.2,rely = 0.2)
mainmenu = Menu(root);menuFile = Menu(mainmenu)
mainmenu.add_cascade(label = '菜单',menu = menuFile)
menuFile.add_command(label = '新窗体',command = newwind)
menuFile.add_separator()
menuFile.add_command(label = '退出',command = root.destroy)
root.config(menu = mainmenu);root.mainloop()
```

运行结果如图 7-39 所示。

## 7.5.4    消息对话框及应用案例

要引用 tkinter. messagebox 包才能执行弹出模式消息对话框,语法格式为

```
消息对话框函数(< title = 标题文本>,< message = 消息文本>,[其他参数])
```

图 7-39　子窗体的使用

### 1. 弹出"警告"消息框

使用方法为

```
tkinter.messagebox.showwarning('禁止!','该项禁止进入.')
```

返回值为 ok。

【例 7-37】　"警告"消息框的使用。

```
import tkinter.messagebox
from tkinter import *
def warning():
    result = tkinter.messagebox.showwarning(title = '禁止!',message = '该项禁止进入.')
    print(result)              #返回值为 ok
root = Tk()
root.geometry("200x100")
lb = Label(root,text = '弹出警告'); lb.pack()
lb1 = Label(root,text = ''); lb1.pack()
btn = Button(root,text = '警告',command = warning);btn.pack()
root.mainloop()
```

运行结果如图 7-40 所示。

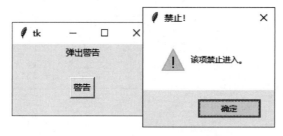

图 7-40　"警告"消息框的使用

### 2. "确定""取消"对话框

使用方法为

```
tkinter.messagebox.askokcancel("确定或取消",'确定吗?')
```

返回值为 True 或 False。

**【例7-38】** "确定""取消"对话框的使用。

```
from tkinter import *
import tkinter.messagebox
def xz():
    answer = tkinter.messagebox.askokcancel('请选择','请选择确定或取消')
    if answer:
        lb.config(text = '已确认')              #config将text内容放在窗体上
    else:
        lb.config(text = '已取消')
root = Tk()
lb = Label(root,text = ''); lb.pack()
btn = Button(root,text = '弹出对话框',command = xz)
btn.pack();root.mainloop()
```

运行结果如图7-41所示。

图7-41 "确定""取消"对话框

### 3."是""否"对话框

使用方法为

```
tkinter.messagebox.askyesno("是或否",'是或否?')
```

返回值为 True 或 False

**【例7-39】** "是""否"对话框。

```
import tkinter.messagebox
from tkinter import *
def yn():
    answer = tkinter.messagebox.askyesno('请选择','请选择是或否')
    if answer:
        lb1.config(text = '是')
    else:
        lb1.config(text = '否')
root = Tk()
root.geometry("200x200")
lb = Label(root,text = '请选择是或否?'); lb.grid(row = 1,column = 1)
lb2 = Label(root,text = '您的选择是:'); lb2.grid(row = 2,column = 1)
lb1 = Label(root,text = ''); lb1.grid(row = 2,column = 2)
btn = Button(root,text = '弹出是否对话框',command = yn);btn.grid(row = 5,column = 2)
root.mainloop()
```

运行结果如图 7-42 所示。

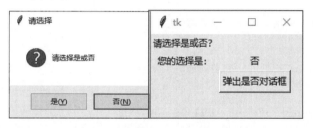

图 7-42　"是""否"对话框

**4."问题"消息框**

使用方法为

```
tkinter.messagebox.askquestion('标题','问题是?')
```

返回值为 yes 或 no。

**5."错误"消息框**

使用方法为

```
tkinter.messagebox.showerror( '错误!','出现错误')
```

返回值为 ok。

**6."信息"提示框**

使用方法为

```
tkinter.messagebox.showinfo('信息提示!', '提示内容')
```

返回值为 ok。

**7."重试""取消"消息框**

```
tkinter.messagebox.askretrycancel("重试或取消",'重试?')
```

返回值为 True 或 False。

**说明**：以上消息对话框的使用方法参照例 7-37～例 7-39。

## 7.5.5　人机交互、文件、颜色对话框及应用案例

除了消息对话框 messagebox 之外，tkinter 模块还提供了人机对话框 askstring、文件选择对话框 filedialog 和颜色选择对话框 colorchooser 3 种控件。

**1.人机交互对话框**

人机交互对话框需要导入 tkinter. simpledialog 模块，该模块使用 askstring()、askinteger()和 askfloat()3 种函数，分别用于接收人机对话的字符串、整数和浮点数类型的输入。

【**例 7-40**】　单击按钮，弹出输入对话框，将接收的输入文本显示在窗体的标签上。

```
from tkinter.simpledialog import *
def name():
    name = askstring('请输入','请输入您的用户名')
    name1.config(text = name)
def age():
    age = askinteger('请输入','请输入您的年龄')
    age1.config(text = age)
def height():
    height = askfloat('请输入', '请输入您的身高')
    height1.config(text = height)
root = Tk()
root.minsize(300,200)                    # 设置最小窗口尺寸
root.title("用户信息")                    # 标题
label = Label(root,text = '请输入你的个人信息:',font = ('华文新魏',20))
label.grid(row = 0,column = 0)
name1 = Label(root,text = '');
name1.grid(row = 2, column = 1,pady = 10 )
name2 = Button(root,text = '输入用户名:',command = name);
name2.grid(row = 2, column = 0)
age1 = Label(root,text = '');
age1.grid(row = 3, column = 1,pady = 10 )
age2 = Button(root,text = '输入年龄:',command = age);
age2.grid(row = 3, column = 0,pady = 10 )
height1 = Label(root,text = '');
height1.grid(row = 4, column = 1,pady = 10 )
height2 = Button(root,text = '输入身高(m):',command = height);
height2.grid(row = 4, column = 0,pady = 10)
root.mainloop()
```

运行结果如图 7-43 所示。

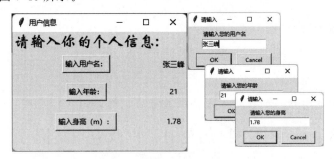

图 7-43　输入对话框的使用

【例 7-41】　使用人机交互对话框,将输入的内容显示在系统输出窗口。

```
from tkinter.simpledialog import *
def askname():
    result = askstring('获取信息','请输入你在读的大学:')
    print(result)
root = Tk()
root.geometry("200x100")
```

```
btn = Button(root,text = '获取用户名',command = askname)
btn.pack()
root.mainloop()
```

运行结果如图 7-44 所示。

图 7-44　获取输入并显示在系统输出窗口

### 2. 文件选择对话框

文件选择对话框需要引用 tkinter.filedialog 包。文件选择对话框能让用户直观地选择一个或一组文件,以供进一步的文件操作。常用的文件选择对话框方法如表 7-25 所示。

表 7-25　文件选择对话框方法

| 方　　法 | 描　　述 | 返　回　值 |
| --- | --- | --- |
| askopenfilename() | 打开一个文件 | 返回值为包含文件路径的文件名字符串 |
| askopenfilenames() | 打开一组文件 | 返回值类型为元组 |
| asksaveasfilename() | 保存文件 | 返回值为包含文件路径的文件名字符串 |

【例 7-42】　单击按钮,弹出文件选择对话框("打开"对话框),并将用户所选择的文件路径和文件名显示在窗体的标签上。

```
from tkinter import *
import tkinter.filedialog
def xz():
    filename = tkinter.filedialog.askopenfilename()
    if filename != '':
        lb.config(text = '您选择的文件是' + filename)
    else:
        lb.config(text = '您没有选择任何文件')
root = Tk()
lb = Label(root,text = '') ;lb.pack()
btn = Button(root,text = '弹出文件选择对话框',command = xz); btn.pack()
root.mainloop()
```

运行结果如图 7-45 所示。

### 3. 颜色选择对话框

颜色选择对话框需要引用 tkinter.colorchooser 包,可使用 askcolor() 函数弹出颜色选择对话框,让用户可以个性化地设置颜色属性。该函数的返回值为包含 RGB 十进制浮点元组和 RGB 十六进制字符串的元组类型,如"((135.527343.52734375,167.65234375,186.7265625)),'♯87a7ba'"。通常,可将其转换为字符串类型后,再截取以十六进制数表示的 RGB 颜色,设置颜色属性值。

图 7-45　文件选择对话框的使用

【例 7-43】　单击按钮，弹出颜色选择对话框，并将用户所选择的颜色设置为窗体上标签的背景颜色。

```
from tkinter import *
import tkinter.colorchooser
def xz():
    color = tkinter.colorchooser.askcolor()
    colorstr = str(color)
    print('打印字符串 % s 切掉后 = % s' % (colorstr,colorstr[ - 9: - 2]))
    lb.config(text = colorstr[ - 9: - 2],background = colorstr[ - 9: - 2])
root = Tk()
lb = Label(root,text = '请关注颜色的变化');lb.pack()
btn = Button(root,text = '弹出颜色选择对话框',command = xz);btn.pack()
root.mainloop()
```

运行结果如图 7-46 所示。

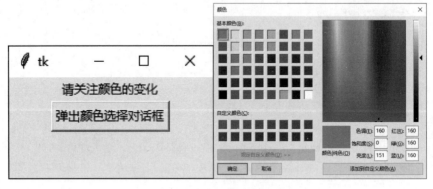

图 7-46　颜色选择对话框的使用

# 7.6　事件的使用

## 7.6.1　事件的描述

GUI 应用都处在一个消息循环（Event Loop）中，它等待事件的发生，并做出相应的处理。tkinter 模块提供了用以处理相关事件的机制,处理函数可被绑定给各组件。用 tkinter 模块可将用户事件与自定义函数绑定,用键盘或鼠标的动作触发自定义函数的执行。语法格式为

```
组件实例.bind(<事件代码>,<函数名>)
```

其中,事件代码通常以半角小于号"<"和大于号">"界定,包括事件和按键等,它们之间用减号分隔。例如:

```
h1.bind(event, handler)
```

其中,event 为事件名称;handler 为触发事件的句柄函数。若相关事件发生,handler 函数会被触发,事件对象 event 传递给 handler 函数。常用事件代码如表 7-26 所示。

表 7-26 常用事件代码

| 事 件 | 事 件 代 码 | 备 注 |
| --- | --- | --- |
| 单击/右击 | < ButtonPress-1 >/< ButtonPress-3 > | 可简写为< Button-1 >/< Button-3 >或< 1 >/< 3 > |
| 释放左键/右键 | < ButtonRelease-1 >/< ButtonRelease-3 > | |
| 按左/右键移动 | < B1-Motion >/< B3-Motion > | |
| 转动滚轮 | < MouseWheel > | |
| 双击左键 | < Double-Button-1 > | |
| 进入组件实例 | < Enter >/ | 注意与回车事件的区别 |
| 离开组件实例 | < Leave > | |
| 键盘任意键 | < Key > | |
| 字母和数字 | < Key-字母 >,如< Key-a >、< Key-A > | 简写不带小于号和大于号,如 a、A 和 1 等 |
| 回车 | < Return > | < Tab >、< Shift >、< Control >(不能用< Ctrl >)、< Alt >等类似 |
| 空格 | < Space > | |
| 方向键 | < Up >,< Down >,< Left >,< Right > | |
| 功能键 | < F$n$ >,如< F1 > | |
| 组合键 | 键名之间以减号连接,如< Ctrl-k >、< Shift-6 >、< Alt-Up >等 | 注意大小写 |

说明：利用 Menu 组件也可以创建快捷菜单(又称为上下文菜单)。通常需要右击弹出的组件实例绑定鼠标右击响应事件< Button-3 >,并指向一个捕获 event 参数的自定义函数,在该自定义函数中,将鼠标的触发位置 event.x_root 和 event.y_root 以 post()方法传给菜单。

例如,将框架组件实例 frame 绑定鼠标右击事件,调用自定义函数 myfunc()可表示为"frame.bind('< Button-3 >',myfunc)",注意 myfunc 后面没有括号。将组件实例绑定到键盘事件和部分光标不落在具体组件实例上的鼠标事件时,还需要设置该实例执行 focus_set()方法获得焦点,才能对事件持续响应,如 frame.focus_set()。所调用的自定义函数若需要利用鼠标或键盘的响应值,可通过 event 获取参数属性值。

事件常用属性如表 7-27 所示。

表 7-27　事件常用属性

| 属 性 名 称 | 描　　述 |
| --- | --- |
| x 或 y(小写) | 相对于事件绑定组件实例左上角的坐标值(像素) |
| root_x 或 root_y(小写) | 相对于显示屏幕左上角的坐标值(像素) |
| char | 可显示的字符,若按键不可显示,则返回空字符串 |
| keysysm | 字符或字符型按键名,如"a"或"Escape" |
| keysysm_num | 按键的十进制 ASCII 码值 |

## 7.6.2　事件应用案例

【例 7-44】　监听在文本框中输入的字符并显示。

```python
from tkinter import *
def printkey(event):
    print('你按下了:' + event.char)          ♯监听键盘事件,event.char 表示字符
root = Tk()
root.geometry('200x100')
Label(root,text = "正在监听键盘事件",font = ("楷体",16)).pack()
entry = Entry(root)                      ♯实例化输入框
entry.bind('< Key >', printkey)          ♯监听在文本框中输入的字符
entry.pack()
root.mainloop()
```

运行结果如图 7-47 所示。

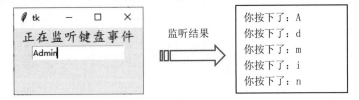

图 7-47　监听键盘事件

【例 7-45】　监听矩形框及圆环上的鼠标事件并显示。

```python
from tkinter import *
root = Tk()
def printRect(event):
  print('双击方框事件')
def printLine(event):
  print('右击圆环事件')
cv = Canvas(root, bg = 'pink')
rt1 = cv.create_rectangle(10, 10, 110, 110, width = 3, tags = 'event1')    ♯此矩形标签为 r1
♯按标签绑定,双击 r1 时,执行 printRect 事件
cv.tag_bind('event1','< Double - Button - 1 >',printRect)
cv.create_oval(300, 160, 180,20,width = 3, tags = 'event2')
♯右击 r2 线条时,执行 printLine 事件
cv.tag_bind('event2', '< ButtonPress - 3 >', printLine)
cv.pack()
root.mainloop()
```

运行结果如图 7-48 所示。

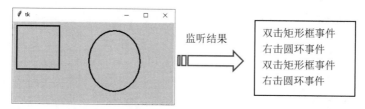

图 7-48　鼠标事件响应

【例 7-46】　鼠标和键盘事件的使用。

```python
from tkinter import *
root = Tk()
root.geometry('500x300')
c1 = Canvas(root, width = 200, height = 200, bg = 'yellow')
c1.pack()
def mouseTest(event):
    print('单击位置(相对于父容器):{0},{1}'.format(event.x, event.y))
    print('单击位置(相对于屏幕):{0},{1}'.format(event.x_root, event.y_root))
    print('事件绑定的组件:{0}'.format(event.widget))
def motionTest(event):
    c1.create_oval(event.x, event.y, event.x + 1, event.y + 1)
def keypressTest(event):
    print('键的 keycode:{0},键的 char:{1},键的 keysym:{2}'.format(event.keycode, event.
char, event.keysym))
def press_a_Test(self):
    print('按下了 a')
def release_a_Test(self):
    print('释放了 a')
c1.bind('< 1 >', mouseTest)
c1.bind('< B1 - Motion >', motionTest)
root.bind('< KeyPress >', keypressTest)
root.bind('< KeyPress - a >', press_a_Test)
root.bind('< KeyRelease - a >', release_a_Test)
root.mainloop()
```

运行结果如图 7-49 所示。

图 7-49　事件对话框的使用

单击图上任何位置,或按键盘均可显示结果。

```
单击位置(相对于父容器):158,152
单击位置(相对于屏幕):418,287
事件绑定的组件:.!canvas
释放了a
键的keycode:16,键的char:,键的keysym:Shift_L
键的keycode:18,键的char:,键的keysym:Alt_L
单击位置(相对于父容器):100,95
单击位置(相对于屏幕):360,230
事件绑定的组件:.!canvas
键的keycode:69,键的char:e,键的keysym:e
键的keycode:17,键的char:,键的keysym:Control_L
```

**【例7-47】** 输出当前日期和时间。

```python
from tkinter import *
import time
import datetime
root = Tk()
root.title('日期及时间')
root.geometry('500x400')
now = datetime.datetime.now()
now_string = now.strftime('%Y-%m-%d')              #获取当前的日期并转换为字符串
Label(root,text = "电子表画",fg = 'red',font = ("隶书",48)).pack()
lb2 = Label(root,text = now_string,fg = 'blue',font = ("黑体",40))
lb2.pack()
def gettime():
    timestr = time.strftime("%H:%M:%S")            #获取当前的时间并转换为字符串
    lb.configure(text = timestr)                   #重新设置标签文本
    root.after(1000,gettime)                       #每隔1s调用gettime()函数自身获取时间
lb = Label(root,text = '',fg = 'blue',font = ("黑体",40))
lb.pack()
gettime()                                          #实时显示时间
photo = PhotoImage(file = 'bg2.png')               #添加图片
Label(root, image = photo,width = 300,height = 200).pack()     #将图片放入窗体
root.mainloop()
```

运行结果如图7-50所示。

图7-50 电子表画

# 第 8 章

# Python 绘图方法

Python 提供了多种绘图模块,常用的有 tkinter、turtle 和 matplotlib 模块。其中,tkinter 模块包含的 Canvas 画布组件提供了绘制直线、几何图形及各种绘图接口;turtle 是系统内置绘图模块,它从坐标原点(0,0)开始,按照函数指令在平面坐标系中移动,利用爬行轨迹绘制图形,也称为海龟绘图;matplotlib 是第三方模块库,需要安装 mpl_toolkits 工具包,该模块中的 pyplot 子库包含一系列绘图函数,提供了与 MATLAB 类似的绘图 API,且能方便地绘制二维图表,具有极强的数据绘图功能。

## 8.1 使用 tkinter 模块绘图

tkinter 模块利用 Canvas 组件承载各种控件和图形,在 Canvas 画布上可绘制各种形状,包括多边形、椭圆、矩形、直线、字符串文字、UI 组件(如文本框、按钮、列表、下拉菜单等)。

### 8.1.1 图形绘制步骤

在画布上绘制图形,一般使用 create_xxx 创建对象,其中 xxx=对象类型,表示绘制不同参数的形状。

#### 1. 创建画布对象

利用 tkinter 模块绘图,首先要创建一幅画布,画布是一个矩形区域,放置的图形、图像可以根据坐标参数设置其大小、初始位置、背景颜色、边框颜色等。语法格式为

```
cv = Canvas(父容器, width = 宽, height = 高, bg = 背景色,outLine = 边色,dash = 线形)
```

#### 2. 创建几何图形

(1)画多边形:cv. create_polygon(左侧第 1 个坐标,第 2 个坐标,…,fill=填充色),坐标顺序是按顺时针方向。

(2)画矩形:cv. create_rectangle(左上角坐标,右下角坐标,fill=填充色)。

(3)画线:cv. create_line(起始坐标,终点坐标)。

(4)画椭圆:cv. create_oval(左上角坐标,右下角坐标,fill=填充色)。

（5）画弧线：canvas. create_arc（左上角坐标，右下角坐标，start＝s，extent＝e，fill＝color），其中，s 为起始角度，e 为结束的偏移角度，填充颜色为 color。

（6）写字符串：cv. create_text（起始坐标，text＝"字符内容"，font＝字体）。

**说明**：cv 为画布对象，椭圆是由矩形位置确定出来的。

### 3. 常用图像的修改属性

（1）coords：修改线的位置等。

（2）itemconfig：修改填充颜色等。

（3）delete：删除对。

（4）update：更新操作。

（5）move：移动。

### 4. Canvas 绘图步骤

（1）使用 from tkinter import * 语句导入 tkinter 库。

（2）创建一个根窗体。

```
root = Tk()
```

（3）设置根窗体的大小（可选）。

```
root.geometry("宽度 x 高度")
```

（4）创建宽度和高度分别为 X 和 Y 的画布，并设置背景颜色。

```
cv = Canvas(root, width = X, height = Y, bg = "颜色")
```

（5）设置窗体的标题（可选）。

```
root.title("画布窗体标题")
```

（6）布局到根窗体上。

```
cv.pack()
```

（7）显示画布。

```
root.mainloop()
```

（8）在画布上添加多边形、椭圆形、矩形、画线、字符串文字、UI 组件等。

**说明**：若缺少设置根窗体及画布大小，则系统根据组件自动设置大小。

### 5. 绘制图像

语法格式为

```
Canvas.create_image(x0, x0, options ...)
```

**说明**：在 Canvas 画布上绘制图像时，不能直接接收图片路径作为参数，而是接收一个读取 PhotoImage 类对象作为图像参数，且只能读取 GIF、PGM 和 PPM 格式的图像。

## 8.1.2 tkinter 绘图应用案例

**【例 8-1】** 使用函数绘制几何图形。

```
from tkinter import *
root = Tk()
root.title("绘制几何图形")                                    # 添加窗口标题
root.geometry('500x300')                                    # 设置窗体大小
cv = Canvas(root,bg = 'skyblue')                            # 创建画布并填充绿色背景
cv.create_rectangle(30,10,120,100,fill = "yellow")         # 绘制矩形并填充黄色
cv.create_oval(170,10,300,100,fill = "red")                # 绘制椭圆形并填充红色
cv.create_polygon(10,300,150,200,250,300,fill = "blue")    # 绘制多边形并填充蓝色
# 绘制弧形并填充粉色
cv.create_arc(10,110,300,300,start = 0,extent = 180,fill = "pink",outline = "blue",width = 3)
cv.pack()                                                   # 将画布布局到窗体
root.mainloop()                                             # 显示画布
```

运行结果如图 8-1 所示。

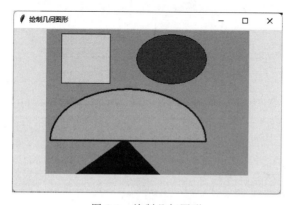

图 8-1　绘制几何图形

【例 8-2】　创建一幅黄色画布，绘制一个矩形和内切的椭圆并填充颜色。

```
from tkinter import *
root = Tk()
root.title("同心方圆")                                       # 添加窗口标题
cv = Canvas(root,bg = 'white')                             # 未指定画布大小,自动按照添加组件设置
cv.pack()
cv.create_rectangle(60,20,300,200,fill = 'yellow')
cv.create_oval(60,20,300,200,fill = 'pink')
cv.create_text(180, 100, text = "方圆的确定",font = ("隶书",18))    # 添加文字
root.mainloop()
```

运行结果如图 8-2 所示。

【例 8-3】　绘制图像。

```
from tkinter import *
root = Tk()
canvas_width = 680
canvas_height = 450
cv = Canvas(root,width = canvas_width,height = canvas_height)
cv.pack()
```

```
img = PhotoImage(file = "pic1.png")
cv.create_image(20, 20, anchor = NW, image = img)
cv.create_text(350, 10, text = "深圳北理莫斯科大学校园", font = ("隶书", 18))
root.mainloop()
```

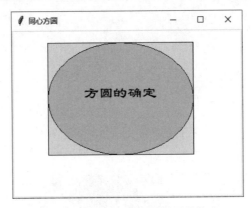

图 8-2　绘制矩形和内切椭圆并填充

运行结果如图 8-3 所示。

图 8-3　绘制图像

【例 8-4】　使用 Python 绘制简单几何图形。

```
from tkinter import *
root = Tk()
cv = Canvas(root, width = 400, height = 400, bg = "white")
cv.pack()
c1 = cv.create_oval(70, 40, 205, 160, fill = "yellow")          #画椭圆形
c2 = cv.create_polygon(10, 50, 150, 10, 270, 50, fill = "blue")  #画多边形
c3 = cv.create_oval(110, 80, 130, 90, fill = "black")           #画椭圆形
c4 = cv.create_oval(155, 80, 175, 90, fill = "black")
c5 = cv.create_oval(130, 120, 155, 130, fill = "red")
```

```
c6 = cv.create_rectangle(110, 160, 165, 190,fill = "pink")
c7 = cv.create_polygon(30,190,245,190,180,260,90,260,fill = "green")
root.mainloop()
```

运行结果如图 8-4 所示。

【**例 8-5**】　根据图 8-5 坐标计算，使用 math 模块函数计算旗帜位置并绘制图形。

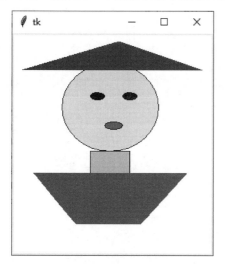

图 8-4　简单几何绘图

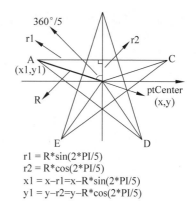

$$r1 = R*sin(2*PI/5)$$
$$r2 = R*cos(2*PI/5)$$
$$x1 = x-r1=x-R*sin(2*PI/5)$$
$$y1 = y-r2=y-R*cos(2*PI/5)$$

图 8-5　五角星坐标计算

```
from tkinter import *
import math as m
root = Tk()
cv = Canvas(root,width = 400,height = 300,background = 'white')
cv.pack()
cv.create_oval(35,5,50,25,fill = '#F0F000')               #添加旗杆顶端
cv.create_rectangle(35,25,50,300,fill = 'yellow')         #画旗杆
cv.create_rectangle(50,20,280,190,fill = 'red')           #画旗帜
#画五角星
center_x = 60;center_y = 30;r = 20                        #设置起始坐标
for n in range(1,4):
   center_x = center_x + n * 20 ;center_y = center_y + n * 16
#points 为 5 个点从左上点到右下点的 x 和 y 坐标
   points = [center_x - int(r * m.sin(2 * m.pi / 5)),center_y - int(r * m.cos(2 * m.pi / 5)),
      center_x + int(r * m.sin(2 * m.pi / 5)),center_y - int(r * m.cos(2 * m.pi / 5)),
      center_x - int(r * m.sin(m.pi / 5)),center_y + int(r * m.cos(m.pi / 5)),
      center_x, center_y - r,
      center_x + int(r * m.sin(m.pi / 5)), center_y + int(r * m.cos(m.pi / 5)),
      ]
   cv.create_polygon(points,fill = 'yellow')
cv.create_text(200, 60, text = "星旗队", font = ("隶书", 24),fill = 'yellow')   #添加文字
mainloop()
```

运行结果如图 8-6 所示。

**【例 8-6】** 在背景图片上添加气球,实现单击按钮气球向下移动。

```
from tkinter import *
root = Tk()                                                   #实例化 Tk
root.title("muy window")                                      #设置标题
root.geometry("700x600")                                      #设置窗口的大小
cv = Canvas(root, bg = "blue", height = 500, width = 620)
img = PhotoImage(file = "p2.png")                             #注意,只能导入 PNG 格式的图片
cv.create_image(0, 0, anchor = "nw", image = img)
cv.pack()                                                     #锚点为左上角,西北方向
x0, y0, x1, y1 = 20, 50, 80, 180
line = cv.create_line(70, 100, 130, 450,fill = "yellow")      #画线
oval = cv.create_oval(30, 30, 120, 150, fill = "red")         #绘制椭圆
arc = cv.create_arc(100, 450, 150, 480, start = 0, extent = 180,fill = "yellow")   #扇形
cv.pack()
def moveit():
    cv.move(oval, 0, 2)                                       #移动气球,使其向下移动两个单位
a = Button(root, text = "向下移动气球", command = moveit).pack()
root.mainloop()                                               #显示窗口
```

运行结果如图 8-7 所示。

图 8-6 使用 math 模块函数绘制旗帜

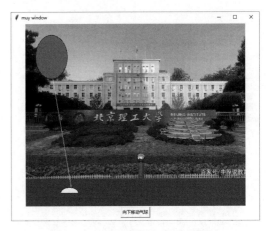

图 8-7 在图片上添加气球并移动

**【例 8-7】** 绘制机器猫。

```
from tkinter import *
window = Tk()
window.title("tkinter");window.geometry("400x600")
cv = Canvas(window, width = 700, height = 500, bg = "lightblue");cv.pack()
cv.create_polygon(215, 260, 315, 335, 285, 365, 230, 305, fill = "blue", outline = "black")
cv.create_oval(275, 335, 335, 395, fill = "white")           #右手
cv.create_oval(73, 335, 133, 395, fill = "white");           #左手
cv.create_oval(205, 425, 290, 475, fill = "white");          #右脚
cv.create_oval(205, 425, 115, 475, fill = "white")           #左脚
```

```
cv.create_polygon(190, 260, 90, 335, 120, 365, 205, 305, fill = "blue", outline = "black")
cv.create_oval(115, 285, 285, 450, fill = "blue");cv.create_oval(130, 300, 268, 428, fill = "white")
cv.create_arc(143, 285, 256, 418, extent = -180, fill = "white")
cv.create_oval(100, 110, 300, 300, fill = "blue");cv.create_oval(110, 140, 290, 300, fill =
"white")                                                             #脸
cv.create_oval(184, 160, 210, 185, fill = "red");cv.create_oval(193, 165, 202, 174, fill =
"white")                                                             #鼻子
cv.create_oval(196, 122, 230, 167, fill = "white");cv.create_oval(162, 122, 196, 167,
fill = "white")                                                     #眼睛
cv.create_oval(170, 130, 188, 155, fill = "black")
cv.create_oval(174, 134, 184, 144, fill = "white")                 #左眼瞳孔
cv.create_oval(204, 130, 222, 155, fill = "black");
cv.create_oval(208, 134, 218, 144, fill = "white")                 #右眼瞳孔
cv.create_arc(125, 150, 275, 286, extent = -180, fill = "red")     #嘴
cv.create_line(198, 185, 198, 220, fill = "black")                 #中间胡须
cv.create_line(123, 165, 178, 190, fill = "black");cv.create_line(113, 195, 178, 196, fill
 = "black")                                                         #左胡须
cv.create_line(113, 220, 178, 202, fill = "black")
cv.create_line(280, 165, 218, 190, fill = "black");
cv.create_line(285, 195, 218, 196, fill = "black")                 #右胡须
cv.create_line(285, 220, 218, 202, fill = "black")
cv.create_rectangle(185, 219, 200, 240, fill = "white")            #板牙
cv.create_rectangle(200, 219, 215, 240, fill = "white")
cv.create_rectangle(143, 303, 258, 288, fill = "red")              #领结和铃铛
cv.create_oval(184, 295, 215, 325, fill = "gold");cv.create_rectangle(184, 311, 215, 304,
fill = "gold")
cv.create_oval(195, 313, 203, 320, fill = "black");cv.create_line(199, 320, 199, 325, fill
 = "black")
window.mainloop()
```

运行结果如图 8-8 所示。

【例 8-8】　在 UI 上修改图形颜色和线段。

```
from tkinter import *
root = Tk()
w = Canvas(root, width = 200, height = 100, background = 'white')
w.pack()
line1 = w.create_line(0, 80, 200, 80, fill = 'yellow', width = 5)
line2 = w.create_line(10, 0, 10, 100, fill = 'green', width = 5)
rect1 = w.create_rectangle(20, 10, 150, 75, fill = 'pink')
w.coords(line1, 0, 5, 200, 5)                    #修改黄线的位置
w.itemconfig(rect1, fill = 'red')                #修改矩形的填充颜色
del1 = Button(root, text = '删除绿线', command = (lambda:w.delete(line2)))
del1.pack()
del2 = Button(root, text = '删除全部', command = (lambda x = ALL:w.delete(x)))
del2.pack()
mainloop()
```

运行结果如图 8-9 所示。

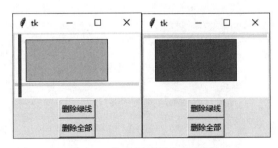

图 8-8　绘制机器猫 　　　　　图 8-9　修改图形颜色和线段

**【例 8-9】** 自行绘制图形。

```python
from tkinter import *
root = Tk()
w = Canvas(root, width = 400, height = 200, bg = 'white')
w.pack()
def paint(event):
    x1, y1 = (event.x - 1), (event.y - 1)
    x2, y2 = (event.x + 1), (event.y + 1)
    w.create_oval(x1, y1, x2, y2, outline = 'red')
w.bind('<B1-Motion>', paint)
l1 = Label(root, text = '按住鼠标移动可绘制任意图形')
l1.pack(side = BOTTOM)
mainloop()
```

运行程序,可在画布上自行绘制图形,示例结果如图 8-10 所示。

图 8-10　自行绘制图形示例

【例 8-10】 利用按钮绘制不同图形。

```
from tkinter import *
class CanvasDemo:
    def __init__(self):
        root = Tk()
        root.title("绘图演示")
        self.canvas = Canvas(root, width = 300, height = 200, bg = "White")
        self.canvas.pack()
        frame = Frame(root)
        frame.pack()
        btRectangle = Button(frame, text = "矩 形", command = self.displayRect)
        btOval = Button(frame, text = "椭 圆", command = self.displayOval)
        btArc = Button(frame, text = "圆 弧", command = self.displayArc)
        btPolygon = Button(frame, text = "多边形", command = self.displayPolygon)
        btLine = Button(frame, text = "三角形", command = self.displayTriangle)
        btString = Button(frame, text = "文 字", command = self.displayString)
        btClear = Button(frame, text = "清 空", command = self.clearCanvas)
        btRectangle.grid(row = 1, column = 1)
        btOval.grid(row = 1, column = 2)
        btArc.grid(row = 1, column = 3)
        btPolygon.grid(row = 1, column = 4)
        btLine.grid(row = 1, column = 5)
        btString.grid(row = 1, column = 6)
        btClear.grid(row = 1, column = 7); root.mainloop()
    def displayRect(self):                      #画矩形
        self.canvas.create_rectangle(10, 10, 290, 190, tags = "rect")
    def displayOval(self):                      #画椭圆
        self.canvas.create_oval(10, 10, 290, 190, tags = "oval", fill = "red")
    def displayArc(self):                       #画圆弧
        self.canvas.create_arc(10, 10, 290, 190, start = - 190, extent = 190, width = 5, fill =
"red", tags = "arc")
    def displayPolygon(self):                   #画多边形
        poly_points = [(10, 60), (80, 10), (80, 40), (260, 40), (260, 80), (80, 80), (80, 110)]
        self.canvas.create_polygon(poly_points, fill = '#BF3EFF')
    def displayTriangle(self):                  #画三角形
        self.canvas.create_polygon(80, 90, 180, 90, 200, 200, outline = "", fill = "green", )
    def displayString(self):                    #写文字
        self.canvas.create_text(160, 140, text = "这是界面字符串", font = "Tine 10 bold
underline", tags = "string")
    def clearCanvas(self):                      #清空
        self.canvas.delete("rect", "oval", "arc", "polygon", "line", "string")
CanvasDemo()
```

运行结果如图 8-11 所示。

【例 8-11】 利用按钮选择图片。

```
from tkinter import *
def pic1():
    canvas_width = 600;canvas_height = 400      #设置画布显示大小
```

图 8-11 利用按钮绘制不同图形

```
    cv = Canvas(root, width = canvas_width, height = canvas_height)     #创建画布
    cv.grid(row = 2, column = 1)                                        #布局到 UI 上
    img = PhotoImage(file = "p1.png")                                   #加入第 1 幅图片
    cv.create_image(20, 20, anchor = NW, image = img)                   #布局图片到画布
    root.mainloop()
def pic2():
    canvas_width = 600
    canvas_height = 400
    cv = Canvas(root, width = canvas_width, height = canvas_height)
    cv.grid(row = 2, column = 1)
    img = PhotoImage(file = "p2.png")
    cv.create_image(20, 20, anchor = NW, image = img)
    root.mainloop()
def pic3():
    canvas_width = 600
    canvas_height = 400
    cv = Canvas(root, width = canvas_width, height = canvas_height)
    cv.grid(row = 2, column = 1)
    img = PhotoImage(file = "p3.png")
    cv.create_image(20, 20, anchor = NW, image = img)
    root.mainloop()
root = Tk()
root.title("图片展示")                                                   #标题
root.minsize(700,520)                                                   #设置最小窗口尺寸
label = Label(root,text = '深圳北理莫斯科大学美景',font = ('华文新魏',16))
label.grid(row = 0,columnspan = 3)
p1 = Button(root,text = '深圳北理莫斯科大学美景1',command = pic1);        #创建按钮 1
p1.grid(row = 1, column = 0,pady = 10 )                                 #布局按钮 1
p2 = Button(root,text = '深圳北理莫斯科大学美景2',command = pic2);
p2.grid(row = 1, column = 1,pady = 10 )
p3 = Button(root,text = '深圳北理莫斯科大学美景3',command = pic3);
p3.grid(row = 1, column = 2,pady = 10 )
root.mainloop()
```

运行结果如图 8-12 所示。

图 8-12 利用按钮选择图片

## 8.2 使用 turtle 模块绘图

turtle 模块是 Python 提供的一种内置在系统中的绘图函数库,不需要安装即可使用。turtle 模块通过一只小海龟的前进、后退和旋转等行为在坐标系中形成的运动轨迹绘制图形。

### 8.2.1 turtle 模块的使用

turtle 模块通过一组函数控制画笔(海龟)的行进动作,进而绘制形状,这些函数命令分别是画笔运动函数、画笔控制函数、全局控制函数、对话框函数和其他函数。

#### 1. 画笔运动函数

画笔运动函数如表 8-1 所示。

表 8-1　画笔运动函数

| 函　　数 | 功 能 说 明 |
| --- | --- |
| turtle. forward(distance) 或 turtle. fd(distance) | 向当前画笔方向移动 distance 像素 |
| turtle. backward(distance) 或 turtle. bk(distance) 或 turtle. back(distance) | 向当前画笔相反方向移动 distance 像素 |
| turtle. right(degree)/rt | 顺时针旋转,degree 为度数 |
| turtle. left(degree)/lt | 逆时针旋转,degree 为度数 |
| turtle. isdown() | 判断画笔是否落下,返回 True 或 False |
| turtle. pendown() | 放下画笔,移动时绘制图形,缺少参数时也可绘制 |
| turtle. goto(x,y) 或 turtle. setpos(x,y) 或 turtle. setposition(x,y) | 将画笔移动到(x,y)位置 |
| turtle. penup() | 抬起画笔,不绘制图形,用于另起一点绘制 |
| turtle. circle(radius, extent=None, steps=None) | 画半径为 radius 的圆。radius 为正、负分别表示圆心在画笔的左、右侧;extent 为一个夹角(数值或 None),用来决定绘制圆的一部分;作半径为 radius 的圆的内切正多边形,多边形边数为 steps(整型数值或 None) |
| turtle. setx() | 将当前 $x$ 轴移动到指定位置 |
| turtle. sety() | 将当前 $y$ 轴移动到指定位置 |
| turtle. setheading(angle) 或 turtle. seth(angle) | 设置当前朝向为 angle 的角度。其中,0 表示向东,90 表示向北,180 表示向西,270 表示向南,负值表示相反方向 |
| turtle. home() | 设置当前画笔位置为原点,朝向向东 |

说明:

(1) 关于 circle()函数,circle(100) 表示以当前位置为圆心,画半径为 100 的圆;circle(50,steps=3)表示画三角形;circle(120,180)表示画半圆。

（2）turtle.left(−90)相当于turtle.right(90)。

## 2.画笔控制函数

画笔控制函数如表 8-2 所示。

表 8-2　画笔控制函数

| 函　　数 | 功　能　说　明 |
| --- | --- |
| turtle.pensize(N)/width(N) | 设置画笔粗细为 N |
| turtle.pencolor(color) | 设置画笔颜色为 color，color 可取颜色字母、十进制或十六进制 RGB 值 |
| turtle.screensize(canvwidth=None,canvheight=None,bg=None) | 设置画布的宽度、高度、背景。其中，canvwidth 为画布的宽度；canvheight 为画布的高度；bg 为画布的背景 |
| turtle.fillcolor(color) | 绘制图形填充颜色 |
| turtle.color(color1, color2) | color1 为画笔颜色，color2 为填充颜色 |
| turtle.filling() | 返回当前是否在填充状态 |
| turtle.dot(size=None, * color) | 绘制一个指定直径和颜色的圆点 |
| turtle.begin_fill() | 准备开始填充图形 |
| turtle.end_fill() | 填充完成 |
| turtle.hideturtle() | 隐藏画笔的 turtle 形状 |
| turtle.showturtle() | 显示画笔的 turtle 形状 |
| turtle.penspeed(N) | 设置画笔速度 N，取值为 0～10 的整数，其中 0 为最快，10 为快，6 为正常，3 为慢，1 为最慢 |

**说明：**

（1）使用计算机绘图，颜色都有固定的英文名字，这些英文名字可以作为颜色字符传入 turtle.pencolor()函数中，也可以采用(r,g,b)形式直接输入颜色值。以下 3 种设置画笔颜色的方法是等价的。当使用十进制时，需要加 colormode(255)语句才能使用。

```
turtle.pencolor("skyblue")          #设置天蓝色
turtle.pencolor("#87CEEB")          #十六进制表示，r = 87,g = CE,b = EB
turtle.colormode(255)               #设置颜色为十进制 RGB 模式
turtle.pencolor(135,206,235)        #十进制表示，r = 135,g = 206,b = 235
```

（2）begin_fill()函数要与 end_fill()函数一起使用。

## 3.全局控制函数

全局控制函数如表 8-3 所示。

表 8-3　全局控制函数

| 函　　数 | 功　能　说　明 |
| --- | --- |
| turtle.clear() | 清空 turtle 窗口，但是 turtle 的位置和状态不会发生变化 |
| turtle.setup（width，height，startx，starty） | 设置画布的位置，其大小既可根据占屏比确定，也可用像素表示的绝对值设置。width 和 height 为主窗体的宽和高，整数表示像素，小数表示占据屏幕的比例；startx 和 starty 为画的初始点，表示矩形窗口左上角顶点的位置，(0,0)表示位于屏幕中心，如图 8-13 所示。如果不设置参数，默认从屏幕左上角打开窗体，setup()函数不是必需的 |

续表

| 函　　数 | 功　能　说　明 |
| --- | --- |
| turtle. reset() | 清空窗口,重置 turtle 状态为起始状态 |
| turtle. undo() | 撤销上一个 turtle 动作 |
| turtle. isvisible() | 是否隐藏画笔的海龟形状 |
| turtle. stamp() | 复制当前图形 |
| turtle. speed() | 设置海龟速度为[0,10]。其中,1 为 slowest(最慢);3 为 slow(慢速);6 为 normal(正常速度);10 为 fast(快速);0 为 fastest(最快)。数值越大,作图速度越快,当给定值大于 10 或小于 0.5 时,则统一设置为 0,表示速度最快 |

#### 4. 对话框函数

1)输入字符串的对话框

弹出一个用于输入字符串的对话框。如果确认了对话框,则返回用户输入的字符串;如果取消了对话框,则返回 None。语法格式为

```
textinput(title, prompt)
```

其中,title(字符串)为对话框的标题;prompt(字符串)为用来提示用户输入什么信息的文本。

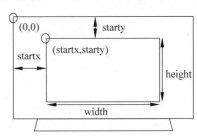

图 8-13　坐标标注

2)输入数字的对话框

弹出一个用于输入数字的对话框。如果确认了对话框,则返回用户输入的数字;如果取消了对话框,则返回 None。语法格式为

```
numinput(title, prompt, default = None, minval = None, maxval = None)
```

其中,title(字符串)为对话框的标题;prompt(字符串)为用来提示用户输入什么数字信息的文本;default(整数、浮点数或 None)为默认值;minval(整数、浮点数或 None)为用户输入数字的最小值;maxval(整数、浮点数或 None)为用户输入数字的最大值。

#### 5. 其他函数

其他函数如表 8-4 所示。

表 8-4　其他函数

| 函　　数 | 功　能　说　明 |
| --- | --- |
| turtle. delay(delay＝None) | 设置或返回以毫秒为单位的绘图延迟 |
| turtle. done() | 返回当前 turtle 是否可见,保留图形不消失。必须是程序中的最后一个语句,表示运行结束不退出 |
| turtle. shape(name＝None) | 设置海龟形状为 name 指定的形状名,若未指定,则返回当前的形状名 |
| turtle. mode("standard"或 "logo"或"world") | 设置 turtle 模式,并执行复位。如果没有参数,则返回当前模式。其中,"standard"模式(向东,逆时针)与 turtle 库兼容;"logo"模式(向上,顺时针)兼容大多数标志 turtle 形状;"world"模式使用用户定义的世界坐标,在这种模式下,如果 $x$ 与 $y$ 单位比 $t＝1$,角度就会失真 |

续表

| 函　　数 | 功　能　说　明 |
| --- | --- |
| turtle. begin_poly() | 开始记录多边形顶点,起点 |
| turtle. end_poly() | 停止记录多边形顶点,终点与起点相连 |
| turtle. get_poly() | 返回记录的多边形 |
| turtle. write(arg, move, align, font) | 写文本。其中,arg 为书写的文本内容;move 为布尔值,表示是否移动;align 为字符串属性,取值为 "left""center"或"right";font 为一个(字体名称,大小,样式)三元组 |
| turtle. pen(pen＝None, ** pendict) | 返回或设置画笔的属性字典 |

pen()函数获取一个键值对的属性画笔字典,包括'shown'(布尔值)、'pendown'(布尔值)、'pencolor'(颜色字符串或颜色元组)、'fillcolor'(颜色字符串或颜色元组)、'pensize'(正数值)、'speed'(0～10 的数值)、'resizemode'('auto'或'user'或'noresize')、'stretchfactor'(形式为(正数值,正数值))、'outline'(正数值)、'tilt'(数值)。此字典可作为后续调用 pen()函数时的参数,以恢复之前的画笔状态。另外,还可将这些属性作为关键词参数提交。使用此方式可以用一条语句设置画笔的多个属性。例如,执行以下语句:

```
print(turtle.pen())
```

运行结果为

```
{'shown': True, 'pendown': True, 'pencolor': 'blue', 'fillcolor': '#00ff00', 'pensize': 1,
'speed': 3, 'resizemode': 'noresize', 'stretchfactor': (1.0, 1.0), 'shearfactor': 0.0, 'outline':
1, 'tilt': 0.0}
```

## 8.2.2　海龟绘图

海龟(turtle,即画笔)可以在画布上按照指令绘制图形,若画笔为"落笔"状态会留下痕迹,若为"抬笔"状态则不留痕迹。通过设置画笔的各种属性(如颜色、粗细等)改变图形的外观,也可以设置海龟的行为改变其速度、方向以改变图形的形状,即"落笔"命令使画笔所走过的轨迹就是图形外观。

**1. 绘图坐标体系**

(1) 在画布上,初始位置在画布中央,海龟运行方向向着画布右侧,向右是 $x$ 轴,向上是 $y$ 轴。

(2) 相对于坐标系也是通过"前进方向""后退方向""左侧方向""右侧方向"来完成,坐标原点上有一只面朝 $x$ 轴正方向的海龟。turtle 绘图中,就是使用位置方向描述海龟(画笔)的状态。海龟的绝对坐标和方向如图 8-14 所示。

**2. turtle 绘制图形的基本框架**

使用 from turtle import * 或 import turtle 语句导入 turtle 模块,前者不需要加 turtle,后者需要加 turtle。例如,默认用箭头表示海龟,若查看海龟图标,代码如下:

```
import turtle                    # 导入 turtle 模块库
turtle.forward(80)              # 海龟前进 80 像素
turtle.shape('turtle')         # 将 turtle 的形状设置为"海龟"造型
turtle.done()
```

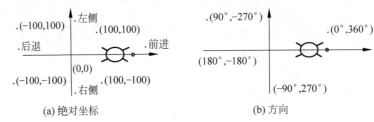

(a) 绝对坐标　　　　　　　　　　　　　　　(b) 方向

图 8-14　海龟坐标系

运行结果如图 8-15 所示。

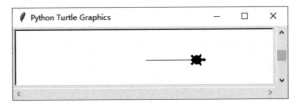

图 8-15　海龟图标

### 3. 颜色设置

海龟由程序控制,可以变换颜色,常用颜色设置如表 8-5 所示。

表 8-5　常用颜色设置

| 颜色英文名称 | RGB 整数值 | RGB 小数值 | 中文颜色名称 |
|---|---|---|---|
| white | 255,255,255 | 1,1,1 | 白色 |
| yellow | 255,255,0 | 1,1,0 | 黄色 |
| magenta | 255,0,255 | 1,0,1 | 洋红 |
| cyan | 0,255,255 | 0,1,1 | 青色 |
| blue | 0,0,255 | 0,0,1 | 蓝色 |
| black | 0,0,0 | 0,0,0 | 黑色 |
| gray | 128,128,128 | 0.5,0.5,0.5 | 灰色 |
| purple | 160,32,240 | 0.63,0.13,0.94 | 紫色 |
| maroon | 128,0,0 | 0.5,0,0 | 栗色 |
| olive | 128,128,0 | 0.5,0.5,0 | 橄榄色 |
| gold | 255,215,0 | 1,0.84,0 | 金色 |

## 8.2.3　海龟绘图应用案例

【例 8-12】　绘制不同角度的正方形。

```
import random as r
import turtle as t
```

```
t.pensize(3)                                          #设置画笔宽度
c = []
for n in range(3):
  t.speed(11)                                         #设置速度
  for i in range(4):                                  #画正方形
    c.append((r.random(),r.random(),r.random()))      #随机取颜色
    t.pencolor(c[i])                                  #设置画笔颜色
    t.fd(100)                                         #正方形边长
    t.lt(90)
  t.right(120)
t.done()
```

运行结果如图 8-16 所示。

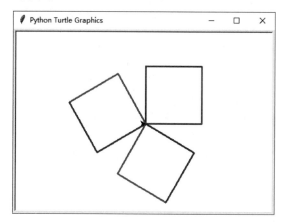

图 8-16　绘制不同角度的正方形

【例 8-13】　circle()函数及填充的使用。

```
import turtle as t
t.screensize(400,280,bg = 'yellow')       #设置窗口大小及颜色
t.goto( - 210,100)
t.color('blue','pink')                    #设置画笔和填充颜色
t.begin_fill()                            #开始填充
t.pensize(3)                              #设置画笔宽度
t.circle(50)                              #画半径为 50 的圆
t.goto( - 100,100)
t.circle(50,steps = 3)                    #画边长为 50 的等边三角形
t.end_fill()                              #结束填充
t.goto(50,100)
t.circle(50, 180)                         #画半径为 50 的半圆(180 度)
t.done()
```

运行结果如图 8-17 所示。

【例 8-14】　绘制填充的正方形、正三角形、正六边形和圆。

```
import turtle as t
t.screensize(600,480,bg = 'yellow')       #设置窗口大小及颜色
```

```
def polygon(x,y,n,l,color):
  t.goto(x,y)                           # 海龟移动到指定位置
  t.pendown()                           # 落笔
  t.color(color)                        # 只有一个参数时,既是画笔颜色,又是填充颜色
  t.begin_fill()                        # 开始填充
  for i in range(n):
    t.forward(l)                        # 海龟前进边长的步数
    t.right(360/n)                      # 右转一个外角的角度
  t.end_fill()                          # 结束填充
t.penup()                               # 抬笔
polygon(-140,0,4,100,'red')            # 在(-140,0)绘制边长为 100 的四边形并填充为红色
polygon(-15,-5,3,120,'blue')           # 在(-15,-5)绘制边长为 120 的正三角形并填充为蓝色
polygon(120,-10,6,60,'purple')         # 在(100,-100)绘制边长为 60 的正六边形并填充为紫色
polygon(-220,-5,36,10,'pink')          # 在(-100,-100)绘制边长为 10 的圆并填充为粉色
t.done()
```

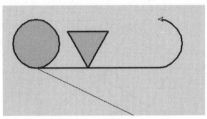

图 8-17　circle()函数及填充

运行结果如图 8-18 所示。

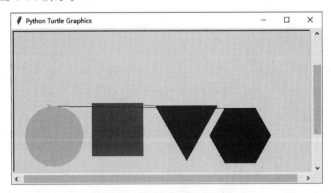

图 8-18　几何图形及填充

【例 8-15】　绘制心形及填充。

```
import turtle as t
def hart_arc():                         # 画心形圆弧
  for i in range(200):
    t.right(1)
    t.fd(2)
t.color('blue','pink')                  # 画笔颜色
t.pensize(3)                            # 画笔粗细
```

```
t.goto(0, - 180)
t.left(140)                                          #逆时针旋转140度
t.begin_fill()                                       #标记背景填充位置
t.fd(224)                                            #向前移动画笔,画心形直线,长度为224
hart_arc()                                           #左侧圆弧
t.left(120)                                          #调整画笔角度
t.write('献爱心', font = ('宋体', 30, 'bold'), align = "center")
hart_arc()                                           #右侧圆弧
t.fd(224)
t.end_fill()                                         #标记背景填充结束位置
t.done()
```

运行结果如图 8-19 所示。

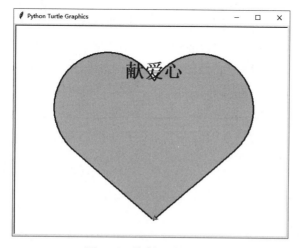

图 8-19　绘制心形及填充

【例 8-16】　根据旋转角度绘制填充的六角形。

```
import turtle as t
t.goto( - 50,120)                                    #设置六角形起始位置
t.color("green")                                     #设置颜色为绿色
t.begin_fill()                                       #开始填充颜色
for i in range(6):                                   #设置内六边形
    t.fd(90)
    t.right(60)                                      #设置转角360/6
t.forward(90)
for j in range(6):                                   #设置外六角位置
    t.forward(90)
    t.right(120)
    t.forward(90)
    t.left(60)
t.end_fill()                                         #结束填充
t.done()
```

运行结果如图 8-20 所示。

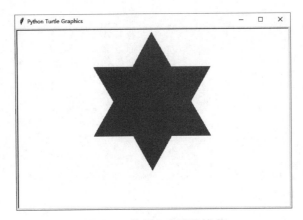

图 8-20　绘制六角形及填充

【**例 8-17**】　绘制变换方向和颜色的矩形。

```
import random as r
import turtle as t
t.pensize(3)
for i in range(12):
    c = []
    for i in range(4):
        c.append((r.random(), r.random(), r.random()))        ♯随机取颜色
        t.pencolor(c[i])
        t.fd(120)
        t.left(90)
    t.right(170)
t.seth(60)
t.done()
```

运行结果如图 8-21 所示。

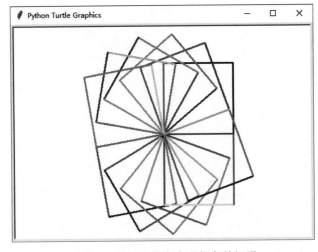

图 8-21　绘制变换方向和颜色的矩形

【例 8-18】 绘制花朵并填充。

```
import turtle as t
def draw():                          ♯画花瓣
    for i in range(2):
        t.circle(50,120)
        t.left(60)
t.pensize(5)
t.goto(0, −150)                      ♯画枝干
t.left(90)
t.fd(50)
t.fillcolor("green")
t.begin_fill()
t.pensize(2)
draw()                               ♯画第 1 片叶子
t.fd(50)
t.right(90)
draw()                               ♯画第 2 片叶子
t.end_fill()
t.right(270)                         ♯转向画花位置
t.fd(150)
t.fillcolor("red")
t.begin_fill()
for i in range(6):                   ♯画 6 片花瓣
    draw()
    t.right(60)
t.end_fill()
t.done()
```

运行结果如图 8-22 所示。

图 8-22 绘制花朵并填充

【例 8-19】 绘制变换颜色的风车。

```python
import random as r
import turtle as t
def rect(c):
    t.begin_fill()
    for i in range(4):
        t.fillcolor(c)
        t.seth(90 * i)
        t.fd(150)
        t.right(90)
        t.begin_fill()
        t.circle(-150, 45)
        t.goto(0, 0)
        t.end_fill()
c = []
for i in range(2):                    #设置16种随机颜色
    c.append((r.random(),r.random(),r.random()))
    t.speed(11)                       #绘图的速度设置为11
    rect(c[i])
t.done()
```

运行结果如图 8-23 所示。

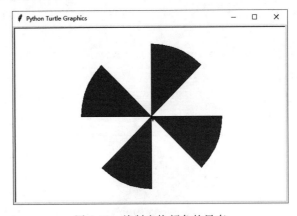

图 8-23  绘制变换颜色的风车

【例 8-20】 绘制同顶点的正方形并填充不同颜色。

```python
import random as r
import turtle as t
t.pensize(2)
t.speed(11)
n = 240
for i in range(16):
    c = []
    t.begin_fill()
    for i in range(4):
        c.append((r.random(), r.random(), r.random()))    #随机取颜色
```

```
        t.color(c[i])
        t.fd(n)
        t.right(90)
    n -= 10
    t.end_fill()
t.done()
```

运行结果如图 8-24 所示。

【例 8-21】　绘制五星图。

```
import turtle as t
t.color('yellow','red')              # 设置画笔和填充颜色
t.begin_fill()                       # 开始填充
t.pensize(3)                         # 设置画笔宽度
for _ in range(5):
    t.forward(200)                   # 前进 200 像素
    t.right(144)
t.end_fill()                         # 结束填充
t.penup()
t.goto(-150,-120)
t.color("blue")
t.write("金五星", align = "center", font = ("Arial", 20, "normal"))
t.done()
```

运行结果如图 8-25 所示。

图 8-24　同顶点正方形及填充　　　　　　　　图 8-25　绘制五角星

【例 8-22】　绘制五环。

```
import turtle as t
t.pensize(10)
c = []
c = ["blue","black","red","purple","green"]
i = 0
def draw(x,y):
    global i
    t.color(c[i])
```

```
    t.penup()
    t.goto(x,y)
    t.pendown()
    t.circle(50)
    i += 1
for j in range(3):
  draw(j * 120,0)
for j in range(2):
  draw((j * 2 + 1) * 60, -50)
t.done()
```

运行结果如图 8-26 所示。

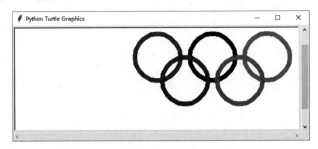

图 8-26　绘制五环

【例 8-23】　绘制金光闪闪的太阳。

```
import turtle as t
t.write("金光闪闪的太阳", align = "right", font = ("Arial", 20, "normal"))
t.setup(width = 0.6, height = 0.6)          ♯参数为小数时表示按照屏幕的比例
t.color("red", "yellow")
t.begin_fill()
t.speed(20)                                 ♯控制绘图速度
while True:
    t.forward(200)
    t.left(170)
    if abs(t.pos()) < 1:
      break
t.end_fill()
t.done()
```

运行结果如图 8-27 所示。

图 8-27　绘制金光闪闪的太阳

【例 8-24】 绘制圣诞树。

```
from turtle import *
colormode(255)                                        # 设置色彩模式为 RGB
lt(90);lv = 14;l = 120;s = 45;width(lv)
r = 0;g = 0;b = 0                                      # 初始化 RGB 颜色
pencolor(r, g, b)
penup();bk(l);pendown();fd(l)
def draw_tree(l, level):
    global r, g, b
    w = width()                                       # 当前笔宽度
    width(w * 3.0 / 4.0)                               # 设置笔宽度为细
    r = r + 1;g = g + 2; b = b + 3                     # 设置颜色
    pencolor(r % 200, g % 200, b % 200)
    l = 3.0 / 4.0 * l
    lt(s);     fd(l)
    if level < lv:
        draw_tree(l, level + 1)
    bk(l);     rt(2 * s); fd(l)
    if level < lv:
        draw_tree(l, level + 1)
    bk(l);     lt(s)
    width(w)
speed("fastest");draw_tree(l, 4);done()
```

运行结果如图 8-28 所示。

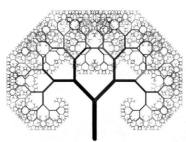

图 8-28  绘制圣诞树

【例 8-25】 turtle 文本及数值对话框的使用。

```
import turtle as t
t.screensize(100,100,bg = 'yellow')                                      # 设置窗口大小及颜色
name = t.textinput("用户注册", "请输入姓名")                               # 输入文本对话框
num = t.numinput("成绩管理","输入你的成绩", minval = 0, maxval = 100)       # 输入数值对话框
t.write('教师姓名:' + name, font = ('隶书', 20, 'bold'), align = "center")
t.penup()                                                                # 抬笔
t.goto(130, -50)
t.pendown()                                                              # 落笔
t.write('班级平均成绩:' + str(num), font = ('隶书', 20, 'bold'), align = "right")
t.hideturtle()                                                           # 隐藏海龟头
t.done()
```

运行结果如图 8-29 所示。

图 8-29　turtle 文本和数值对话框

# 8.3　使用 matplotlib 模块绘图

matplotlib 是 Python 可视化软件包之一,它提供了常用的二维和三维绘图接口。由于 matplotlib 是第三方库,需要在系统中安装 mpl_toolkits 工具包才能使用。使用该库只需几行代码即可生成直方图、饼图、条形图、散点图、等高图、3D 曲面图等。其中,pyplot 及 pylab 模块提供了类似于 MATLAB 界面的一组画图函数,包括控制线条样式、字体属性、轴属性、绘制三维曲面图等。

## 8.3.1　matplotlib 模块的安装

matplotlib 是 Python 提供的强大画图模块,提供了一套面向对象绘图的 API,通过配合 Python GUI 中的工具包 tkinter,能在应用程序中嵌入图形。在确保已经安装 Python 情况下,可使用 pip 安装 matplotlib 模块。安装步骤如下。

### 1. 安装并升级

在 cmd 命令提示符下或在 PyCharm 的 Terminal 中输入 pip install matplotlib 或 python -m pip install matplotlib 进行自动安装,如图 8-30 所示。

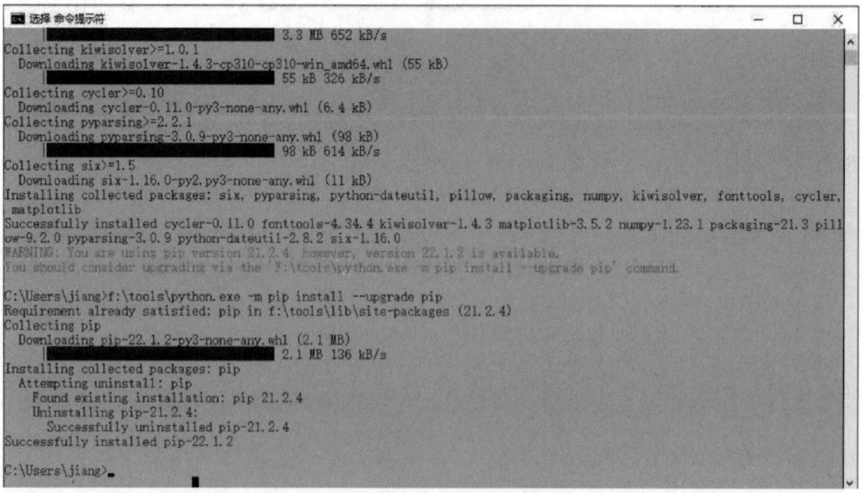

图 8-30　安装 matplotlib 模块

系统会自动下载安装包,安装完成后,输入 python -m pip list 查看本机安装的所有模块,确保 matplotlib 模块已经安装成功,如图 8-31 所示。

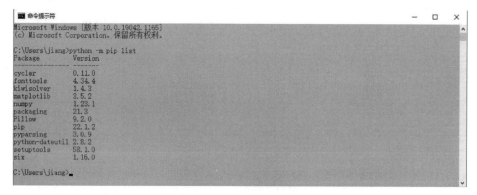

图 8-31　matplotlib 模块安装成功

### 2. matplotlib 绘图步骤

安装成功即可导入 matplotlib 模块,完成绘图,步骤如下。

(1) 导入 matplotlib 模块:import matplotlib. pyplot as plt。

(2) 定义变量并初始化,如 x=range(10)。

(3) 定义函数,如 y=x ** 2−1。

(4) 定义图像窗口,如 plt. figure()。

(5) 绘制曲线,如 plt. plot(x,y)。

(6) 显示图像,如 plt. show()。

【例 8-26】　根据一周气温值[34,35,31,33,30,29,32]绘制温度曲线。

```
import matplotlib.pyplot as plt              # 导入绘图库并命名为 plt
fig = plt.axes()                            # 创建坐标轴
x = range(1,8)                              # 产生 1~7 的横坐标
fig.set_xticklabels([ "","周一","周二","周三","周四","周五","周六","周日"],
fontproperties = 'SimHei',fontsize = 12)     # 设置 x 轴刻度标签
y = [34,35,31,33,30,29,32]                  # 收集一周温度值
plt.plot(x,y)                               # 绘制曲线
plt.title("一周温度曲线",fontproperties = 'SimHei',fontsize = 16)    # 显示标题
plt.xlabel(u'星期', fontproperties = 'SimHei',fontsize = 12)    # 显示横坐标
plt.ylabel(u'温度', fontproperties = 'SimHei',fontsize = 12)    # 显示纵坐标
plt.show()                                  # 显示输出
```

运行结果如图 8-32 所示。

## 8.3.2　matplotlib 模块的使用

在 matplotlib 绘图中,整个图像是一个 figure 对象,在对象中可以包含一个或多个 Axes(坐标轴)对象。每个 Axes 对象都是一个拥有本身坐标系统的绘图区域,它相当于 tkinter 模块中的 Canvas 画布组件。图像组成结构如图 8-33 所示。

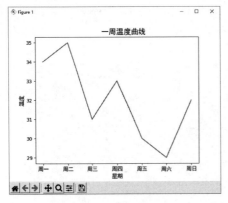

图 8-32　一周温度曲线

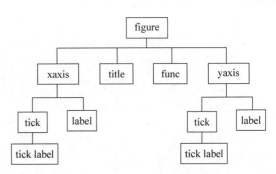

图 8-33　matplotlib 图像组成结构

图 8-33 中，xaxis/yaxis 为横/纵坐标；title 为标题；func 为绘图函数；tick 为刻度；label 为标签；tick label 为刻度注释。

### 1. 函数

matplotlib 模块提供了绘图标注函数，若导入绘图库并命名为 plt，标注与绘图函数如表 8-6 所示。

表 8-6　标注与绘图函数

| 函　　数 | 说　　明 |
| --- | --- |
| plt. xlabel() | 对 $x$ 轴增加文本标签 |
| plt. ylabel() | 对 $y$ 轴增加文本标签 |
| ply. title() | 对图形整体增加文本标签 |
| plt. text(x,y,text) | 在坐标为(x,y)的位置增加文本 text |
| plt. bar() | 绘制柱形图 |
| plt. pie() | 绘制饼图 |
| plt. step() | 绘制台阶图 |
| plt. scatter() | 绘制散点图 |
| plot(x,y) | 绘制二维图形 |

说明：使用 plt. plot() 函数画线，可以定义曲线的颜色、宽度及线型等属性。例如，plt. plot(x,y,color="blue",linewidth=2.0,linestyle='-. ') 表示画横坐标为 x、纵坐标为 y、颜色为蓝色、线宽为 2.0 的点画线。

### 2. 配置参数

matplotlib 提供的配置参数如表 8-7 所示。

表 8-7　配置参数

| 参　　数 | 功 能 描 述 |
| --- | --- |
| axes | 设置坐标轴边界和表面的颜色、坐标刻度值大小和网格 |
| figure | 控制分辨率、边界颜色、图形大小和子区(subplot)设置 |

续表

| 参　　数 | 功 能 描 述 |
|---|---|
| font | 字体集(Font Family)、字体大小和样式设置 |
| grid | 设置网格颜色和线型 |
| legend | 设置图例和其中文本的显示 |
| line | 设置线条(颜色、线型、宽度等)和标记 |
| patch | 填充二维空间图形对象,如多边形、圆、线宽、颜色等设置 |
| savefig | 对保存的图形进行单独设置,如设置渲染的文件的背景色 |
| verbose | 设置 matplotlib 在执行期间的信息输出,如 silent、helpful、debug 和 debug-annoying |
| xticks/yticks | 为 $x$ 和 $y$ 轴的主刻度和次刻度设置颜色、大小、方向,以及标签大小、标题线条等相关属性标记设置 |
| linestyle/ls | 设置线条风格 |
| set_xlim(min,max) | 设置横轴范围,会覆盖上面 axis 的设置 |
| set_ylim(min,max) | 设置纵轴范围,会覆盖上面 axis 的设置 |

具体说明如下。

(1) axes 是一个带有刻度和标签的矩形。若用变量 fig 表示一个图形实例,方法为 fig＝plt.axes()。

(2) matplotlib 把 figure 看作一个容纳各种坐标轴、图像、文字和标签的容器,若导入的 pyplot 模块命名为 plt,则 plt.figure()可以创建图像。

(3) font()函数使用 fontproperties 参数设置字体,字体的参数如表 8-8 所示。

表 8-8　字体设置

| 中 文 字 体 | 说　　明 | 中 文 字 体 | 说　　明 |
|---|---|---|---|
| 'SimHei' | 中文黑体 | 'YouYuan' | 中文幼圆 |
| 'Kaiti' | 中文楷体 | 'STSong' | 华文宋体 |
| 'LiSu' | 中文隶书 | 'STXingkai' | 华文行楷 |
| 'SimSun' | 宋体 | 'Microsoft YaHei' | 微软雅黑 |
| 'FangSong' | 中文仿宋 | | |

例如,plt.set_title('温度变化情况',fontproperties＝'SimHei',fontsize ＝15)表示标题为"温度变化情况",字体为黑体,字符大小为 15。

(4) xticks 和 yticks 可以设置 $x$ 和 $y$ 坐标刻度,也可隐藏坐标轴(刻度和刻度值)。例如,若用变量 fig 表示一个图形实例,即 fig＝figure(),则 fig.set_xticklabels(["周一","周二","周三"])表示设置 $x$ 轴刻度标签为周一、周二和周三; fig.set_xticks([ ])和 fig.set_yticks([ ])为隐藏 $x$ 和 $y$ 轴以及刻度值; fig.set_xticks([1,2,3])和 fig.set_yticks([1,2,3])为设置 $x$ 和 $y$ 轴刻度为 1、2、3;若只隐藏刻度值,同时保留刻度的话,使用 fig.xaxis.set_major_formatter(plt.NullFormatter())和 fig.yaxis.set_major_formatter(plt.NullFormatter())。

```
import matplotlib.pyplot as plt                    # 导入绘图库命名 plt
plt.grid(axis = 'both',alpha = 0.5,color = 'black',linestyle = '--',linewidth = 1)
                                                   # 表示显示主刻度栅格
```

```
plt.set_xticks((0,1,2,3,4,5,6,7))              ♯设置横坐标刻度但不显示
plt.set_yticks((-2,-1,0,1,2))                  ♯设置纵坐标刻度但不显示
♯设置刻度的显示文本,rotation(旋转角度)可选参数为:vertical,horizontal也可以为数字,
♯fontsize为字体大小
plt.set_xticklabels(labels=(0,1,2,3,4,5,6,7),rotation=0,color="black",fontproperties
="Times New Roman",fontsize=15)
```

### 3. 线型标记

线型标记如表 8-9 所示。

表 8-9　线型标记

| 标 记 字 符 | 说 明 | 标 记 字 符 | 说 明 |
|---|---|---|---|
| '.' | 点标记 | 's' | 正方形 |
| ',' | 像素标记(极小点) | 'h' | 六边形 |
| 'o' | 实心圈点 | 'd' | 小菱形 |
| 'v' | 倒三角标记 | 'p' | 实心五角标记 |
| '^' | 上三角标记 | 's' | 实心方形标记 |
| '>' | 右三角标记 | '*' | 星型标记 |
| '<' | 左三角标记 | '4' | 右花三角标记 |
| '1' | 下花三角标记 | '8' | 八边形 |
| '2' | 上花三角标记 | '\' | 竖线 |
| '3' | 左花三角标记 | '+' | 加号 |
| 'D' | 菱形 | '—' | 破折线 |
| '—' | 实线 | ':' | 虚线 |
| '-.' | 点画线 | | |

### 4. 颜色标记

颜色标记如表 8-10 所示。

表 8-10　颜色标记

| 标 记 | 说 明 | 标 记 | 说 明 |
|---|---|---|---|
| 'r' | 红色 | 'y' | 黄色 |
| 'g' | 绿色 | 'c' | 青色 |
| 'b' | 蓝色 | 'm' | 洋红色 |
| 'k' | 黑色 | 'w' | 白色 |

**说明**：颜色还可以表示如下。

(1) 使用十六进制字符串(如 color='♯123456')或颜色名字(如'red' 'skyblue')。

(2) 归一化到[0,1]的 RGB 元组,如 color=(0.3,0.3,0.4)。

### 5. 绘制子图

使用 subplot()函数可创建多个子图的公共布局,语法格式为

```
subplot(nrows,ncols,index)
```

其中,nrows 为指定数据图区域行数；ncols 为指定数据图区域列数；index 指定绘图区域。

**【例 8-27】** 使用 subplot 绘制子图。

```python
import matplotlib.pyplot as plt
import math
import numpy as np
x = np.linspace(0, 2 * math.pi)
y1 = np.sin(x)
y2 = np.cos(x)
y3 = np.tan(x)
y4 = np.cos(x) ** 2
plt.figure()
plt.subplot(2,2,1)              #绘制第1幅图
plt.plot(x, y1)
plt.subplot(2,2,2)              #绘制第2幅图
plt.plot(x, y2, color = 'red', linewidth = 1.0, linestyle = ':')
plt.subplot(2,2,3)              #绘制第3幅图
plt.plot(x,y3, color = 'blue', linewidth = 1.0, linestyle = '--')
plt.subplot(2,2,4)              #绘制第4幅图
plt.plot(x, y4, color = 'black', linewidth = 1.0, linestyle = '-.')
plt.show()
```

运行结果如图 8-34 所示。

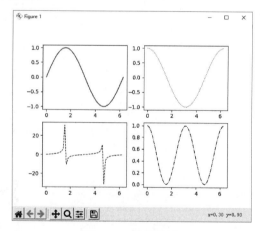

图 8-34 绘制子图

#### 6. 基本图形绘制方法

matplotlib 模块提供的图形非常丰富，基本图形包括点线图、条形图、散点图、饼图、直方图、台阶图和极坐标图等。要调用绘制这些图形的函数，需要先使用 import matplotlib.pyplot 导入模块。

1) 点线图

```
matplotlib.plot(x,y,color,marker,linestyle,linewidth, label = "标签")
```

属性设置：color 为颜色；marker 为添加标注；linestyle 为线形；linewidth 为线宽；label 为添加标签。

【例 8-28】 余弦点线图的绘制。

```
import matplotlib.pyplot as plt
import numpy as np
x = np.arange(0,10,0.1)                ♯从 0 到 10,步长为 0.1
y = np.cos(x)
plt.plot(x,y, color = 'purple',linestyle = '-.',linewidth = 4)
plt.show()
```

运行结果如图 8-35 所示。

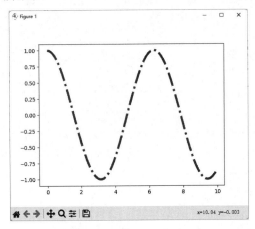

图 8-35　余弦点线图

2）条形图

```
matplotlib.pyplot.bar(x,y, width,color)
```

属性设置：x 为横坐标；y 为高度；width 为条形宽度；color 为颜色。

绘制水平条形图调用的是 barh()函数。

【例 8-29】 水平条形图的绘制。

```
import matplotlib.pyplot as plt
import numpy as np
x = np.arange(10)
y = np.random.randint(0,20,10)
plt.barh(x,y, color = 'green')
plt.show()
```

运行结果如图 8-36 所示。

3）散点图

```
matplotlib.scatter(x,y,color ,s ,linewidth ,linestyle)
```

属性设置：同条形图,s 为点的大小。

【例 8-30】 散点图的绘制。

```
import matplotlib.pyplot as plt
import numpy as np
```

```
x = np.random.rand(10)
y = np.random.rand(10)
plt.scatter(x,y,color = "r",s = 12,linewidth = 1.0,linestyle = '-- ')
plt.show()
```

运行结果如图 8-37 所示。

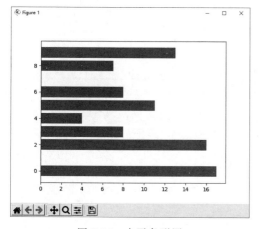

图 8-36　水平条形图

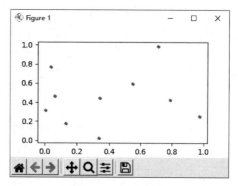

图 8-37　散点图

4）饼图

```
matplotlib.pie(x,explode,labels,colors,pctdistance,shadow,labeldistance,startangle,radius,
counterclock, wedgeprops, textprops, center, frame)
```

属性设置：

- x：指定绘图的数据；
- explode：指定饼图某些部分的突出显示，即呈现爆炸式；
- labels：为饼图添加标签说明，类似于图例说明；
- colors：指定饼图的填充色；
- pctdistance：设置百分比标签与圆心的距离；
- shadow：是否添加饼图的阴影效果；
- labeldistance：设置各扇形标签（图例）与圆心的距离；
- startangle：设置饼图的初始摆放角度，180 为水平；
- radius：设置饼图的半径大小；
- counterclock：是否让饼图按逆时针顺序呈现，取值为 True 或 False；
- wedgeprops：设置饼图内外边界的属性（如边界线的粗细、颜色等），如 wedgeprops = {'linewidth': 1.5, 'edgecolor':'green'}；
- textprops：设置饼图中文本的属性，如字体大小、颜色等；
- center：指定饼图的中心点位置，默认为原点；
- frame：是否要显示饼图背后的图框，如果设置为 True，需要同时控制图框 $x$ 轴、$y$

轴的范围和饼图的中心位置。

matplotlib 绘图可使用 rcParams 配置参数进行绘图,例如:

```
plt.rcParams['figure.figsize'] = (5.0, 4.0)          #显示图像的最大范围
plt.rcParams['font.sans-serif'] = 'SimHei'           #设置显示中文字体为黑体
plt.rcParams['axes.unicode_minus'] = False           #设置正常显示字符
plt.rcParams['lines.linestyle'] = '-.'               #设置线条样式
plt.rcParams['lines.linewidth'] = 3                  #设置线条宽度
```

【例 8-31】 饼图的绘制。

```
import matplotlib.pyplot as plt
plt.rcParams['font.sans-serif'] = ['SimHei']
x = [30, 20, 25, 25]
plt.pie(x,
        labels = ['生活用品', '食品', '家用电器', '服装鞋帽'],
        autopct = '%1.1f%%',
        colors = ['pink', 'green', 'skyblue', 'yellow'],
        explode = [0, 0.2, 0, 0],
        startangle = 90,
        radius = 1.1,
        textprops = {'fontsize': 10, 'color': 'purple'},
        shadow = True,
        pctdistance = 0.6,
        rotatelabels = True
        )
plt.title("淘宝商品占比", y = 1.05, fontsize = 20, color = 'blue')
plt.show()
```

运行结果如图 8-38 所示。

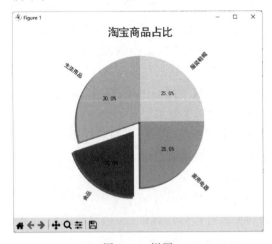

图 8-38　饼图

5) 直方图

```
matplotlib.pyplot.hist(x, bins,density, weights, bottom,facecolor,edgecolor,alpha)
```

属性设置：

- x：必选参数，数组序列，待绘制直方图的原始数据；
- bins：直方图的长条数目，可选项，默认为 10，柱宽＝(x.max()−x.min())/bins；
- density：布尔值，为 True 则绘制频率分布直方图，为 False（默认）则绘制频数分布直方图；
- weights：与 x 形状相同的权重数组，将 x 中的每个元素乘以对应权重值再计数；
- bottom：直方图底部位置；
- facecolor：长条的颜色；
- edgecolor：长条边框的颜色；
- alpha：透明度。

【例 8-32】 直方图的绘制。

```python
from matplotlib import pyplot as plt
from matplotlib import font_manager
import random
a = [random.randint(20, 100) for i in range(100)]
print(a)
print(max(a) − min(a))
d = 3                                    #组距
num_bins = (max(a) − min(a)) // d
plt.figure(figsize = (20, 8), dpi = 80)      #设置图形大小
plt.hist(a, num_bins)
plt.xticks(range(min(a), max(a) + d, d))     #设置x轴刻度
plt.grid(axis = 'both', alpha = 0.5, color = 'blue', linestyle = '−−', linewidth = 1)   #设置网格
plt.show()
```

运行结果如图 8-39 所示。

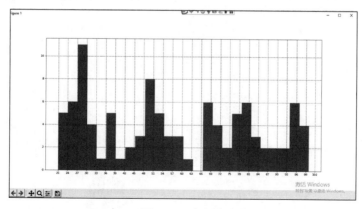

图 8-39　直方图

### 7. pylab 子包的使用

pylab 是 matplotlib 的一个子包，其中包括了许多 NumPy 和 pyplot 模块中常用的函数，方便用户快速进行计算和绘图。

【**例 8-33**】　pylab 子包的使用。

```
import math
import numpy as np                                ＃导入 numpy 模块并重命名为 np
import pylab                                      ＃导入 pylab 模块
pylab.title("正弦和余弦曲线",fontproperties = 'SimHei',fontsize = 20)    ＃添加标题
x = np.linspace(0, 2 * math.pi)                   ＃设置横坐标 x
y1 = np.sin(x)
y2 = np.cos(x)
pylab.plot(x,y1,'bp',x,y2, 'ro')                  ＃使用 pylab 绘制蓝色五角标记和红色圆点标记曲线
pylab.xlabel(u"时间(秒)",fontproperties = 'SimHei',fontsize = 14)     ＃添加横坐标标签
pylab.ylabel(u"幅值(伏特)",fontproperties = 'SimHei',fontsize = 14)    ＃添加纵坐标标签
pylab.show()
```

运行结果如图 8-40 所示。

【**例 8-34**】　常规图形的绘制。

```
import numpy as np
import matplotlib.pyplot as plt
x = range(1,8)
y = [24, 40, 49, 30, 47, 50,60]
y2 = np.linspace( - 0.75,1.0,100)
plt.subplot(2,2,1)
plt.bar(range(len(y)),y,label = 'temperature',color = 'skyblue')
plt.xticks(np.arange(len(x)), labels = x)
plt.subplot(2,2,2)
plt.scatter(y2,y2 + 0.25 * np.random.randn(len(y2)))
plt.subplot(2,2,3)
plt.pie(y, autopct = '% 3.2f % %')
plt.subplot(2,2,4)
plt.step(x,x,lw = 2)
plt.legend()
plt.show()
```

运行结果如图 8-41 所示。

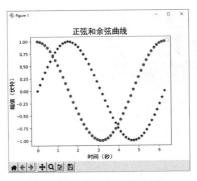

图 8-40　pylab 子包绘图

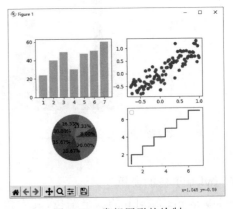

图 8-41　常规图形的绘制

### 8.3.3 matplotlib 绘图应用案例

【例 8-35】 使用 matplotlib 绘制正弦和余弦曲线。

```python
import matplotlib.pyplot as plt
import math
import numpy as np
x = np.linspace(0, 2 * math.pi)
y1 = np.sin(x)
y2 = np.cos(x)
plt.figure()
plt.plot(x,y1,'b-',x, y2, color = 'red', linewidth = 1.0, linestyle = '--')
plt.xlim((0, 2 * math.pi))              #设置坐标轴的取值范围
plt.ylim((-1, 1))
plt.xlabel(u'x轴-时间', fontproperties = 'SimHei',fontsize = 14)
plt.ylabel(u'y轴-幅值', fontproperties = 'SimHei',fontsize = 14)
plt.show()
```

运行结果如图 8-42 所示。

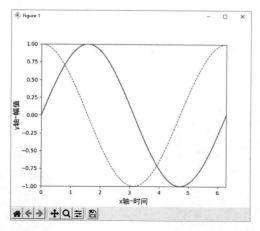

图 8-42　正弦和余弦曲线

【例 8-36】 绘制 $\left(1+\dfrac{x}{2}+x^5+y^3\right)\mathrm{e}^{-x^2-y^2}$ 的等高线。

```python
import matplotlib.pyplot as plt
import numpy as np
def f(x, y):
    return (1 - x / 2 + x ** 5 + y ** 3) * np.exp(- x ** 2 - y ** 2)
n = 256                              #设置数目
x = np.linspace(-3, 3, n)            #定义x, y
y = np.linspace(-3, 3, n)
X, Y = np.meshgrid(x, y)             #生成网格数据
#填充等高线的颜色, 8 表示等高线分为 8 部分
plt.contourf(X, Y, f(X, Y), 8, alpha = 0.75, cmap = plt.cm.hot)
```

```
C = plt.contour(X, Y, f(X, Y), 8, colors = 'black', linewidth = 0.5)    #绘制等高线
plt.clabel(C, inline = True, fontsize = 10)                              #绘制等高线数据
plt.xticks(())                                                          #去除坐标轴
plt.yticks(())
plt.show()
```

运行结果如图 8-43 所示。

【例 8-37】 绘制马鞍曲面 $f(x,y) = x^2 - y^2$。

```
import matplotlib.pyplot as plt
import numpy as np
from mpl_toolkits.mplot3d import Axes3D
fig = plt.figure()                          #定义 figure
ax = Axes3D(fig)
x = np.linspace( - 1,1,10);
y = np.linspace( - 2,2,20);
X,Y = np.meshgrid(x,y);
#将 figure 变为 3d
Z = X ** 2 - Y ** 2                          #计算高度 Z
ax.plot_surface(X, Y, Z)                     #三维曲面
ax.set_zlim( - 3, 3)                         #设置 z 轴的维度
plt.show()
```

运行结果如图 8-44 所示。

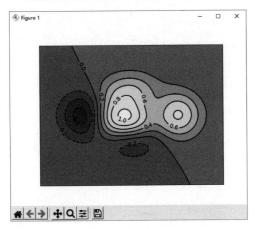

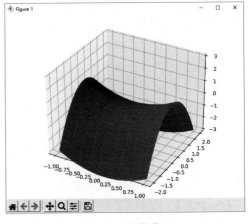

图 8-43　等高线　　　　　　　　　　　　　　　　图 8-44　马鞍曲面

【例 8-38】 绘制曲面 $f(x,y) = x^2 + 2y^2$。

```
import matplotlib.pyplot as plt
import numpy as np
from mpl_toolkits.mplot3d import Axes3D
fig = plt.figure()                          #定义 figure
ax = Axes3D(fig)
xx = np.linspace( - 1,1,10);
yy = np.linspace( - 2,2,20);
```

```
X,Y = np.meshgrid(xx,yy);              #变为三维坐标
Z = X ** 2 + 2 * Y ** 2                #计算高度Z
ax.plot_surface(X, Y, Z)               #三维曲面
ax.set_zlim(-8, 8)                     #设置z轴的维度
plt.show()
```

运行结果如图 8-45 所示。

【例 8-39】 绘制曲面 $f(x,y) = \sin\sqrt{x^2 + y^2}$。

```
import matplotlib.pyplot as plt
import numpy as np
from mpl_toolkits.mplot3d import Axes3D
fig = plt.figure()                     #定义figure
ax = Axes3D(fig)                       #将figure变为三维
x = np.arange(-6, 6, 0.2)              #产生x坐标值
y = np.arange(-6, 6, 0.2)              #产生y坐标值
X, Y = np.meshgrid(x, y)               #生成网格数据
R = np.sqrt(X ** 2 + Y ** 2)           #计算每个点对的长度
Z = np.sin(R)                          #计算Z轴的高度
ax.plot_surface(X, Y, Z, rstride = 1, cstride = 1, cmap = plt.get_cmap('rainbow'))
                                       #三维曲面
ax.contour(X, Y, Z, zdim = 'z', offset = -2, cmap = 'rainbow')   #绘制从三维曲面到底部的投影
ax.set_zlim(-2, 2)                     #设置z轴的维度
plt.show()
```

运行结果如图 8-46 所示。

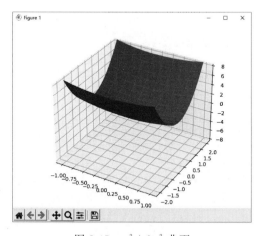

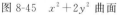

图 8-45 $x^2 + 2y^2$ 曲面

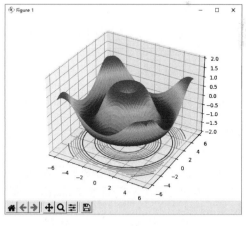

图 8-46 $\sin\sqrt{x^2 + y^2}$ 曲面

【例 8-40】 绘制曲面 $f(x,y) = \dfrac{\sin\sqrt{x^2 + y^2}}{\sqrt{x^2 + y^2}}$。

```
import matplotlib.pyplot as plt
import numpy as np
```

```
from mpl_toolkits.mplot3d import Axes3D
fig = plt.figure()                              #定义 figure
ax = Axes3D(fig)                                #将 figure 变为三维
x = np.arange(-10, 10, 0.5)                     #产生 x 坐标值
y = np.arange(-10, 10, 0.5)                     #产生 y 坐标值
X, Y = np.meshgrid(x, y)                         #生成网格数据
R = np.sqrt(X ** 2 + Y ** 2)                    #计算每个点对的长度
Z = np.sin(R)/R                                 #计算 Z 轴的高度
ax.plot_surface(X, Y, Z, rstride = 1, cstride = 1, cmap = plt.get_cmap('rainbow'))
                                                #三维曲面
ax.contour(X, Y, Z, zdim = 'z', offset = -2, cmap = 'rainbow')   #绘制从三维曲面到底部的投影
ax.set_zlim(-0.5, 0.5)                          #设置 z 轴的维度
plt.show()
```

运行结果如图 8-47 所示。

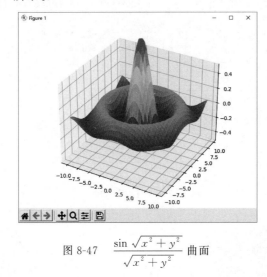

图 8-47  $\dfrac{\sin\sqrt{x^2+y^2}}{\sqrt{x^2+y^2}}$ 曲面

# 8.4  动画设计

计算机动画的基本原理是采用连续播放静止图像的方法,产生景物运动的效果,它是计算机产生图形、图像的运动技术,也称为帧动画。

## 8.4.1  动画函数与事件

### 1. 动画常用函数

(1) time.sleep(secs):可使程序延迟 secs 时间,以秒为单位。secs 可以是小数,换算成毫秒等单位时间。

(2) tracer(n=None, delay=None):打开(True)或关闭(False)追踪动画,为更新的绘图设置延迟,设置 tracer(False)可用于加速复杂图形的绘制。当参数为空时,返回当前存储

值 n,当 n 为非负整数时则执行 n 次常规的画布更新。例如,tracer(500,100)表示每延迟 100ms 展示 500 个画面步数。

(3) update():执行画布的更新,当 tracer 关闭时使用。

(4) ontimer(fun,t=0):安装一个计时器,在 t ms 之后调用函数 fun。其中,fun(函数)为一个无参函数,可自行定义;t 为一个大于或等于 0 的整数或浮点数,用于计时。

**说明**:设置动画时,可以使用 speed(0)调整速度到最高,也可以使用 tracer(False)关闭轨迹,这样会造成整个爬行的过程对程序员不可见,运行程序后看不到任何图形,只看到一张干净的画布,此处需要在图形绘制完毕后加入 turtle.update()更新画面,让绘制好的整个图形可见。

**【例 8-41】** tracer 的使用。

```python
import turtle as t
colors = ["red","green","blue","purple"]
t.tracer(False)                    ♯关闭动画
for i in range(200):
    t.pencolor(colors[i % 4])
    t.fd(i + 1)
    t.left(91)
```

运行程序,直接出现结果。若去掉 t.tracer (False),运行则会看到海龟动画绘图,如图 8-48 所示。

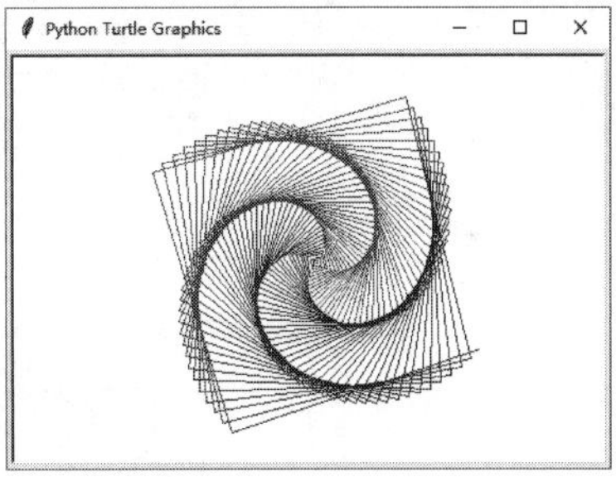

**2. 动画常用事件**

(1) listen(xdummy = None,ydummy = None):将焦点设置在画布上(以便收集键盘事件)。两个伪参数是为了能够将函数 listen()传递给 onclick()函数。

图 8-48　海龟动画

(2) onkey(fun,key)或 onkeyrelease(fun,key):将 fun 函数绑定到键盘上的按键释放事件。其中,fun(函数或 None)为一个无参函数。如果 fun 函数为 None,则删除事件绑定。key(字符串)为按键符号(如"a"或"space")。使用键盘事件画布必须有焦点。

(3) onkeypress(fun,key=None):将 fun 函数绑定到键盘上的按键事件。其中,fun(函数或 None)为无参函数。如果 fun 函数为 None,则删除事件绑定。key 为字符串或 None,如果给定 key,则将 fun 函数绑定到键的按键事件;如果没有给定 key,则绑定到任何键的按键事件。

(4) onclick(fun,btn=1,add=None)或 onscreenclick(fun,btn=1,add=None):将 fun 函数绑定到此画布上的单击事件。这个函数只有在名为 onscreenclick 的情况下才可以作为全局函数使用。而 onclick()函数是从 turtle 类的 onclick()函数派生出的另一个全局函数。其中,函数 fun 或 None 为带两个参数的函数,它与画布上单击点的坐标(x,y)一起被调用。如果 fun 函数为 None,则删除现有绑定；btn(整数)为鼠标上按键对应的数字,1表示鼠标左键(默认),2 表示鼠标中间键,3 表示鼠标右键；add(True、False 或 None)如果取值为 True,将添加一个新的绑定,否则将替换以前的绑定。

(5)动画的关键是要给出不断更新的位置坐标或图形。

【例 8-42】　使用 turtle 在背景图片上添加气球,单击按钮气球向下移动。

```
import turtle as t
t.setup(540,420)                        #以设定好的宽度和高度创建窗口
t.bgpic('p1.png')                       #添加银河背景图
t.delay(8)                              #设置绘画延时(以毫秒为单位),绘制延时越长,动画越慢
                                        #设为 0 避免卡顿
t.speed(10)                             #设置海龟画笔移动速度
t.color("yellow","red")                 #设置填充颜色
t.begin_fill()                          #开始填充
t.penup()                               #抬起画笔
t.goto( - 180,120)
t.pendown()                             #落笔,画笔移动时绘制图形
t.hideturtle()                          #隐藏海龟画笔
t.circle(30)
t.end_fill()                            #结束填充
def moveit():
    cv.move(oval, 0, 2)                 #移动圆形,使其向下移动 2 像素
Button(root, text = "向下移动气球", command = moveit).pack()
t.done()                                #结束绘图
```

运行结果如图 8-49 所示。

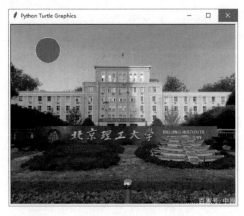

图 8-49　使用 turtle 绘制并移动气球

## 8.4.2　动画应用案例

【例 8-43】　屏幕滚动文字的效果设计。

```
import turtle as t
import time
```

```
t.color("blue")
t.bgpic("bg1.png")                          ♯添加背景图案
Texts = ["作者:姜增如","《Python 高级编程》","清华大学出版社","2023 年 4 月","北京"]
t.hideturtle()
for n in range(5):                          ♯设置滚动次数
  for i in Texts:                           ♯设置滚动的文字列表
    t.pu()
    t.goto(0,50)                            ♯文字出现位置
    t.write(i,move = True,align = "center",font = ("华文行楷",48))
    t.pd()
    time.sleep(1)                           ♯设置延迟
    t.clear()
t.mainloop()
```

运行结果如图 8-50 所示。

【例 8-44】　倒计时 5s。

```
import turtle as t
n = 0
def draw():
    global n
    t.clear()
    t.write(5 - n,align = 'center',font = ('宋体',120))
    n += 1
for i in range(5):
    t.ontimer(draw,1000 * (i + 1))
t.done()
```

运行结果如图 8-51 所示。

图 8-50　滚动文字动画

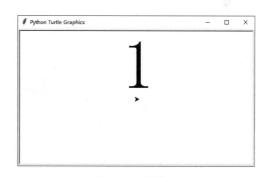

图 8-51　倒计时

【例 8-45】　绑定键盘事件。

```
import turtle as t
def up1():
  t.seth(90)
  t.fd(100)
def down1():
```

```
    t.seth( - 90)
    t.fd(100)
def left1():
    t.seth( - 180)
    t.fd(100)
def right1():
    t.seth(0)
    t.fd(100)
t.shape("turtle")
t.onkey(down1,"Down")
t.onkeypress(up1,"Up")
t.onkey(right1,"Right")
t.onkeypress(left1,"Left")
t.listen()
t.done()
```

运行后按上、下、左、右方向键即可绘制直线,如图 8-52 所示。

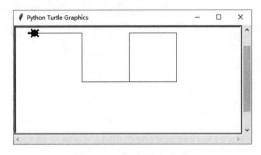

图 8-52　绑定键盘事件

【例 8-46】　转动的风车。

```
import random as r
import turtle as t
color1 = ['blue','yellow','red','green']               #设置画笔和填充颜色
def fun():
    t.right(5)
    t.speed(100)
    t.clear()
    for i in range(4):
        t.color(color1[i])
        t.seth(90 * i)
        t.fd(150)
        t.right(90)
        t.begin_fill()
        t.circle( - 150,45)
        t.goto(0,0)
        t.end_fill()
for j in range(5):
    t.ontimer(fun,t = 800 * (j + 1))
    t.hideturtle()
t.done()
```

运行结果如图 8-53 所示。

【例 8-47】 绘制一个小球，沿着正方形移动，最后回到原点。

```
import time
from tkinter import *
root = Tk()
root.title("动画设计")
cv = Canvas(root, width = 400, height = 400, bg = "♯10a0ff")    ♯建立一个画布对象cv
cv.pack()                                                      ♯将画布对象更新显示在框架中
cv.create_oval(10,10,40,40,fill = 'red')                        ♯绘制一个圆并填充红色
for i in range(0,240):
  if i < 60:
    cv.move(1,6,0)
  elif i < 120:
    cv.move(1,0,6)
  elif i < 180:
    cv.move(1, - 6,0)
  else:
    cv.move(1,0, - 6)
  root.update()
  time.sleep(0.05)                        ♯睡眠 0.05s,作为帧与帧的间隔时间
```

运行结果如图 8-54 所示。

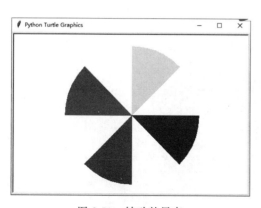

图 8-53 转动的风车

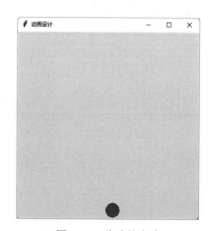

图 8-54 移动的小球

【例 8-48】 动画的图片设计：将一幅图片沿着画布的对角线移动，当到达底部时再反方向移动。

```
import time
from tkinter import *
x = [50]                      ♯设置初始坐标
y = [50]                      ♯设置初始坐标
vx = 2.0                      ♯x方向移动速度
vy = 1.5                      ♯y方向移动速度
for t in range(1, 500):       ♯创建 500 次 x 和 y 坐标
```

```
        new_x = x[t - 1] + vx                        ＃修改坐标 = 旧坐标 + 移动距离
        new_y = y[t - 1] + vy
        if new_x >= 750 or new_x <= 50:              ＃如果已经越过边界,则反转方向
          vx = vx * - 1.0
        if new_y >= 550 or new_y <= 50:
          vy = vy * - 1.0
      x.append(new_x)
      y.append(new_y)
root = Tk()
root.title("图片动画设计")                             ＃在这里修改窗口的标题
cv = Canvas(width = 800, height = 600, bg = 'skyblue')  ＃设置画布
cv.pack()
photo1 = PhotoImage(file = 'boy.png')
width1 = photo1.width()
height1 = photo1.height()
image_x = (width1) / 2.0
image_y = (height1) / 2.0
for t in range(1, 500):                              ＃设位置移动
  cv.create_image(x[t], y[t], image = photo1, tag = "pic")
  cv.update()
  time.sleep(0.05)                                   ＃暂停 0.05s,然后删除图像
  cv.delete("pic")
root.mainloop()
```

运行结果如图 8-55 所示。

图 8-55　图片动画设计

【例 8-49】　使用 turtle 模块制作一个时钟。

```
from turtle import *
from datetime import *
def Skip(step):
  penup()
  forward(step)
  pendown()
def mkHand(name, length):                            ＃注册 turtle 形状,建立表针 turtle
  reset()
  Skip(- length * 0.1)                               ＃设置表针长度
  begin_poly()
```

```
        forward(length * 1.1)
        end_poly()
        handForm = get_poly()
        register_shape(name, handForm)           #通过上述代码得到3个表针的对象
def Init():
    global s, m, h, p
    mode("logo")                                 #重置turtle指向北
    mkHand("s", 125)                             #建立3个表针turtle并初始化
    mkHand("m", 130)
    mkHand("h", 90)                              #建立3个表针初始化
    s = Turtle()                                 #将3个表针实例化
    s.shape("s")                                 #建立秒针对象,shape是Turtle类中的方法
    m = Turtle()
    m.shape("m")                                 #建立分针对象
    h = Turtle()
    h.shape("h")                                 #建立时针对象
    for hand in s, m, h:
        hand.shapesize(1, 1, 3)
        hand.speed(0)                            #设置最快速度
    p = Turtle()                                 #同样实例化,将输出文字为类的一个对象
    p.hideturtle()
    p.penup()
def SetupClock(radius):                          #建立表的外框
    reset()
    pensize(7)
    for i in range(60):
        Skip(radius)
        if i % 5 == 0:
            forward(20)
            Skip(-radius-20)
        else:
            dot(5)
            Skip(-radius)
        right(6)
def Week(t):                                     #取当前星期数
    week = ["星期一", "星期二", "星期三",
    "星期四", "星期五", "星期六", "星期日"]
    return week[t.weekday()]
def Date(t):
    yy = t.year
    mm = t.month
    dd = t.day
    return "%s %d %d" % (yy, mm, dd)             #返回日期数
def Tick():                                      #绘制表针的动态显示
    t = datetime.today()
    second = t.second + t.microsecond * 0.000001
    minute = t.minute + second/60.0
    hour = t.hour + minute/60.0
    s.setheading(6 * second)           #表针对象中的setheading()方法接收参数,设置当前朝向角度
```

```
    m. setheading(6 * minute)
    h. setheading(30 * hour)
    tracer(False)
    p. forward(65)
    p. write(Week(t), align = "center",
    font = ("Courier", 14, "bold"))
    p. back(130)
    p. write(Date(t), align = "center",
    font = ("Courier", 14, "bold"))
    p. home()
    tracer(True)
    ontimer(Tick, 100)                      ♯100ms 后继续调用 Tick
def main():
    tracer(False)
    Init()
    SetupClock(160)
    tracer(True)
    Tick()
    mainloop()
if __name__ == "__main__":
    main()
done()
```

运行结果如图 8-56 所示。

图 8-56　时钟

【例 8-50】　运动的气球。

```
from tkinter import *
import random as rd
import time
speedX, speedY, r1, posi, id1 = [], [], [], [], []        ♯速度、半径、位置
colors = ['pink', 'gold', 'skyblue', 'green', 'red','purple']
root = Tk()
```

```
root.title("动画的气球")
cv = Canvas(root, width = 600, height = 500, bg = 'white')
cv.pack()
img = PhotoImage(file = "bg1.png")                    #添加图片背景
cv.create_image(20,20, anchor = NW, image = img)
for i in range(6):
    x = rd.randint(80, 600)                           #产生图形初始位置
    y = rd.randint(80, 500)
    posi.append((x, y))                               #添加到图形位置列表中
    r = rd.randint(20, 50)                            #将半径 r 添加到 r1 列表中
    r1.append(r)
    color = rd.sample(colors, 1)                      #随机选取一种颜色
    id = cv.create_oval(x - r, y - r, x + r, y + r, fill = color)
    id1.append(id)                                    #保存图形标识
    speedX.append(rd.randint( - 20, 20))              #设置随机的移动速度,并保存
    speedY.append(rd.randint( - 20, 20))
while True:
    for i in range(6):
        item = posi[i]                                #图形当前所在位置
        r = r1[i]
        if item[0] - r < 0 or item[0] + r > 500:      #若 x 超过边界,改变 x 速度方向
            speedX[i] = - speedX[i]
        if item[1] - r < 0 or item[1] + r > 400:      #若 y 超过边界,改变 y 速度方向
            speedY[i] = - speedY[i]
        #按照当前的速度计算新的位置
        posi[i] = (item[0] + speedX[i], item[1] + speedY[i])
        x, y = posi[i][0], posi[i][1]
        cv.coords(id1[i], (x - r, y - r, x + r, y + r))  #移动到新的位置
        cv.update()                                   #刷新画面
    time.sleep(0.1)                                   #等待 0.1s(每秒更新 10 帧)形成动画
```

运行结果如图 8-57 所示。

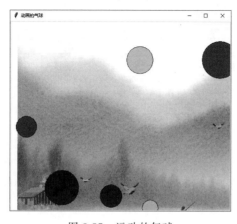

图 8-57　运动的气球

【**例 8-51**】 使用 matplotlib 模块创建正弦动画曲线。

```python
import numpy as np
import matplotlib.pyplot as plt
from matplotlib import animation
fig, ax = plt.subplots()
x = np.arange(0, 2 * np.pi, 0.01)
line, = ax.plot(x, np.sin(x))            ♯只取返回值中的第1个元素
def update(i):                           ♯定义动画的更新
    line.set_ydata(np.sin(x + i/10))
    return line,
def init():
    line.set_ydata(np.sin(x))
    return line,
♯创建动画
ani = animation.FuncAnimation(fig = fig, func = update, init_func = init, interval = 10,
blit = False, frames = 200)
plt.show()
ani.save('sin.html', writer = 'imagemagick', fps = 30, dpi = 100)       ♯保存为 HTML 文件
```

运行结果如图 8-58 所示。

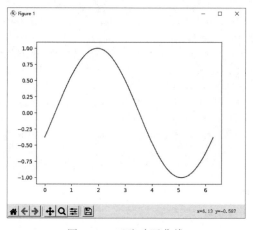

图 8-58　正弦动画曲线

# 第 9 章

# Python 网络爬虫

爬虫是一个自动抓取网页的程序。在互联网的海量信息中,快速获取有用信息需要使用爬虫。人们常用的谷歌、百度这类搜索引擎的核心模块可被看作一个个定向领域爬虫程序的组合。使用 Python 语言编写爬虫非常方便,它提供了自动抓取网页数据、解析网页并清晰组织数据的模块函数,可在万维网中按照一定的规则自动地抓取程序或脚本,包括文章、图片、音频和视频等信息。也就是说,只要是浏览器能阅读到的内容,爬虫均可抓取。

## 9.1 爬虫的概念

网络爬虫又称为网络蜘蛛、网络机器人,也被称为网页追逐者。它通过网页链接地址读取网页的内容,若找到在网页中的其他链接地址,可通过链接地址寻找下一个网页,这样一直循环直到把该网站所有网页都抓取完为止。网络爬虫就像一只蜘蛛一样,在互联网上沿着统一资源定位符(Uniform Resource Locator,URL)的丝线爬行,获取每个 URL 所指向的网页并分析页面内容。

### 9.1.1 浏览网页的过程

浏览器是一种多功能客户端软件,只要用户输入地址,浏览器自动将地址封装成超文本传输协议(Hyper Text Transfer Protocol,HTTP)字符串报文,通过 Socket 发送到服务器对应的 IP 和端口上,Web 服务器收到请求搜索子目录,并将找到的内容传送给相应客户端浏览器。

#### 1. 发送与响应

抓取网页的过程如同将浏览器作为一个浏览的客户端,使用请求(Request)向服务器发送访问请求。服务器在接收到用户的请求,验证请求客户端有效性后,使用响应(Response)向客户端发送响应的内容,客户端接收服务器响应的内容,将内容展示出来,如图 9-1 所示。

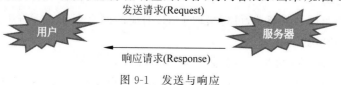

图 9-1　发送与响应

说明：爬虫程序在获取了超文本标记语言（Hyper Text Markup Language，HTML）文档后，需要解析 HTML 中的网页文本、JSON 格式文本、图片、音频和视频等二进制格式文件。

### 2. 爬虫分类

网络爬虫可分为以下几类。

（1）通用网络爬虫（全网爬虫），其爬行对象由一批种子 URL 扩充至整个 Web，该类爬虫比较适合搜索广泛的主题，主要由搜索引擎或大型 Web 服务提供商使用。

（2）聚焦网络爬虫（主题网络爬虫），其特点是搜索选择的关键字，不断爬取与预设主题相关的页面内容。可使用基于内容评价的爬行策略，即将用户输入的查询词作为主题，按照相关主题搜索信息页面，或使用基于增强学习的爬行策略引入聚焦爬虫，利用贝叶斯分类器对超链接进行分类，计算出每个链接的重要性，按照重要性决定链接的访问顺序。也可使用基于语境图的爬行策略，即通过建立语境图建立网页之间的相关度，优先访问距离最近的页面。

（3）增量式网络爬虫，只对已下载网页采取增量式更新或只爬取发生变化的网页，即通过重新访问网页对本地页面进行更新，从而保持本地集中存储的页面为最新页面。

（4）深层网络爬虫，指不能直接爬取的一些网站，如需要用户登录或填写特定表单信息才能深入爬取的页面。

### 3. 爬虫应用领域

（1）为其他数据提供数据源，如人脸识别、人工智能等基于大数据基础方可实现的操作。

（2）快速、批量获取需要的数据，包括文章、图片、音频和视频等。

（3）对抓取的数据进行数据分析，包括商业预测（淘宝用户评论、房价及股票涨跌预测等）。

（4）抓取 VIP 数据，不用购买即可获取免费 VIP 数据（要做到遵纪守法，不可做获取个人信息、制造恶意程序、侵犯他人权益的爬虫）。

（5）模拟人的操作行为，如实时抢票、提交订单等。

## 9.1.2 常用爬虫模块

Python 常用的爬虫模块有 URLlib、requests、lxml、HTML. parser、BeautifulSoup4、Scrapy 等，通常需要配套数据库用于存储爬取的数据进行解析。HTML. parser 和 BeautifulSoup4 以及 lxml 都是以文档对象模型（Document Object Model，DOM）树的方式进行解析的模块。

### 1. URLlib 模块

URLlib 模块是网页下载器，可将爬取 URL 对应的网页存储为字符串传送给网页解析器。其子模块及功能如下。

（1）URLlib. request 模块：用于实现基本的 HTTP 请求。

（2）URLlib. error 模块：用于异常处理，如在发送网络请求时出现错误，用该模块捕捉并处理。

（3）URLlib.parse 模块：用于解析数据。

（4）URLlib.robotparser 模块：用于解析 robots.txt 文件，判断是否可以爬取网站信息。大多数网站都有一个名为 robots.txt 的文档，Robots 协议是一种存放于网站根目录下的 ASCII 码的文本文件，它告诉爬虫网站中哪些内容是不应被搜索引擎获取的，实现判断是否有禁止访客获取的数据。

**2. requests 模块**

requests 是发送 HTTP 请求模块，它比 URLlib 模块更简洁，可替代 URLlib 模块库，详见 9.2 节。

**3. lxml 模块**

lxml 模块是网页解析器，属于第三方插件，可迅速解析 XML 和 HTML 文件。lxml 模块使用 Xpath 语法解析定位网页数，能够对 XML/HTML 文档中的元素进行遍历和查找。

**4. HTML.parser 模块**

HTML.parser 是 Python 自带的网页解析模块，它可以分析出 HTML 中的标签、数据，是一种处理 HTML 的简便途径，采用的是一种事件驱动的模式，当找到一个特定的标记时，则调用一个用户定义的函数进行处理。

**5. bs4（BeautifulSoap4）模块**

bs4 是第三方网页解析器，可将一个网页字符串进行解析，可以按照要求提取出有用的信息，也可以根据 DOM 树的方式来解析。网页解析器还有正则表达式（最直观，将网页转换为字符串通过模糊匹配的方式提取有价值的信息，当文档比较复杂时，该方法提取数据比较困难）。

**6. Scrapy 模块**

Scrapy 是一个为了爬取网站数据、提取结构性数据而编写的应用框架，详细见 9.4 节。

# 9.2　requests 模块加载及使用

requests 模块是服务器端发起请求的工具包，也是 Python 内置的 HTTP 库，加载后可方便地实现 Python 的网络连接。当使用 requests 模块获取目标网页的源代码后，可使用正则表达式从中提取信息。也可通过浏览器发送给服务器，利用其下面的 response 响应分析用户发来的请求信息返回给客户端数据，包括链接的 HTML 文档、图片、视频、音频、JS、CSS 等。

## 9.2.1　加载 requests 模块

（1）首先在 PyCharm 中加载 requests 模块，打开 PyCharm，执行 File→Settings 菜单命令，或按 Ctrl＋Alt＋S 快捷键，打开设置界面，单击所建立项目名称下的 Python Interpreter（项目编译器）选项，确认当前选择的编译器，然后单击右上角的加号按钮，如图 9-2 所示。

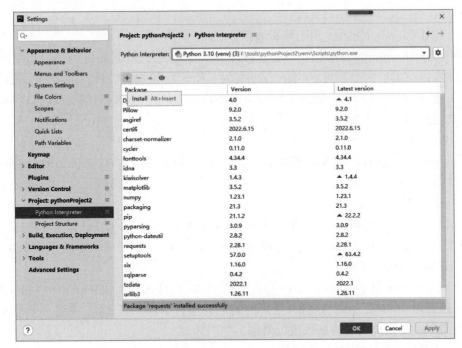

图 9-2　PyCharm 设置

（2）在搜索框中输入 requests，选中后单击左下角的 Install Package 按钮开始安装。安装完成后，会显示 Package 'requests' installed successfully（库的请求已成功安装），如图 9-3 所示；如果安装不成功，会显示相应的提示信息。

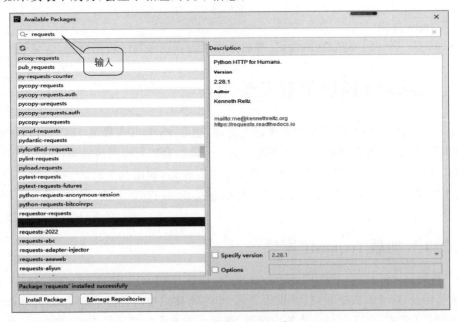

图 9-3　安装 requests 库

## 9.2.2　requests 模块方法和属性

requests 模块提供了从客户端向服务器发出请求的方法和属性,还包含了 response 响应。

### 1. requests 常用方法

导入 requests 模块后,常用方法如表 9-1 所示。

表 9-1　requests 常用方法

| 方　　法 | 功　能　描　述 |
|---|---|
| request() | 获取请求的请求 |
| get() | 获取 HTML 网页的主要方法,对应 HTTP 的 get |
| post() | 向 HTML 网页提交 post 请求的方法,对应 HTTP 的 post |
| head() | 获取 HTML 网页头信息的方法,对应 HTTP 的 head |
| put() | 向 HTML 网页提交 put 请求的方法,对应 HTTP 的 put |
| patch() | 向 HTML 网页提交局部修改请求,对应 HTTP 的 patch |
| delete() | 向 HTML 网页提交删除请求的方法,对应 HTTP 的 delete |

### 2. requests 常用属性

导入 requests 模块后的常用属性如下。

```
import requests
r = requests.get('网址域名')
r.content            # 以字节形式响应网页内容
r.text               # 以文本形式响应网页内容
r.status_code        # 返回状态码
r.headers            # 响应头
r.request.headers    # 请求响应头
r.cookies            # 获取相应包的 Cookie 值
r.encoding           # 获取响应包的编码方式
r.content            # 以字节形式返回响应体
```

### 3. response 对象方法和属性

每次调用 requests 请求之后,会返回一个 response 对象,该对象包含了具体的响应信息。response 方法和属性如表 9-2 所示。

表 9-2　response 方法和属性

| 方法/属性 | 功　能　描　述 |
|---|---|
| apparent_encoding | 编码方式 |
| close() | 关闭与服务器的连接 |
| content | 返回响应的内容,以字节为单位 |
| cookies | 返回一个 CookieJar 对象,包含了从服务器发回的 Cookie |
| encoding | 解码 r.text 的编码方式 |
| headers | 返回响应头,字典格式 |
| json() | 返回结果 JSON 对象(结果需要以 JSON 格式编写的,否则会引发错误) |

续表

| 方法/属性 | 功 能 描 述 |
|---|---|
| links | 返回响应的解析头链接 |
| next | 返回重定向链中下一个请求的 PreparedRequest 对象 |
| request | 返回请求此响应的请求对象 |
| status_code | 返回 HTTP 的状态码,如 200 和 404(200 为 OK,404 为 Not Found) |
| text | 返回响应的内容,Unicode 类型数据 |
| URL | 返回响应的 URL |

### 9.2.3　requests 模块应用案例

在爬虫中经常使用 requests 模块的 get()和 post()方法,获取用户提交的信息。

**1. get()方法**

requests 模块中的 get()方法一般用于获取查询的资源信息,使用简单,响应速度快。要获取数据,调用 requests.get()方法即可。

例如,获取网页源代码的方法如下。

```
import requests                          # 导入爬虫的库
url = 'http://www.bit.edu.cn/'           # 确定网站地址
strhtml = requests.get(url)              # strhtml 是代表整个网页的 URL 对象
print(strhtml.text)                      # 输出网页源码
```

【例 9-1】 抓取苏宁易购的链接网站及网页名。

```
import requests                          # 导入爬虫的库
import re                                # 导入正则表达式
HTML = requests.get("https://www.suning.com/?utm_source = union&utm_medium = 005009&adtype =
5&utm_campaign = 1f152fc7 - c1c0 - 463c - b45a - e6138b5fbd01&union_place = un/")
                                         # 复制苏宁易购的 URL
HTML.encoding =  'utf8'                   # 指定编码格式,避免中文乱码
src = HTML.text                          # 网页内容
URLs = re.findall('href = "(http. * ?)"', src)  # 使用正则表达式提取网页中的 HTTP 链接
for URL in URLs:                         # 输出所有 URL 链接
    print (URL)
```

运行结果为

```
https://pindao.suning.com/city/xiaojiadian.HTML
https://g.suning.com
https://g.suning.com
https://g.suning.com
https://shouji.suning.com/phone2018.HTML
https://shouji.suning.com/phone2018.HTML
https://shouji.suning.com/phone2018.HTML
https://temai.suning.com/
...
```

【例 9-2】 通过 requests 模块抓取百度(baidu.com)的网页数据。

```
import requests                                          # 导入爬虫的库
response = requests.get("http://www.baidu.com")          # 生成一个 response 对象
response.encoding = response.apparent_encoding           # 设置编码格式
response.encoding = "utf-8"                              # 设置接收编码格式
print(" resonse 的类型" + str(type(response)))            # 输出 response 类型
print(" 状态码是:" + str(response.status_code))            # 获取状态码,200 表示成功
print(" 头部信息:" + str(response.headers))               # 输出头部信息
print(" 响应内容:")
print(response.text)                                     # 输出爬取的信息
```

运行结果为

```
response 的类型<class 'requests.models.Response'>
状态码是:200
头部信息:{'Cache-Control': 'private, no-cache, no-store, proxy-revalidate, no-transform',
'Connection': 'keep-alive', 'Content-Encoding': 'gzip', 'Content-Type': 'text/HTML', 'Date':
'Wed, 10 Aug 2022 01:54:33 GMT', 'Last-Modified': 'Mon, 23 Jan 2017 13:27:29 GMT', 'Pragma':
'no-cache', 'Server': 'bfe/1.0.8.18', 'Set-Cookie': 'BDORZ=27315; max-age=86400;
domain=.baidu.com; path=/', 'Transfer-Encoding': 'chunked'}
响应内容:
<!DOCTYPE HTML>
<!--STATUS OK--><HTML><head><meta http-equiv=content-type content=text/HTML;
charset=utf-8><meta http-equiv=X-UA-Compatible content=IE=Edge><meta content=
always name=referrer><link rel=stylesheet type=text/css href=http://s1.bdstatic.com/r/
www/cache/bdorz/baidu.min.css><title>百度一下,你就知道</title></head><body link=
#0000cc><div id=wrapper><div id=head><div class=head_wrapper><div class=
s_form><div class=s_form_wrapper><div id=lg><img hidefocus=true src=//www.baidu.
com/img/bd_logo1.png width=270 height=129></div><form id=form name=f action=//www.
baidu.com/s class=fm><input type=hidden name=bdorz_come value=1><input type=hidden
name=ie value=utf-8><input type=hidden name=f value=8><input type=hidden name=
rsv_bp value=1><input type=hidden name=rsv_idx value=1><input type=hidden name=tn
value=baidu><span class="bg s_ipt_wr"><input id=kw name=wd class=s_ipt value
maxlength=255 autocomplete=off autofocus></span><span class="bg s_btn_wr"><input
type=submit id=su value=百度一下 class="bg s_btn"></span></form></div></div><div
id=u1><a href=http://news.baidu.com name=tj_trnews class=mnav>新闻</a><a href=
http://www.hao123.com name=tj_trhao123 class=mnav>hao123</a><a href=http://map.
baidu.com name=tj_trmap class=mnav>地图</a><a href=http://v.baidu.com name=tj_trvideo
class=mnav>视频</a><a href=http://tieba.baidu.com name=tj_trtieba class=mnav>贴吧
</a><noscript><a href=http://www.baidu.com/bdorz/login.gif?login&amp;tpl=mn&amp;u=
http%3A%2F%2Fwww.baidu.com%2f%3fbdorz_come%3d1 name=tj_login class=lb>登录</a>
</noscript><script>document.write('<a href="http://www.baidu.com/bdorz/login.gif?
login&tpl=mn&u='+ encodeURIComponent(window.location.href+ (window.location.search === "" ?
"?" : "&")+ "bdorz_come=1")+ '" name="tj_login" class="lb">登录</a>');</script><a href=
//www.baidu.com/more/name=tj_briicon class=bri style="display: block;">更多产品</a></div>
```

```
</div></div><div id=ftCon><div id=ftConw><p id=lh><a href=http://home.baidu.com>
关于百度</a><a href=http://ir.baidu.com>About Baidu</a></p><p id=cp>&copy;
2017 Baidu <a href=http://www.baidu.com/duty/>使用百度前必读</a> <a
href=http://jianyi.baidu.com/ class=cp-feedback>意见反馈</a> 京ICP证030173号
 <img src=//www.baidu.com/img/gs.gif></p></div></div></div></body></HTML>
```

### 2. post()方法

requests 模块中的 post()方法比 get()方法多了以表单形式上传参数的功能,它除了查询信息外,还可以修改信息。因为 post()方法的请求获取数据的方式不同于 get()方法,post()方法请求数据必须构建请求头,所以,在写爬虫前要先确定发送请求的目标、发送方式。

【例 9-3】 抓取百度上的一幅图片并存储到文件中。

(1) 首先在 baidu.com 中选择一幅图片,右击,在弹出的快捷菜单中选择"复制图片地址",编程中粘贴到 requests.get()方法的括号中。

(2) 编写代码。

```
import requests                                        #导入爬虫的库
response = requests.get("https://gimg3.baidu.com/search/src=http%3A%2F%2Fpics2.baidu.
com%2Ffeed%2Fdc54564e9258d109b96a4227293009b56d814d09.jpeg%3Ftoken%3D7cbe6ab5873b36
8e6bdc58842175bb2c&refer=http%3A%2F%2Fwww.baidu.com&app=2021&size=f360,240&n=0&g
=0n&q=75&fmt=auto?sec=1661101200&t=a992fe310f9062f9dd690733621de2d0")
                                                        #图片地址
file = open("D:\scrapy\d1.gif","wb")                   #wb 表示以二进制格式打开一个文件只用于写入
file.write(response.content)                            #写入文件
file.close()                                            #关闭操作
```

查看文件目录 D:\scrapy\,得到 d1.gif 图片,如图 9-4 所示。

图 9-4  抓取图片

【例 9-4】 将用户名和密码以 post 方式发送,输出返回的状态码、请求的新浪邮箱 URL、请求头代码及邮箱文本。

```
import requests
login_url = 'https://mail.sina.com.cn/'
name_pwd = {'username':'jiang','password':'123456',}
response = requests.get(url=login_url, data=name_pwd)
#data 为发送到 URL 的字典、元组列表、字节或文件对象
```

```
print(response.status_code)
print(response.url)
print(response.headers)
print(response.text)
```

运行结果为

```
200
https://mail.sina.cn?vt = 4
{'Server': 'nginx', 'Date': 'Sat, 20 Aug 2022 12:26:36 GMT', 'Content – Type': 'text/HTML; charset
= UTF – 8', 'Transfer – Encoding': 'chunked', 'Connection': 'keep – alive', 'Vary': 'Accept –
Encoding', 'Expires': 'Thu, 19 Nov 1981 08:52:00 GMT', 'Cache – Control': 'private, must –
revalidate, max – age = 0, proxy – revalidate, no – transform', 'Pragma': 'no – cache', 'DPOOL_
HEADER': 'mail – sina – com – cn – new – canary – 76787c5d44 – s4zwx', 'Content – Encoding': 'gzip',
'X – Via – SSL': 'ssl.26.sinag1.shx.lb.sinanode.com'}
<! DOCTYPE HTML>
< html >< head >< title >新浪邮箱触屏版</title >< meta charset = "utf – 8" />< link rel = "apple
– touch – icon" href = "https://2008mail.sina.com.cn/images/mobile/icon_touch.png">< meta
name = "apple – mobile – web – app – title" content = "新浪邮箱">< meta name = "apple – mobile –
web – app – capable" content = "yes" />< meta name = "viewport"
...
```

## 9.3　爬虫架构及使用

网络爬虫程序架构主要包括五大模块，即爬虫调度器、URL 管理器、HTML 下载器、HTML 解析器和数据存储器。

### 9.3.1　网络爬虫主要框架

在客户端浏览器上自动获取数据，需要找到需要的网页，然后逐个进行处理。其核心结构是请求、解析和存储。

#### 1. 模块功能

（1）爬虫调度器：主要负责统筹其他 4 个模块的协调工作。

（2）URL 管理器：负责管理 URL 链接，维护已经爬取的和未爬取的 URL 集合，传送待爬取的 URL 给网页下载器。

（3）HTML 下载器：从 URL 管理器中获取未爬取的 URL 链接并下载 HTML 网页。

（4）HTML 解析器：从 HTML 下载器中获取已经下载的 HTML 网页，并从中解析出新的 URL 链接交给 URL 管理器，解析出有效数据交给数据存储器。

（5）数据存储器：将 HTML 解析器解析出来的数据通过文件或数据库的形式存储起来。

#### 2. 网络爬虫动态运行流程

网络爬虫各模块按照功能协同运作，以提高开发网络爬虫项目的工作效率。网络爬虫动态运行流程如图 9-5 所示。

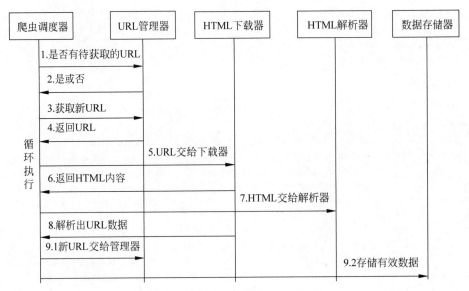

图9-5　网络爬虫动态运行流程

## 9.3.2　爬虫应用案例

使用 Python 编写爬虫程序时,需要做到:发送 get 请求,获取和解析爬取的 HTML 数据。在发送 HTML 数据请求时,可使用 Python 内置模块 URLlib 下的 urlopen()函数,根据 URL 获取 HTML 文档。

### 1. 使用网页下载器

【例 9-5】　获取百度首页(https://www.baidu.com/)的 HTML 内容。

```
from urllib.request import urlopen          # 导入 URLlib 库的 urlopen()函数
html = urlopen("https://www.baidu.com/")    # 发出请求,获取 HTML
html_text = bytes.decode(html.read())       # 获取的 HTML 内容是字节,将其转换为字符串
print(html_text)                            # 输出请求结果
```

运行结果为

```
< HTML >
< head >
    < script >
        location.replace(location.href.replace("https://","http://"));
    </script >
</head >
< body >
    < noscript >< meta http - equiv = "refresh" content = "0;URL = http://www.baidu.com/"></noscript >
</body >
</HTML >
```

### 2. 使用网页解析器

网页解析器是一个 HTML 文档信息提取的工具,目的是从 HTML 网页中提取所需要

的数据或新的 URL 链接地址。其中,解析器 BeautifulSoup4(称为 bs4)是 Python 的一个工具箱,它提供了一些简单的函数,用来处理导航、搜索、修改分析树等功能,清晰解析和组织网页,快速、精准地获取数据,且能自动将输入的文档转换为 Unicode 编码,输出文档转换为 UTF-8 编码。由于 bs4 是第三方模块库,需要自行安装,方法如下。

(1) 在命令提示符中执行 pip install bs4 命令,安装结果如图 9-6 所示。

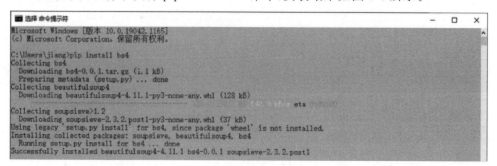

图 9-6　bs4 安装

**说明**:需要在建立项目的文件夹中运行,保证 bs4 安装到 Python 目录的 lib 子目录中,或在 PyCharm 的 Terminal 中执行 pip install bs4 命令。

(2) 另一种方法是下载安装包,下载完成之后解压,在命令提示符或 PyCharm 的 Terminal 中运行命令即可完成安装。

```
python setup.py install
```

(3) 安装测试。

```
from bs4 import BeautifulSoup
import bs4
print (bs4)
```

运行后,若显示安装在本地计算机的目录中,表示安装成功,例如:

```
< module 'bs4' from 'D:\\tools\\pscrapy\\venv\\lib\\site - packages\\bs4\\__init__.py'>
```

### 3. BeautifulSoup 使用流程

(1) 创建 BeautifulSoup 对象。

(2) 使用 BeautifulSoup 对象的 find_all()与 find()方法进行解读搜索。

(3) 利用 DOM 结构标签特性,提取更详细的节点信息。

【例 9-6】　使用 BeautifulSoup 解析一段 HTML 文档的内容。

```
from bs4 import BeautifulSoup
#下面是 HTML 文档内容
html_doc = """
< html >< head >< title >三个神仙的故事</title ></head >
< body >
< p class = "title" >< b >三个神仙的故事</b ></p >
```

```
    < p class = "story">从前有三座山,分别住着三个神仙; 分别是:
    < a href = "http://mountain.com/peak1" class = "p1" id = "link1"> peak1 </a>
    < a href = "http://mountain.com/peak2" class = "p2" id = "link2"> peak2 </a> 和
    < a href = "http://mountain.com/peak3" class = "p3" id = "link3"> peak3 </a>
    三个神仙住在不同山上,他们各有自己的本领</p>
    < p class = " story ">...</p>
    """
    soup = BeautifulSoup(html_doc, 'html.parser')        # 创建 BeautifulSoup 对象
    print(soup.title)                                     # 获取< title>数据
    print(soup.head)                                      # 获取< head>数据
    print(soup.b.string)                                  # 获取< b>标签数据
    print(soup.p)                                         # 获取< p>标签数据
    print(soup.p['class'])                                # 获取第 1 个< p class>标签
    print(soup.find_all('a'))                             # 获取第 1 个< a>标签数据
    print(soup.find(id = "link3"))                        # 获取 id = link3 的数据
    print(soup.body.b)                                    # 获取< body>标签中的第 1 个< b>标签的数据
    for link in soup.find_all('a'):                       # 获取所有< a>标签数据
        print(link.get('href'))
    print(soup.get_text())                                # 获取 HTML 文档的标签数据
```

运行结果为

```
< title>三个神仙的故事</title>
< head>< title>三个神仙的故事</title></head>
三个神仙的故事
< p class = "title">< b>三个神仙的故事</b></p>
['title']
[< a class = "p1" href = "http://mountain.com/peak1" id = "link1"> peak1 </a>, < a class = "p2"
href = "http://mountain.com/peak2" id = "link2"> peak2 </a>, < a class = "p3" href = "http://
mountain.com/peak3" id = "link3"> peak3 </a>]
< a class = "p3" href = "http://mountain.com/peak3" id = "link3"> peak3 </a>
< b>三个神仙的故事</b>
http://mountain.com/peak1
http://mountain.com/peak2
http://mountain.com/peak3
三个神仙的故事
三个神仙的故事
从前有三座山,分别住着三个神仙; 分别是:
peak1
peak2 和
peak3
三个神仙住在不同山上,他们各有自己的本领
...
```

说明：若使用 print(soup.prettify())语句,则能按照 HTML 网页文件的标准缩进格式结构输出。

### 4. BeautifulSoup4 应用案例

1) 获取网站标题

BeautifulSoup4 提供了简洁的文档处理功能,能用少量代码完成大部分文档的处理,可

以从标题二级标签<title></title>中取出信息。

【例9-7】　获取新浪网站(https://www.sina.com.cn/)的标题。

```
from urllib.request import urlopen          # 导入 urlopen()函数
from bs4 import BeautifulSoup as bf          # 导入 BeautifulSoup
html = urlopen("https://www.sina.com.cn/")   # 请求获取 HTML
obj = bf(html.read(),'html.parser')          # 用 BeautifulSoup 解析 HTML
title = obj.head.title                       # 从 head、title 标签中提取标题
print(title)
```

运行结果为

```
<title>新浪首页</title>
```

2) 获取图片

一般来说,HTML中所有图片信息在<img>标签中,通过findAll("img")方法就可以获取所有图片的信息。具体做法是先使用BeautifulSoup4的findAll()方法获取该网页所有图片标签和URL,再提取包含在标签内的信息。

【例9-8】　获取深圳北理莫斯科大学(https://www.smbu.edu.cn/)网站上的图片信息。

(1) 首先安装模块,在命令提示符或PyCharm的Terminal中输入以下命令。

```
pip install urllib
pip install bs4
```

(2) 编写代码。

```
from urllib.request import urlopen
from bs4 import BeautifulSoup as bf
html = urlopen("https://www.smbu.edu.cn/")
obj = bf(html.read(), 'html.parser')         # 用 BeautifulSoup4 解析 HTML
title = obj.head.title                       # 从标签中提取标题
pic_info = obj.find_all('img')               # 使用 find_all()方法获取所有图片的信息
for i in pic_info:                           # 分别打印每幅图片的信息
  print(i)
```

运行结果为

```
<img alt = "深圳北理莫斯科大学" border = "0" height = "110" src = "images/2021 - smbu - logo -
h.png" title = "深圳北理莫斯科大学" width = "500"/>
<img height = "80" src = "images/nav - img1.jpg" width = "120"/>
<img height = "80" src = "images/ldxx - mini.jpg" width = "120"/>
<img src = "images/0228.jpeg" style = "width:1200px; height:600px;"/>
<img src = "images/statesmessages - mini.jpg" style = "width:1200px; height:600px;"/>
<img src = "images/4L2A8973.JPG" style = "width:1200px; height:600px;"/>
<img src = "images/BK1A3291.JPG" style = "width:1200px; height:600px;"/>
<img src = "images/20190430 - pic7.jpg" style = "width:1200px; height:600px;"/>
...
```

**【例 9-9】** 使用 bs4 解析爬取新发地网站菜价页面源代码。

```
from bs4 import BeautifulSoup
import requests
url = 'http://www.xinfadi.com.cn/index.html'
resp = requests.get(url)                              #获取新发地网站菜价页面源代码
resp.encoding = "utf-8"
print(resp.text)
#使用 bs4 进行解析
page = BeautifulSoup(resp.text,"html.parser")         #HTML.parser:指定 HTML 解析器
table = page.find_all("table",attrs_ = {'border':'0'})  #find_all("标签",属性 = 值):
print(table)
```

运行结果为

```
<!DOCTYPE HTML>
<html>
<head>
    <title>北京新发地</title>
    <meta name = "viewport" content = "width = device - width, initial - scale = 1">
    <meta name = "viewport" content = "width = 1500">
    <meta charset = "utf - 8">
    <meta name = "keywords" content = "新发地" />
    <link href = "https://newlands - web. oss - cn - beijing. aliyuncs. com/css/sliderWip. css"
rel = "stylesheet" type = "text/css" media = "all" />
    <link href = "https://newlands - web. oss - cn - beijing. aliyuncs. com/css/bootstrap. min.
css" rel = "stylesheet" type = "text/css" media = "all">
    <link href = "https://newlands - web. oss - cn - beijing. aliyuncs. com/css/bootstrap -
header.css" rel = "stylesheet" type = "text/css" media = "all" />
    <link href = "https://newlands - web. oss - cn - beijing. aliyuncs. com/css/font - awesome.
min. css" rel = "stylesheet" type = "text/css" media = "all">
    <link href = "https://newlands - web. oss - cn - beijing. aliyuncs. com/css/smoothbox. css"
rel = "stylesheet" type = "text/css" media = "all" />
    <link href = "https://newlands - web. oss - cn - beijing. aliyuncs. com/css/style. css" rel =
"stylesheet" type = "text/css" media = "all" />
    <link href = "css/swiper - bundle. min. css" rel = "stylesheet" type = "text/css" media = "all" />
...
```

## 9.4 Scrapy 框架的使用

Scrapy 是以一种快速、简单的可扩展方式提取结构性数据的应用框架,它可应用在数据挖掘、信息处理或存储历史数据等一系列程序中,该框架可以轻松抓取如亚马逊、淘宝等电商平台的商品名、价格等信息数据。

Scrapy 爬虫是基于 Twisted(事件驱动的 Python 网络)开发实现的框架,其内部已经搭建了请求、响应、解析、存储四大组件。爬虫抓取数据的原理是先获取网页文档数据,然后根据数据所在的 HTML 元素获取其中所需要的内容。

## 9.4.1　Scrapy 创建爬虫与工作流程

Scrapy 有创建爬虫的项目过程和系统爬虫的执行过程两种流程。

**1. Scrapy 创建流程**

（1）创建爬虫工程：建立一个新的 Scrapy 工程文件。在 Terminal 中输入 scrapy startproject(爬虫工程文件)。

（2）生成一个爬虫：在 Terminal 中输入 scrapy genspider(爬虫文件名或爬取的域名)。

（3）抽取 Item 对象数据，编写一个 Spider，用来爬取某个网站并提取出所有 Item 对象。

（4）存储提取出来的 Item 对象，编写一个 Item Pipeline 存储爬取出的 Item 对象，下载器下载页面，将生成的响应通过下载器发送到引擎。

**2. Scrapy 工作流程**

Scrapy 工作流程如图 9-7 所示。

（1） Scrapy Engine（引擎）是核心组件，负责其他组件的数据传递，即 Spiders、Scheduler、Downloader 和 Item Pipeline 的通信和协调都要靠 Scrapy Engine 来完成。

（2）Scheduler(调度器)负责处理 Scrapy Engine 方面发送的请求，将这些请求放入队列，逐个处理。

（3）Downloader(下载器)通过 Scheduler 的 Request(请求)下载相对应的 Response(响应)。

（4）Spiders(爬虫)负责处理通知 Scrapy Engine，要从哪个网站开始爬取数据，以及第 1 个要爬取的 URL 地址；负责处理 Downloader 下载的 Response，将 Response 生成 Item，发送给 Item Pipeline。

（5）Item Pipeline(管道)接收来自 Spiders 的 Item，并处理 Item(存储到数据库或文件)。

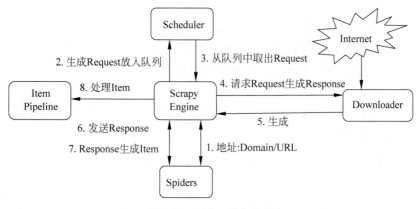

图 9-7　Scrapy 工作流程

**说明**：爬虫主程序将需要下载的页面请求递交给引擎，引擎将请求转发给调度器，调度器从队列中取出一个请求，交给引擎转发给下载器，并封装成 Response 对象进行过滤操作，最后解析函数将产生 Item 和链接(URL)两类数据,Item 交给数据管道实现数据的最终存储处理。

## 9.4.2　Scrapy 安装与应用案例

Scrapy 是第三方库,先要安装才能使用。通过在 Scrapy 项目文件中进行相关操作,编写爬虫代码,最后执行爬虫并查看结果。

### 1. 安装

官方文档为 https://docs.scrapy.org/en/latest/,在 Windows 平台上安装,可在命令提示符或 PyCharm 的 Terminal 中输入

```
pip install pywin32
pip install scrapy
```

### 2. 操作步骤

在命令提示符或 PyCharm 的 Terminal 中进行以下操作。

(1) 创建爬虫工程项目,例如:

```
scrapy startproject Hello
```

则显示:

```
You can start your first spider with
cd Hello
scrapy genspider example example.com
```

生成 Hello 目录和文件结果如下。

```
Hello      文件夹
    spiders 文件夹
        __init__.py
    items.py:用来存储爬虫爬取的数据模型
    middlewares.py:用来存储各种中间件的文件
    pipelines.py:用来将 Items 的模型存储到本地磁盘中
    settings.py:爬虫配置信息(请求头、发送请求时间、IP 代理池等)
    spiders 包:以后所有爬虫都是存放到这里面
scrapy.cfg:项目的配置文件。
```

(2) 进入工程目录。这里一定要进入刚才创建好的目录中,即

```
cd Hello
```

(3) 创建爬虫文件。创建的爬虫文件会出现在之前创建好的 spiders 文件夹下。

```
scrapy genspider SpiderName www.xxx.com        #SpiderName 为爬虫文件名,后为抓取的 URL
```

例如,输入 scrapy genspider baidu_title baidu.com,则在 spiders 文件夹下自动出现

baidu_title. py 文件,其代码为

```
import scrapy
class BaiduTitleSpider(scrapy.Spider):
    name = 'baidu_title'                    #爬虫名称
    allowed_domains = ['baidu.com']         #允许的域名
    start_urls = ['http://baidu.com/']      #列表中可有多个 URL,按顺序进行请求的发送
    # 当 Scrapy 自动向 start_urls 中的 URL 发起请求后,将响应对象保存在 response 对象中
def parse(self, response):
        pass
```

**说明:**

① Scrapy 会自动对起始的 URL 列表 start_urls 中的每个 URL 发起请求,可手动添加需要访问的 URL,如 start_urls = ['https://www. baidu. com/','https://www. csdn. net/']。爬虫设置的爬取范围用于过滤要爬取的 URL,若爬取的 URL 不允许通过,则被过滤掉。

② 解析需要的内容代码一般写在 parse()方法中。parse()方法是爬虫抓取到一个网页后默认调用的回调函数,避免使用这个名字定义自己的方法。当爬虫拿到 URL 的内容以后,会调用 parse()方法,并且传递一个 response 参数给它,包含了抓取到的网页内容。在 parse()方法中,可以从抓取到的网页中解析数据,构造 request 对象,并且把它们返回,Scrapy 会自动抓取这些链接,最后添加输出即可。

(4) 执行爬虫文件,如 scrapy crawl baidu_title。

**3. Scrapy 框架应用案例**

【例 9-10】 爬取百度网站的< html >、< head >、< title >标签和文本内容。

在命令提示符中执行以下命令。

```
scrapy startproject Hello
cd Hello
scrapy genspider baidu_title baidu.com
```

编辑 spiders 文件夹下的 baidu_title. py 文件。

```
import scrapy
class BaiduTitleSpider(scrapy.Spider):
name = 'baidu_title'
allowed_domains = ['baidu.com']
start_urls = ['http://baidu.com/']
def parse(self, response):
    tile = response.xpath('//html/head/title/text()')
    print(tile)
```

在命令提示符中执行以下命令。

```
scrapy crawl baidu_title
```

运行结果为

```
2022 - 08 - 23 10:57:38 [scrapy.utils.log] INFO: Scrapy 2.6.2 started (bot: Hello)
2022 - 08 - 23 10:57:38 [scrapy.utils.log] INFO: Versions: lxml 4.9.1.0, libxml2 2.9.12,
cssselect 1.1.0, parsel 1.6.0, w3lib 2.0.1, Twisted 22.4.0, Python 3.10.
```

```
2 (tags/v3.10.2:a58ebcc, Jan 17 2022, 14:12:15) [MSC v.1929 64 bit (AMD64)], pyOpenSSL 22.0.0
(OpenSSL 3.0.5 5 Jul 2022), cryptography 37.0.4, Platform Windows-10-10.0.22000-SP0……
```

【例 9-11】 从 https://stackoverflow.com/questions?sort＝votes 网址抓取 votes(投票)、answers(答案)、views(发表意见)、auther(作者)、autherLink(作者链接)的数据并输出到屏幕。

（1）创建一个爬虫项目文件 ScrapyDemo。在命令提示符中执行以下命令。

```
scrapy startproject ScrapyDemo
```

（2）生成爬虫文件 StackoverflowSpider：scrapy genspider StackoverflowSpider stackoverflow.com。抓取 stackoverflow.com 网站，该文件建立在 spiders 文件夹下，内容如下。

```
import scrapy                                          # 导入 scrapy 模块
from ScrapyDemo.items import StackOverflowDocument     # 导入 ScrapyDemo 爬虫文件
from bs4 import BeautifulSoup as Tag                   # 导入 bs4
import re        # 根据传入的正则表达式对数据进行提取,返回 Unicode 字符串列表
class StackoverflowSpider(scrapy.Spider):              # 设置爬虫的网站
    name = 'stackoverflow'                             # 不同爬虫不能使用相同的名称
    allowed_domains = ['stackoverflow.com']            # 设置要爬取的网站域名
    start_urls = ['https://stackoverflow.com/questions?sort=votes']
                                                       # 爬虫抓取网页的起始点,可包括多个 URL
    def __map_item__(self, node: Tag):                 # 设置提取的内容项
        item = StackOverflowDocument()                 # 实例化 StackOverflowDocument
        # node 是一个 item 在 html-document 中所对应的 html-element
        # __map_item__()方法就是将 node(数据所对应的 html 元素)映射成 item 的方法
        # 以下代码使用了 bs4 中的 select_one()方法,通过 css-selector 抓取 html_element 子
        # 元素的内容,为 item 赋值
        item['votes'] = node.select_one('.s-post-summary--stats-item__emphasized .s-
post-summary--stats-item-number').contents[0]
        item['answers'] = node.select_one('.has-answers .s-post-summary--stats-item-
number').contents[0]
        item['views'] = node.select_one('.is-supernova .s-post-summary--stats-item-
number').contents[0]
        auther_element = node.select_one('.s-user-card--link a')
        item['auther'] = 'Stackoverflow' if auther_element is None else auther_element.
contents[0]
        item['autherLink'] = '' if auther_element is None else 'https://{domain}{relative_
url}'.format(domain = self.allowed_domains[0], relative_url = auther_element['href'])
        title_element = node.select_one('.s-post-summary--content-title a')
        item['title'] = title_element.contents[0]
        item['url'] = 'https://{domain}{relative_url}'.format(domain = self.allowed_domains[0],
relative_url = title_element['href'])
        item['description'] = node.select_one('.s-post-summary--content-excerpt').
contents[0]
        return item
    def parse(self, response):           # 得到请求 URL 后的 response 信息的解析方法
        response_body: str = response.body
        soup = BeautifulSoup(response_body, 'lxml')   # 使用 bs4 将 response 转换为 html-document
        nodeList = soup.select('.s-post-summary.js-post-summary')
```

```
# 使用 bs4 通过 css - selector 获取要爬取数据的元素列表
for node in nodeList:              # 返回该表达式所对应节点的列表
    item = self.__map_item__(node)
    yield item
result = re.search('&page = (?P < page >[0 - 9] + )', response.url)
                                  # 通过正则表达式获取当前页码
page = 1 if result is None else int(result.group('page'))
while page < 11:                   # 设置要爬取的下一页 URL
    page += 1
    next_page_url = '{base_url}&page = {page}'.format(base_url = self.start_urls[0],
page = page)
    yield scrapy.Request(url = next_page_url, callback = self.parse)
```

（3）更改设置。

为了能够爬到想要的数据，在 settings.py 文件中，修改 ROBOTSTXT_OBEY = True，并加入

```
ITEM_PIPELINES = {
    'ScrapyDemo.pipelines. ScrapyDemoPipeline': 300,
}
```

（4）在爬虫项目中添加 requirements.txt 文件。

```
scrapy == 2.6.2              # Scrapy 2.6.2 版本
pyquery == 1.4.3            # pyquery 1.4.3 版本
requests~ = 2.28.1          # requests > = 2.28.1 & < 2.29.0 版本
itemadapter~ = 0.7.0       # itemadapter > = 0.7.0 & < 0.8.0 版本
lxml == 4.9.1              # lxml 4.9.1 版本
beautifulsoup4 == 4.11.1   # beautifulsoup4 4.11.1 版本
```

（5）在 items.py 文件中添加 StackOverflowDocument 类，用来描述要保存的数据，让 Scrapy 自动抓取网页上的所有链接。

```
import scrapy
class StackOverflowDocument(scrapy.Item):
    title = scrapy.Field()
    url = scrapy.Field()
    description = scrapy.Field()
    votes = scrapy.Field()
    answers = scrapy.Field()
    views = scrapy.Field()
    auther = scrapy.Field()
    autherLink = scrapy.Field()
```

（6）执行抓取，进入项目目录，让 Scrapy 把 parse() 方法返回的 item 输出到 JSON 文件中。也就是在命令提示符中执行

```
scrapy crawl stackoverflow - o items.json - t json
```

运行结果为

[{"votes": "26548", "answers": "27", "views": "1.7m", "auther": "GManNickG", "autherLink": "https://stackoverflow.com/users/87234/gmannickg", "title": "Why is processing a sorted array faster than processing an unsorted array?", "URL": "https://stackoverflow.com/questions/11227809/why-is-processing-a-sorted-array-faster-than-processing-an-unsorted-array", "description": "\r\n            Here is a piece of C++ code that shows some very peculiar behavior. For some strange reason, sorting the data (before the timed region) miraculously makes the loop almost six times faster.\n#include &...\r\n          "},
{"votes": "24625", "answers": "100", "views": "11.4m", "auther": "Stackoverflow", "autherLink":"", "title": "How do I undo the most recent local commits in Git?", "URL": "https://stackoverflow.com/questions/927358/how-do-i-undo-the-most-recent-local-commits-in-git", "description": "\r\n            I accidentally committed the wrong files to Git, but didn't push the commit to the server yet. How do I undo those commits from the local repository?\r\n"},{"votes": "19426", "answers": "42", "views": "10.1m", "auther": "Matthew Rank....

# 参 考 文 献

[1]　阿尔·斯维加特.Python 编程快速上手：让繁琐工作自动化[M].王海鹏,译.2 版.北京：人民邮电出版社,2021.

[2]　埃里克·马瑟斯.Python 编程从入门到实践[M].袁国忠,译.北京：人民邮电出版社,2016.

[3]　姜增如.Python 编程入门与实践[M].北京：化学工业出版社,2022.